화장품 품질관리

최화정, 박미란, 정다빈 지음

光文閣
www.kwangmoonkag.co.kr

머리말

　우리 생활 전반에 걸쳐 깊숙이 자리 잡은 화장품은 이제 더 이상 사치품 또는 특정인을 위한 제품이 아닌, 생활 필수품이 되었습니다. 한류 열풍은 어느새 화장품 시장까지 파고들었고, K-beauty 열풍과 더불어 한국 화장품의 품질에 대한 신뢰도는 높아졌으며, K-beauty라는 단어가 하나의 브랜드가 되면서 한국 화장품은 글로벌 브랜드로 발돋움하게 되었습니다. 이렇게 화장품 산업이 성장함에 따라 화장품에 대한 전문 지식의 요구도 및 지식 정도가 높아지고 있는 추세입니다.

　이 교재는 화장품 관련 교과목 중에서도 품질관리에 초점을 맞추어 집필하였습니다. 과거에는 별도의 화장품법이 존재하지 않아 약사법을 따랐으나 화장품의 산업적 특성을 반영하기 위해 화장품법이 새로이 신설된 이후부터는 화장품법에 따라 품질관리 제도를 시행하고 있습니다. 화장품 산업의 규모가 점차 커지고 세계화되어 갈수록 화장품 품질관리의 중요성 또한 강조되어지고 있습니다. 따라서 본 교재에서는 화장품 품질관리와 관련한 시험 및 검사 방법, 관리, 감독 업무, 화장품 시장 출하에 대한 관리, 그 밖에 필요한 품질관리 업무에 관한 내용을 다루면서 화장품 품질관리에 대해 전반적인 흐름에 대해 정리하였으며, 그와 관련한 화장품 법령을 함께 표기하여 이해하기 쉽도록 정리해 두었습니다. 본 교재가 화장품 품질관리 업무 종사자와 맞춤형화장품조제관리사, 화장품과 미용을 공부하는 학생들에게 화장품 품질관리에 대한 가이드북이 될 수 있길 바랍니다.

저자 일동

목차

1. 화장품법의 이해

2. 화장품 품질관리

3. 화장품 안전 및 품질관리

4. 화장품 품질관리 실습

화장품법의 이해

화장품 품질관리

CHAPTER 1

화장품법의 이해

1.1 화장품법

화장품법은 화장품과 관련하여 화장품의 연구개발에서부터 생산되어 소비자에게 유통, 판매되기까지의 가장 기본이 되는 법률을 말한다.

1) 화장품법의 입법 취지

이 법은 화장품의 제조·수입·판매 및 수출 등에 관한 사항을 규정함으로써 국민보건 향상과 화장품 산업의 발전에 기여함을 목적으로 한다. [화장품법 제1조]

2) 화장품 법령 체계

화장품 법령은 상위법인 화장품법을 시작으로 화장품법 시행령, 화장품법 시행규칙, 식품의약품안전처 고시, 가이드라인(안내서)의 순서인 하위법으로 체계가 이루어져 있다. 가장 상위 단계인 화장품법은 1999년 9월 7일 제정되어 2011년

8월 4일에 전부 개정되었으며 화장품법은 화장품의 제조·수입·판매 및 수출 등에 관한 사항을 규정함으로써 국민보건 향상과 화장품 산업의 발전에 기여함을 목적으로 한다. 대통령령으로 정하는 시행령에 해당하는 화장품법 시행령은 [화장품법]에서 위임된 사항과 그 시행에 필요한 사항을 규정함을 목적으로 한다. 총리령에 해당하는 시행규칙인 화장품법 시행규칙은 [화장품법] 및 같은 법 시행령에서 위임된 사항과 그 시행에 필요한 사항을 규정함을 목적으로 한다.

구분	입법 취지(목적)
화장품법(국회)	화장품의 제조·수입·판매 및 수출 등에 관한 사항을 규정함으로써 국민보건 향상과 화장품 산업의 발전에 기여함을 목적으로 함
화장품법 시행령(대통령령)	화장품법에서 위임된 사항과 그 시행에 필요한 사항을 규정함을 목저으로 함
화장품법 시행규칙(총리령)	화장품법 및 같은 법 시행령에서 위임된 사항과 그 시행에 필요한 사항을 규정함을 목적으로 함
① 식품의약품안전처 고시(행정규칙)	기능성 화장품 기준 및 시험방법, 어린이 보호포장 대상 공산품의 안전 기준 등을 고시하는 것을 목적으로 함

화장품법 ▸ 화장품법 시행령 ▸ 화장품법 시행규칙 ▸ 고시 ▸ 민원인 안내서 (지침, 안내서 등)

[출처:식품의약품안전처]

(1) 식품의약품안전처 고시

- 기능성화장품 기준 및 시험 방법
- 기능성화장품 심사에 관한 규정
- 화장품 표시·광고 실증에 관한 규정
- 화장품 표시·광고를 위한 인증보증기관의 신뢰성 인정에 관한 규정

- 화장품 가격표시제 실시요령
- 화장품 사용 시 주의사항 표시 규정
- 화장품 안전기준 등에 관한 규정
- 화장품의 색소 종류와 기준, 시험방법
- 화장품 안전성 정보관리 규정
- 화장품 생산 수입 실적과 원료 목록 보고 규정
- 천연 및 유기농화장품 기준 규정
- 천연화장품 및 유기농화장품 인증 기관 지정 및 인증 등에 관한 규정
- 우수 화장품 제조 및 품질관리기준
- 수입 화장품 품질검사 면제에 관한 규정
- 화장품 법령 제도 등 교육실시기관 지정 및 교육에 관한 규정
- 위해평가 방법 및 절차에 관한 규정
- 소비자 화장품안전관리감시원 운영 규정

(2) 화장품 관련 법령 검색

- 국가법령정보센터 (www.law.go.kr)
- 식품의약품안전처 (www.mfds.go.kr)
- 대한화장품협회 (www.kcia.or.kr)

3) 화장품 정의 및 유형

(1) 화장품 정의

화장품법에서 화장품이란 인체를 청결·미화하여 매력을 더하고 용모를 밝게 변화시키거나 피부·모발의 건강을 유지 또는 증진하기 위하여 인체에 바르고 문지르거나 뿌리는 등 이와 유사한 방법으로 사용되는 물품으로써 인체에 대한 작용이 경미한 것을 말한다.

[화장품 vs 의약외품 vs 의약품]

구분	화장품	의약외품	의약품
사용 대상	일반인	일반인	특정인·환자
사용 목적	세정·미용	위생·미화	진단·치료·예방
효능	제한적	효능·효과 범위 일정	제한없음
사용 기간	장기간·지속적	장기간·지속적	일정 기간
사용 범위	신체 모든 부위	특정 부위 또는 범위	특정 부위
부작용	없어야 함	없어야 함	있을 수 있음

(2) 주요국의 화장품 정의

주요국의 화장품 정의는 넓은 범위에서는 비슷하지만 화장품의 유형에 대해서는 약간의 차이가 있을 수 있다. 예를 들면 한국은 치약이나 구강청결제를 의약외품으로 관리를 하고 있지만 미국, 유럽, 아세안 등에서는 의약외품이 아니라 화장품으로 관리되고 있는 것을 알 수 있다.

국가	근거 규정	화장품 정의
미국	FD&C Act sec. 321(i)	◆ 인체의 청결·미화, 매력촉진 또는 외모를 변화시키기 위해 문지르고 뿌리고 스프레이하고 바르고 기타의 방법으로 인체 및 그 부속기관에 적용하기 위하여 사용된 물품 및 그 구성품(비누 soap 제외)
유럽	EU Regulation (EC)1223/2009	◆ 인체의 외부(피부, 모발, 손톱, 입술 및 외부 생식기관) 또는 치아 및 구강점막의 청결, 향기 부여, 그 외관의 변화, 보호, 건강한 상태로 유지 또는 체취의 교정을 목적으로 사용하는 물질 또는 혼합물
일본	일본 약기법	◆ 사람의 신체를 청결·미화하고, 매력을 증대시키고, 용모를 바꾸고, 또는 피부와 모발을 건강하게 유지하기 위해서, 신체에 도찰, 살포 기타 이와 유사한 방법으로 사용되는 것을 목적으로 하는 것으로, 인체에 대한 작용이 완화한 것을 말함 ◆ 단, 이러한 사용 목적 외에, 의약품으로 사용되는 목적을 포함하거나 의약부외품을 제외함
중국	화장품 위생감독 조례 (위생부령 제3호)	◆ 인체표면의 모든 부위(피부, 모발, 손톱, 입술 등)에 도찰, 살포 또는 기타 유사한 방법으로 사용하는 것으로, 청결, 악취제거, 피부보호, 미용 및 가꿈의 목적을 달성하는 일상용 화학공업제품을 말함
아세안	ASEAN Cosmetic Directive	◆ 인체의 다양한 외피부분(표피, 모발, 손톱, 입술 및 외부 생식기관) 또는 치아 및 구강점막에 전적으로 또는 주로 청결과 방향 및 용모변화, 체취 정돈, 보호, 건강한 상태로 유지하기 위한 목적으로 도포되는 물질 또는 제제를 의미함

[출처: 대한화장품협회]

(3) 기능성화장품의 정의 및 범위 [화장품법 제2조제1호]

기능성화장품은 화장품 중에서 화장품 법령에서 규정하고 있는 특별한 효능을 가진 제품을 말한다. 기능성화장품은 심사 또는 보고서 제출을 한 후 제조 또는 수입을 할 수 있으며 기능성화장품의 심사 등에 대해서는 식품의약품안전처 고시 "기능성화장품 심사에 관한 규정"에서 확인할 수 있다. 기능성화장품으로 인증을 받은 제품은 아래 로고를 제품에 부착할 수 있다. 기능성화장품을 제외한 나머지 화장품은 모두 일반화장품으로 분류한다.

[기능성화장품의 분류 및 세부 범위]

기능성화장품 분류	기능성화장품의 세부 범위	비 고
미백에 도움을 주는 제품	1. 피부에 멜라닌색소가 침착하는 것을 방지하여 기미·주근깨 등의 생성을 억제함으로써 피부의 미백에 도움을 주는 기능을 가진 화장품	2000년도 기능성화장품 최초 도입 이후 기능성화장품으로 분류된 품목
	2. 피부에 침착된 멜라닌색소의 색을 엷게 하여 피부의 미백에 도움을 주는 기능을 가진 화장품	
주름 개선에 도움을 주는 제품	3. 피부에 탄력을 주어 피부의 주름을 완화 또는 개선하는 기능을 가진 화장품	
피부를 곱게 태워 주거나 자외선 보호에 도움을 주는 제품	4. 강한 햇볕을 방지하여 피부를 곱게 태워주는 기능을 가진 화장품	
	5. 자외선을 차단 또는 산란시켜 자외선으로부터 피부를 보호하는 기능을 가진 화장품	
모발 색상 변화 또는 제거, 영양 공급에 도움을 주는 제품	6. 모발의 색상 변화 기능의 화장품(일시적 염모제 제외)	기존 의약외품에서 전환된 품목
	7. 체모 제거 기능 화장품(물리적 제모제 제외)	

모발, 피부의 기능 약화로 인한 갈라짐, 건조함, 각질화, 빠짐 등의 방지, 개선에 도움을 주는 제품	8. 탈모의 증상을 완화하는 데 도움을 주는 화장품(물리적으로 모발을 굵어 보이게 하는 제품은 제외)	2016년에 법이 개정되어 2017년 5월부터 기능성화장품으로 분류된 품목	기능성화장품으로 추가된 품목
	9. 여드름성 피부 완화에 도움을 주는 화장품(인체세정용 제품에 제한)		
	10. 아토피성 피부로 인한 건조함 등을 완화하는 데 도움을 주는 화장품		
	11. 튼살로 인한 붉은 선을 옅어지게 하는 데 도움을 주는 화장품		

※ 염모제 제모제 : 기능성화장품

일시적 염모제, 물리적 제모제, 코팅 등과 같이 물리적으로 모발을 굵어 보이게 하는 제품 : 일반화장품

여드름 피부 완화에 도움을 주는 인체세정용 제품 : 기능성화장품

[기능성화장품 로고]

(4) 맞춤형화장품의 정의 [화장품법 제2조제3의2호]

■ 화장품법 시행규칙, 총리령(제1627호)

맞춤형화장품은 개개인의 개성이 존중되는 시대로 점차 변함에 따라 화장품 업계도 다양한 고객의 요구와 기대를 충족시키기 위한 개인맞춤형 제품 생산 시대로 변화하면서 맞춤형화장품 제도가 도입되었다. 2018년 3월 개정된 화장품법에

맞춤형화장품판매업 제도가 도입이 되었고 2020년 3월 14일에 맞춤형화장품판매업 제도가 시행되어 지금까지 이어져 오고 있다.

[맞춤형화장품의 정의]

가. 제조 또는 수입된 화장품의 내용물에 다른 화장품의 내용물이나 식품의약품안전처장이 정하는 원료를 추가하여 혼합한 화장품
나. 제조 또는 수입된 화장품의 내용물을 소분(小分)한 화장품

　맞춤형화장품의 정의 가. 의 경우 맞춤형 화장품 전용으로 제조 수입된 내용물과 내용물의 혼합이 이루어지거나 또는 내용물 등에 색소, 향 등의 일부 원료를 추가하는 경우를 말하며, 맞춤형화장품의 정의 나. 의 경우는 맞춤형화장품 전용으로 제조 수입된 제품을 소분하는 경우를 말한다.

[맞춤형화장품조제관리사 자격시험(화장품법 제3조의4)]

① 맞춤형화장품조제관리사가 되려는 사람은 화장품과 원료 등에 대하여 식품의약품안전처장이 실시하는 자격시험에 합격하여야 한다.
② 식품의약품안전처장은 맞춤형화장품조제관리사가 거짓이나 그 밖의 부정한 방법으로 시험에 합격한 경우에는 자격을 취소하여야 하며, 자격이 취소된 사람은 취소된 날부터 3년간 자격시험에 응시할 수 없다.
③ 식품의약품안전처장은 제1항에 따른 자격시험 업무를 효과적으로 수행하기 위하여 필요한 전문인력과 시설을 갖춘 기관 또는 단체를 시험운영기관으로 지정하여 시험업무를 위탁할 수 있다.
④ 제1항 및 제3항에 따른 자격시험의 시기, 절차, 방법, 시험과목, 자격증의 발급, 시험운영기관의 지정 등 자격시험에 필요한 사항은 총리령으로 정한다.
⑤ 천연·유기농화장품의 정의 [화장품법 제2조제2의2호, 화장품법 제2조제3호항]

과거에는 천연화장품과 유기농화장품에 대한 규정이 없어서 누구나 사용이 가능했지만 현재는 식품의약품안전처 고시 "천연화장품 및 유기농화장품의 기준에 관한 규정"에 부합한 경우에만 천연화장품, 유기농화장품으로 표시·광고가 가능하다.

[천연화장품·유기농화장품의 로고]

- 천연화장품 : 동식물 및 그 유래 원료 등을 함유한 화장품으로서 식품의약품안전처장이 정하는 기준에 맞는 화장품
- 유기농화장품 : 유기농 원료, 동식물 및 그 유래 원료 등을 함유한 화장품으로서 식품의약품안전처장이 정하는 기준에 맞는 화장품

[천연화장품과 유기농화장품에 대한 인증(화장품법 제14조의2)]

① 식품의약품안전처장은 천연화장품 및 유기농화장품의 품질 제고를 유도하고 소비자에게 보다 정확한 제품 정보가 제공될 수 있도록 식품의약품안전처장이 정하는 기준에 적합한 천연화장품 및 유기농화장품에 대하여 인증할 수 있다.
② 제1항에 따라 인증을 받으려는 화장품제조업자, 화장품책임판매업자 또는 총리령으로 정하는 대학·연구소 등은 식품의약품안전처장에게 인증을 신청하여야 한다.

③ 식품의약품안전처장은 제1항에 따라 인증을 받은 화장품이 다음 각 호의 어느 하나에 해당하는 경우에는 그 인증을 취소하여야 한다.

1. 거짓이나 그 밖의 부정한 방법으로 인증을 받은 경우
2. 제1항에 따른 인증기준에 적합하지 아니하게 된 경우

④ 식품의약품안전처장은 인증업무를 효과적으로 수행하기 위하여 필요한 전문인력과 시설을 갖춘 기관 또는 단체를 인증기관으로 지정하여 인증업무를 위탁할 수 있다.

⑤ 제1항부터 제4항까지에 따른 인증절차, 인증기관의 지정기준, 그 밖에 인증제도 운영에 필요한 사항은 총리령으로 정한다.

⑥ 화장품의 유형

우리나라는 화장품법 시행규칙 제19조제3항 [별표 3]에 의거하여 총 13가지의 유형으로 화장품을 분류하고 있다.

[화장품의 유형]

영유아용 제품류 (만 3세 이하)	- 영·유아용 샴푸와 린스 - 영·유아용 로션과 크림 - 영·유아용 오일 - 영·유아용 인체 세정용 제품 - 영·유아용 목욕용 제품
인체 세정용 제품류	- 폼 클렌저 - 바디 클렌저 - 화장 비누(고체의 형태인 세안용 비누) 및 액체 비누 - 외음부 세정제 - 물휴지. 다만, 위생용품 관리법」(법률 제14837호) 제2조제1호라목2)에서 말하는 「식품위생법」 제36조제1항제3호에 따른 식품접객업의 영업소에서 손을 닦는 용도 등으로 사용할 수 있도록 포장된 물티슈와 「장사 등에 관한 법률」 제29조의 장례식장 또는 「의료법」 제3조의 의료기관 등에서 시체(屍體)를 닦는 용도로 사용하는 물휴지는 제외한다. - 그 외의 인체 세정용 제품류

방향용 제품류	- 향수 - 향낭(香囊) - 분말향 - 콜롱(cologne) - 그 외의 방향용 제품류
목욕용 제품류	- 버블 바스(bubble baths) - 목욕용 오일, 정제, 캡슐 - 목욕용 소금류 - 그 외의 목욕용 제품류
눈 화장용 제품류	- 아이브로우 펜슬(eyebrow pencil) - 아이 섀도(eye shadow) - 아이 라이너(eye liner) - 아이 메이크업 리무버(eye makeup remover) - 마스카라(mascara) - 그 외의 눈 화장용 제품류
두발 염색용 제품류	- 헤어 컬러 스프레이(hair color sprays) - 헤어 틴트(hair tints) - 탈염·탈색용 제품 - 염모제 - 그 밖의 두발 염색용 제품류
두발용 제품류	- 헤어 토닉(hair tonics) - 헤어 컨디셔너(hair conditioners) - 헤어 크림·로션 - 헤어 그루밍 에이드 - 포마드(pomade) - 헤어 오일 - 헤어 스프레이·무스·왁스·젤 - 샴푸, 린스 - 헤어 스트레이트너(hair straightner) - 퍼머넌트 웨이브(permanent wave) - 흑채 - 그 외의 두발용 제품류

색조 화장품 제품류	- 페이스 파우더 - 페이스 케이크 - 볼연지 - 리퀴드·크림·케이크 파운데이션 - 메이크업 픽서티브(make-up fixatives) - 메이크업 베이스(make-up bases) - 립글로스(lip gloss), 립밤(lip balm) - 립스틱, 립라이너(lip liner) - 바디페인팅(body painting), 페이스페인팅(face painting), 분장용 제품 - 그 외의 색조 화장용 제품류
손발톱용 제품류	- 네일폴리시 - 베이스코트(basecoats) - 네일에나멜 - 네일 크림·로션·에센스 - 언더코트(under coats) - 탑코트(topcoats) - 네일폴리시·네일에나멜 리무버 - 그 외의 손발톱용 제품류
면도용 제품류	- 남성용 탤컴(talcum) - 애프터셰이브 로션(aftershave lotions) - 프리셰이브 로션(preshave lotions) - 셰이빙 폼(shaving foam) - 셰이빙 크림(shaving cream) - 그 외의 면도용 제품류
기초화장품 제품류	- 수렴·유연·영양 화장수 - 에센스, 오일 - 마사지 크림 - 파우더 - 팩, 마스크 - 바디 제품 - 눈 주위 제품 - 손·발의 피부연화 제품 - 로션, 크림 - 클렌징 워터, 클렌징 오일, 클렌징 로션, 클렌징 크림 등 메이크업 리무버 - 그 외의 기초화장용 제품류

체모 제거용 제품류	- 제모제
	- 제모왁스
	- 그 밖의 체모 제거용 제품류
체취 방지용 제품류	- 데오도런트(deodorant)
	- 그 외의 체취 방지용 제품류

[주요국 화장품 유형]

미국	- 13개 유형 - 미국 FDA에서 권장사항으로 운영하고 있는 화장품 제품의 자발적 등록 시 사용
유럽	- 22개 유형 - 유럽집행위원회에 제품 신고 시 사용
일본	- 기존의 유형구분 2000년에 폐지 - 화장품의 효능 범위에 대해서만 규정
중국	- 특수용도화장품에 대해서만 유형을 정함 - 일반화장품의 경우 특별히 유형을 구분하지는 않음

4) 화장품법에 따른 영업의 종류 [화장품법 제2조의2]

화장품법에 따른 영업의 종류는 화장품 제조업, 화장품책임판매업, 맞춤형화장품판매업으로 구분되며 각각의 영업의 세부 종류와 그에 대한 범위는 대통령령 [화장품법 시행령 제2조]으로 정한다.

화장품영업 등록 후 주요한 변경 사항이 발생한 경우에는 변경 사유가 발생한 날로부터 30일 이내 소재지 관할 지방식품의약품안전청에 변경 등록을 하여야 한다.

[화장품 영업의 정의]

화장품 제조업 [등록제]	화장품 책임판매업 [등록제]	맞춤형화장품판매업 [신고제]
화장품의 전부 또는 일부를 제조 (2차 포장 또는 표시만의 공정은 제외)하는 영업	취급하는 화장품의 품질 및 안전 등을 관리하면서 이를 유통·판매하거나 수입대행형 거래를 목적으로 알선·수여하는 영업	맞춤형화장품 판매 영업 (2020.03.14.부터 시행)

(1) 화장품 제조업

가. 화장품을 직접 제조하는 영업

나. 화장품 제조를 위탁받아 제조하는 영업

다. 화장품의 포장(1차 포장만 해당)을 하는 영업

• 화장품 제조업의 등록 절차

화장품제조업 등록을 위해서는 화장품 제조업 등록 요건을 충족하는지의 여부를 확인한 후 등록신청서를 작성하여 제조소의 소재지를 관할하는 지방식품의약품안전처장에게 제출하여야 한다. 화장품 제조업 등록신청을 하게 되면 지방청에서 제조소 시설 조사를 하게 되고 15일의 처리기한을 거쳐 제조업 등록 신청이 완료되고 화장품 제조업 등록이 완료된다.

화장품제조업 등록 요건은 제조업자가 법 제3조의3 결격사유에 해당하지 않아야 하며 시설기준을 갖추고 있어야 한다.

• 화장품 제조업자의 결격 사유

다음 각 호의 어느 하나에 해당하는 자는 화장품제조업 또는 화장품책임판매업의 등록이나 맞춤형화장품판매업의 신고를 할 수 없다. 다만, 제1호 및 제3호는 화장품제조업만 해당한다.

1. 「정신건강증진 및 정신질환자 복지서비스 지원에 관한 법률」 제3조제1호에 따른 정신질환자. 다만, 전문의가 화장품제조업자(제3조제1항에 따라 화장품제조업을 등록한 자를 말한다. 이하 같다)로서 적합하다고 인정하는 사람은 제외한다.
2. 피성년후견인 또는 파산선고를 받고 복권되지 아니한 자
3. 「마약류 관리에 관한 법률」 제2조제1호에 따른 마약류의 중독자
4. 이 법 또는 「보건범죄 단속에 관한 특별조치법」을 위반하여 금고 이상의 형을 선고받고 그 집행이 끝나지 아니하거나 그 집행을 받지 아니하기로 확정되지 아니한 자
5. 제24조에 따라 등록이 취소되거나 영업소가 폐쇄(이 조 제1호부터 제3호까지의 어느 하나에 해당하여 등록이 취소되거나 영업소가 폐쇄된 경우는 제외한다)된 날부터 1년이 지나지 아니한 자

[본조 신설 2018. 3. 13.]

• 화장품 제조업자의 의무
1. 화장품제조업자의 준수사항을 준수하여야 한다.
2. 품질관리기준에 따른 책임판매업자의 지도·감독 및 요청에 따라야 한다.
3. 제조관리기준서, 제품표준서, 제조관리기록서 및 품질관리기록서를 작성하고 보관하여야 한다.
4. 제조소, 시설 및 기구를 위생적으로 관리하며 오염이 되지 않도록 해야 한다.
5. 제조 시설 및 기구를 정기적으로 점검하고 작업에 지장이 없도록 관리·유지하여야 한다.

6. 작업소에 위해 발생 우려가 있는 물건을 두어서는 안 되며, 국민보건 및 환경에 있어서 유해한 물질이 유출 또는 방출되지 않도록 하여야 한다.

7. 제조관리기준서, 제품표준서, 제조관리기록서 및 품질관리기록서 중 품질관리를 위하여 필요한 사항을 책임판매업자에게 제출하여야 한다. 단, 제조업자와 책임판매업자가 동일하거나 제조업자가 제품을 설계 및 개발, 생산하는 방식으로 제조하여 품질안전관리 영향이 없는 범위에서 상호계약에 따라 영업비밀에 해당하는 경우에는 책임판매업자에게 제출하지 않아도 된다.

8. 원료 또는 자재의 입고부터 완제품을 출고하기까지 필요한 시험·검사 또는 검정을 실시하여야 한다.

9. 제조 또는 품질검사를 위탁할 경우 수탁자에 대한 관리·감독, 제조 및 품질관리에 관한 기록을 유지하고 관리하여야 한다.

10. 위해화장품을 회수하여야 한다.

11. 폐업 또는 휴업, 휴업 후 재개하는 경우 지방청에 신고하여야 한다.(휴업기간이 1개월 미만 등의 경우는 예외로 한다.)

• 화장품 제조업 등록 서류
   1. 화장품 제조업 등록신청서(화장품법 시행규칙 별지 제1호 서식)
   2. 「정신건강증진 및 정신질환자 복지서비스 지원에 관한 법류」 제3조제1호에 따른 정신질환자가 아님을 증명하는 의사 진단서(제조업자로 적합하다는 전문의진단서)
   3. 「마약류 관리에 관한 법률」 제2조제1호에 따른 마약류의 중독자가 아님을 증명하는 의사진단서
   4. 시설의 명세서

• 화장품제조업 시설기준
   화장품제조업을 위해서는 아래와 살은 시설을 갖추어야 하며 화장품 제조소에서 교차오염이 없는 경우는 화장품 이외의 물품도 제조가 가능하다.

1. 제조 작업을 하는 다음의 시설을 갖춘 작업소
   - 쥐·해충 및 먼지 등을 막을 수 있는 시설
   - 작업대 등 제조에 필요한 시설 및 기구
   - 가루가 날리는 작업실은 가루를 제거하는 시설
2. 원료·자재 및 제품을 보관하는 보관소
3. 원료·자재 및 제품의 품질검사를 위하여 필요한 시험실
4. 품질검사에 필요한 시설 및 기구

제조업자가 화장품의 일부 공정만을 제조하는 경우에는 해당 공정에 필요한 시설 및 기구 외의 시설 및 기구는 갖추지 않아도 되며 보건환경연구원, 시험실을 갖춘 화장품제조업자, 한국의약품수출입협회,「식품·의약품분야 시험·검사 등에 관한 법률」제6조에 따른 화장품 시험·검사기관은 원료·자재 및 제품의 품질검사를 위하여 필요한 시험실, 품질검사에 필요한 시설 및 기구를 갖추지 않을 수 있다.

• 화장품제조업 변경 등록
  1. 화장품제조업 변경 등록 대상
     - 제조업자 변경(법인의 경우 대표자의 변경)
     - 제조업자 상호 변경(법인의 경우에는 법인 명칭의 변경)
     - 제조소의 소재지 변경
     - 제조 유형 변경
     ·화장품을 직접 제조하는 영업
     ·화장품 제조를 위탁 받아 제조하는 영업
     ·화장품 포장(1차 포장만 해당)을 하는 영업

위 항목에 해당이 될 경우 등록한 지방식품의약품안전청에 화장품 제조업 변경 등록을 진행하여야 한다. 화장품 제조 유형의 변경은 예를 들어 최초 신고 당시 화장품의 1차 포장 영업으로 신고를 하였으나 화장품 전 과정을 직접 제조 또는 위탁 제조하고자 하는 경우 반드시 유형 변경을 한 후 영업을 하여야 한다.

2. 화장품제조업 변경등록 서류

- 화장품제조업 변경등록 신청서(화장품법 시행규칙 별지 제5호 서식)

- 화장품 제조업자 변경의 경우

• 정신질환자가 아님을 증명하는 의사 진단서

• 마약이나 그 밖의 유독물질의 중독자가 아님을 증명하는 의사 진단서

• 양도·양수의 경우 이를 증명하는 서류

• 상속의 경우 가족관계증명서

- 제조소 소재지 변경

• 시설 명세서

- 포장 제조업자가 직접 제조 또는 위탁 제조로 제조 유형 변경의 경우

• 시설 명세서

● 지방식품의약품안전청(6개)

[출처: 대한화장품협회]

- 화장품책임판매업

  가. 화장품 제조업자가 화장품을 직접 제조하여 유통·판매하는 영업

  나. 화장품 제조업자에게 위탁하여 제조된 화장품을 유통·판매하는 영업

  다. 수입된 화장품을 유통·판매하는 영업

- 화장품책임판매업 등록절차

  화장품책임판매업 등록을 위해서 먼저 책임판매업 등록요건 충족 여부를 확인 후 등록서류를 작성하여 영업소 소재지의 관할 지방식품의약품안전청에 신청하고 처리기한 10일을 거쳐 책임판매업 등록 신청이 완료되게 된다. 화장품책임판매업 등록요건으로는 책임판매업자가 법 제2조의3 결격사유에 해당하지 않아야 하며 화장품의 품질관리 기준 및 책임판매 후 안전관리 기준을 갖추고 책임판매관리자를 선임하여야 한다.

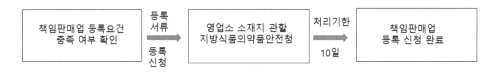

- 화장품책임판매업자의 결격사유

  다음 각 호의 어느 하나에 해당하는 자는 화장품제조업 또는 화장품책임판매업의 등록이나 맞춤형화장품판매업의 신고를 할 수 없다. 다만, 제1호 및 제3호는 화장품제조업만 해당한다.

  1. 「정신건강증진 및 정신질환자 복지서비스 지원에 관한 법률」 제3조제1호에 따른 정신질환자. 다만, 전문의가 화장품제조업자(제3조제1항에 따라 화장품제조업을 등록한 자를 말한다. 이하 같다)로서 적합하다고 인정하는 사람은 제외한다.

  2. 피성년후견인 또는 파산선고를 받고 복권되지 아니한 자

  3. 「마약류 관리에 관한 법률」 제2조제1호에 따른 마약류의 중독자

  4. 이 법 또는 「보건범죄 단속에 관한 특별조치법」을 위반하여 금고 이상의 형

을 선고받고 그 집행이 끝나지 아니하거나 그 집행을 받지 아니하기로 확정 되지 아니한 자

5. 제24조에 따라 등록이 취소되거나 영업소가 폐쇄(이 조 제1호부터 제3호까 지의 어느 하나에 해당하여 등록이 취소되거나 영업소가 폐쇄된 경우는 제외 한다)된 날부터 1년이 지나지 아니한 자

[본조신설 2018. 3. 13.]

- 화장품 책임판매업 등록 서류
 1. 화장품책임판매업 등록신청서(화장품법 시행규칙 별지 제3호 서식)
 2. 화장품 품질관리 및 책임판매 후 안전관리기준 규정
 3. 책임판매관리자의 자격을 확인할 수 있는 서류(단, 수입대행형 거래를 목적으 로 화장품을 알선·수여하려는 자는 화장품책임판매업 등록신청서만 제출)

- 화장품 책임판매관리자의 자격기준
 1. 의사 또는 약사
 2. 이공계 학과 또는 향장학, 한의학, 화장품과학, 한약학과 학사학위 이상 취득자
 3. 학사 이상 학위 취득자로 간호학과, 간호과학과, 건강간호학과를 전공하고, 화학·생물학·생명과학·유전학·유전공학·향장학·화장품과학·의학·약 학 등 관련 과목을 20학점이상 이수한 자
 4. 전문대학 졸업자로서 화장품 관련 분야를 전공 후 화장품의 제조 업무 또는 품질관리 업무에서 1년 이상 종사자
   - 화장품 관련 분야 : 화학·생물학·화학공학·생물공학·미생물학·생화학· 생명과학·생명공학·유전공학·향장학·화장품과학·한의과학·한약학과 등
 5. 전문대학 졸업자로서 간호학과, 간호과학과, 건강간호학과를 전공하고, 화 학·생물학·생명과학·유전학·유전공학·향장학·화장품과학·의학·약학 등 관련 과목을 20학점이상 이수한 후 화장품 제조 또는 품질관리 업무 1년 이상 종사자

6. 화장품 제조 또는 품질관리 업무에 2년 이상 종사한 경력이 있는 사람

7. 식약처가 정하여 고시하는 전문 교육과정을 이수한 자(화장비누, 흑채, 제모 왁스에 한함)

8. 상시 근로자 수 10인 이하 대표자가 시행규칙 제8조의 책임판매관리자의 조건을 충족한 경우, 직접 책임판매관리자의 직무 수행 가능

- 책임판매관리자의 직무

1. 품질관리기준에 따른 품질관리 업무

2. "책임판매 후 안전관리기준"에 따른 안전 확보의 업무

3. 원료 및 자재의 입고부터 완제품의 출고에 이르기까지 필요한 시험·검사 또는 검정에 대하여 제조업자를 관리·감독하는 업무

- 화장품 책임판매업자의 의무사항

1. 화장품의 품질관리기준 및 책임판매 후 안전관리기준을 준수해야 한다. 품질관리기준 및 책임판매 후 안전관리기준은 이미 책임판매업자가 지방청에 제출한 회사 규정으로 규정의 준수 여부를 확인하고 그에 따른 기록을 해야 한다.

2. 화장품 책임판매업자의 준수사항을 준수해야 한다.

3. 화장품의 생산실적 또는 수입실적 보고(표준통관예정보고의 경우는 제외)를 매해 2월말까지 수행한다. 전년도 화장품 생산실적은 '대한화장품협회'에 보고하며, 전년도 화장품 수입실적은 '한국의약품수출입협회'에 보고를 하여야 한다. 수입된 제품이 전자무역문서로 표준통관예정보고를 한 경우는 수입실적보고를 표준통관예정보고로 갈음할 수 있다. 생산실적이 없는 경우에도 '없음'으로 보고하여야 한다.

4. 유통·판매 전 원료의 목록 보고(표준통관예정보고 경우는 제외)를 하여야 한다. 식품의약품안전처 고시 "화장품의 생산·수입실적 및 원료목록 보고에 관한 규정"에 따라 국내 제조/수입 화장품 책임판매업자는 유통·판매 전에 원료목록을 보고하여야 하며 보고 시스템 각 사에서 보고자료를 취합하여 식

품의약품안전처로 보고가 이루어지게 된다. 국내에서 제조 및 유통, 판매가 되는 제품은 '대한화장품협회'에 보고를 하며 수입제품은 '한국의약품수출입협회'에 보고를 하면 된다.

5. 책임판매관리자는 화장품의 안전성 확보 및 품질관리에 대한 교육을 매년 1회 받아야 한다. 교육기관은 식약처에서 지정한 대한화장품협회, 한국의약품수출입협회, 대한화장품산업연구원, 한국보건산업진흥원에서 실시하고 있으며 교육내용은 화장품과 관련한 법령 및 제도, 안전성 확보 및 품질관리 등이다. 교육시간은 4시간 이상 8시간 이하로 교육기관마다 서로 상이하다. 교육과 관련된 사항은 대한화장품협회 홈페이지에서 확인할 수 있다.

6. 화장품책임판매업자는 안전성 정보를 매 반기 종료 후 1월 이내에 식품의약품안전처장에게 보고하여야 하는데 만약 화장품책임판매업자가 중대한 유해 사례를 알게 된 경우는 알게 된 날로부터 15일 이내에 식품의약품안전처장에게 신속하게 보고하여야 한다. 또한, 보고사항이 없는 경우에도 "없음"으로 보고해야 한다.

7. 위해 화장품을 회수하여야 한다. 회수 대상 화장품은 다음과 같다.
   - 법 제15조(영업의 금지)에 위반되는 화장품으로 다음 어느 하나에 해당하는 화장품
     • 전부 또는 일부가 변패된 화장품
     • 병원미생물에 오염된 화장품
     • 이물이 혼합 또는 부착된 화장품 중 보건위생상 위해 발생의 우려가 있는 화장품
     • 배합 금지 원료를 사용한 화장품
     • "유통화장품 안전관리 기준"에 적합하지 않은 화장품(내용량 기준 부분 제외)
     • 사용기한 또는 개봉 후 사용기간(제조연월일 병기)을 위조·변조한 화장품
     • 기타 영업자 스스로 국민보건에 위해를 끼칠 우려가 있어 회수가 필요하다고 판단하는 화장품
   - 법 제16조(판매 등의 금지)제1항에 위배되어 국민보건에 위해를 끼치거나 끼칠 수 있는 화장품
   - 법 제9조(안전용기포장 등)에 위반되는 화장품

회수계획
제출 → 판매자 등에
회수 계획 통보 → 회수 화장품의
폐기 → 회수 종료

[회수 계획 제출]
- 회수 의무자는 회수계획서와 다음 구비서류를 지방청에 제출하여야 한다.
- 구비서류 : 해당 품목 제조수입기록서 사본, 판매처별 판매량, 판매일 등의 기록, 회수 사유를 적은 서류
- 제출기한 : 회수 대상 화장품이라는 사실을 안 날로부터 5일 이내
- 제출기한까지 제출이 곤란한 경우 지방청에 사유를 말하고 제출기한을 연장할 수 있다.

[판매자 등에 회수 계획 통보]
- 회수 의무자는 회수 대상 화장품 판매자, 취급자 등에게 회수계획을 통보해야 한다.
- 통보 방법 : 방문, 우편, 전보, 전자우편, 팩스 또는 언론매체 등
- 회수 의무자는 회수 계획 통보 사실 입증 자료를 회수 종료일로부터 2년간 보관하여야 한다.

[회수 화장품의 폐기]
- 회수 계획을 통보받은 판매자 등은 회수 의무자에게 해당 제품 반품, 회수 확인서를 송부하여야 한다.
- 회수 의무자는 폐기 신청서와 다음 구비서류를 지방청에 제출하여야 한다.
- 구비서류 : 회수계획서 사본, 회수확인서 사본
- 관계 공무원의 참관 하에 폐기하여야 하며 폐기한 회수 의무자는 폐기확인서를 2년간 보관하여야 한다.

[회수 종료]

영업자가 위해 화장품을 자진 회수 또는 회수 조치를 성실히 이행한 영업자는 행정 처분 감경 또는 면제를 받을 수 있다.

- 행정 처분 면제 : 회수 계획에 따른 회수 계획량 중 5분의 4 이상을 회수한 경우 행정처분 감경
- 회수 계획량의 3분의 1 이상을 회수한 경우
  등록취소 → 업무정지 2개월 이상 6개월 이하의 범위에서 처분
  업무정지 또는 품목의 제조판매 등의 업무정지 → 정지처분 기간의 3분의 1 이하의 범위에서 감경
- 회수를 계획한 양의 4분의 1 이상에서 3분의 1 미만으로 회수한 경우
  등록 취소 → 업무정지 3개월 이상 6개월 이하의 범위에서 처분
  업무정지 또는 품목의 제조판매 등의 업무정지 → 정지처분 기간의 2분의 1 이하의 범위에서 감경
- 폐업 또는 휴업, 휴업 후 재개하는 경우에는 지방청에 신고하여야 한다. (휴업 기간이 1개월 미만 등의 경우는 신고 예외) 신고 대상은 폐업 또는 휴업하려는 경우, 휴업 후 그 업을 재개하려는 경우이다. 휴업 기간이 1개월 미만 또는 그 기간 동안 휴업하였다가 업을 재개하는 경우는 예외이며 식약처장은 화장품 영업자가 부가가치세법에 따라 폐업신고를 하거나 관할 세무서장에 의해 사업자 등록이 말소된 경우 영업자 등록 취소가 가능하다. 신고 서류는 폐업 휴업재개신고서에 책임판매업 등록필증 또는 제조업 등록필증 등을 제출하면 되고 부가가치세법에 따른 폐업 또는 휴업 신고를 같이 하려는 경우는 부가가치세법에 따른 폐업휴업 신고서도 함께 제출하여야 한다.

- 화장품책임판매업자의 준수사항 (화장품법 시행규칙 제11조)
  1. 별표 1의 품질관리기준을 준수할 것
  2. 별표 2의 책임판매 후 안전관리기준을 준수할 것

3. 제조업자로부터 받은 제품표준서 및 품질관리기록서(전자문서 형식을 포함한다)를 보관할 것

4. 수입한 화장품에 대하여 다음 각 목의 사항을 적거나 또는 첨부한 수입관리기록서를 작성·보관할 것

　가. 제품명 또는 국내에서 판매하려는 명칭

　나. 원료 성분의 규격 및 함량

　다. 제조국, 제조회사명 및 제조회사의 소재지

　라. 기능성화장품 심사결과 통지서 사본

　마. 제조 및 판매증명서. 다만, 「대외무역법」 제12조제2항에 따른 통합 공고상의 수출입 요건 확인 기관에서 제조 및 판매증명서를 갖춘 화장품책임판매업자가 수입한 화장품과 같다는 것을 확인받고, 제6조제2항제2호 가목, 다목 또는 라목의 기관으로부터 화장품책임판매업자가 정한 품질관리기준에 따른 검사를 받아 그 시험성적서를 갖추어 둔 경우에는 이를 생략할 수 있다.

　바. 한글로 작성된 제품설명서 견본

　사. 최초 수입연월일(통관 연월일을 말한다. 이하 이 호에서 같다)

　아. 제조번호별 수입연월일 및 수입량

　자. 제조번호별 품질검사 연월일 및 결과

　차. 판매처, 판매 연월일 및 판매량

5. 제조번호별로 품질검사를 철저히 한 후 유통시킬 것. 다만, 화장품제조업자와 화장품책임판매업자가 같은 경우 또는 제6조제2항제2호 각 목의 어느 하나에 해당하는 기관 등에 품질검사를 위탁하여 제조번호별 품질검사결과가 있는 경우에는 품질검사를 하지 아니할 수 있다.

6. 화장품의 제조를 위탁하거나 제6조제2항제2호 나목에 따른 제조업자에게 품질검사를 위탁하는 경우 제조 또는 품질검사가 적절하게 이루어지고 있는지 수탁자에 대한 관리·감독을 철저히 하여야 하며, 제조 및 품질관리에 관한 기록을 받아 유지·관리하고, 그 최종 제품의 품질관리를 철저히 할 것

7. 제5호에도 불구하고 영 제2조제2호 다목의 화장품책임판매업을 등록한 자는

제조국 제조회사의 품질관리기준이 국가 간 상호 인증되었거나, 제11조제2항에 따라 식품의약품안전처장이 고시하는 우수 화장품 제조관리기준과 같은 수준 이상이라고 인정되는 경우에는 국내에서의 품질검사를 하지 아니할 수 있다. 이 경우 제조국 제조회사의 품질검사 시험성적서는 품질관리기록서를 갈음한다.

8. 제7호에 따라 영 제2조제2호 다목의 화장품책임판매업을 등록한 자가 수입 화장품에 대한 품질검사를 하지 아니하려는 경우에는 식품의약품안전처장이 정하는 바에 따라 식품의약품안전처장에게 수입화장품의 제조업자에 대한 현지 실사를 신청하여야 한다. 현지실사에 필요한 신청 절차, 제출서류 및 평가 방법 등에 대하여는 식품의약품안전처장이 정하여 고시한다.

8의2. 제7호에 따른 인정을 받은 수입 화장품 제조회사의 품질관리기준이 제11조제2항에 따른 우수 화장품 제조관리기준과 같은 수준 이상이라고 인정되지 아니하여 제7호에 따른 인정이 취소된 경우에는 제5호 본문에 따른 품질검사를 하여야 한다. 이 경우 인정 취소와 관련하여 필요한 세부적인 사항은 식품의약품안전처장이 정하여 고시한다.

9. 영 제2조제2호 다목의 화장품책임판매업을 등록한 자의 경우 「대외무역법」에 따른 수출·수입 요령을 준수하여야 하며, 「전자무역 촉진에 관한 법률」에 따른 전자무역 문서로 표준통관예정보고를 할 것

10. 제품과 관련하여 국민보건에 직접 영향을 미칠 수 있는 안전성·유효성에 관한 새로운 자료, 정보사항(화장품 사용에 의한 부작용 발생 사례를 포함한다) 등을 알게 되었을 때에는 식품의약품안전처장이 정하여 고시하는 바에 따라 보고하고, 필요한 안전대책을 마련할 것

11. 다음 각 목의 어느 하나에 해당하는 성분을 0.5퍼센트 이상 함유하는 제품의 경우에는 해당 품목의 안정성 시험 자료를 최종 제조된 제품의 사용기한이 만료되는 날부터 1년간 보존할 것

가. 레티놀(비타민 A) 및 그 유도체

나. 아스코빅애시드(비타민 C) 및 그 유도체

다. 토코페롤(비타민 E)

라. 과산화화합물

마. 효소

- 화장품책임판매업 변경 등록 대상

 1. 책임판매업자의 변경(법인인 경우에는 대표자의 변경)

 2. 책임판매업자의 상호 변경(법인인 경우에는 법인의 명칭 변경)

 3. 책임판매업소의 소재지 변경

   → 책임판매업소는 제조업과는 달리 일반 사무실이므로 등록된 회사의 소재
     지를 이전할 경우 지방청에 변경 등록만 하면 된다.

 4. 책임판매관리자 변경: 새로운 책임판매관리자를 선임하는 경우에는 지방청
   에 변경 등록할 것

 5. 책임판매 유형 변경

 ·화장품 제조업자가 화장품을 직접 제조하여 유통하거나 판매하는 영업

 ·화장품 제조업자에게 위탁하여 제조된 화장품을 유통·판매하는 영업

 ·수입된 화장품을 유통·판매하는 영업

 ·수입 대행형 거래를 목적으로 화장품을 알선·수여(授與)하는 영업

책임판매 유형의 변경사항이 있을 때에는 유형 변경을 등록하거나 책임판매 유
형을 추가하여야 한다.

- 화장품책임판매업 변경 등록 서류

 1. 화장품책임판매업 변경등록 신청서(화장품법 시행규칙 별지 제6호 서식)

 2. 화장품책임판매업자의 변경

 ·양도·양수의 경우 이를 증명하는 서류

 ·상속의 경우 가족관계증명서

 3. 책임판매관리자 변경의 경우 책임판매관리자의 자격을 확인할 수 있는 서류

4. 수입대행형 거래 책임판매업자로 등록한 자가 다른 유형의 책임판매업자로 책임판매 유형을 변경하려는 경우는 품질관리기준 및 책임판매 후 안전관리에 관한 서류, 책임판매관리자의 자격을 확인할 수 있는 서류

- 맞춤형화장품판매업
  가. 제조 또는 수입된 화장품의 내용물이나 식품의약품안전처장이 정하여 고시하는 원료를 추가하여 혼합한 화장품을 판매하는 영업
  나. 제조 또는 수입된 화장품의 내용물을 소분(小分)한 화장품을 판매하는 영업

- 맞춤형화장품판매업의 신고
  "맞춤형화장품판매업"은 앞서 언급한 화장품제조업과 화장품책임판매관리업처럼 등록 대상이 아닌, 신고 대상이다. 맞춤형화장품판매업자는 법 제3조의3 결격사유에 해당하지 않아야 하며 해당 매장에 맞춤형화장품 조제관리사를 두어야 한다.

- 맞춤형화장품조제관리사
  맞춤형화장품조제관리사는 혼합 및 소분 업무에 종사하는 자를 말하며 식품의약품안전처장이 실시하는 자격시험에 합격하여야 한다. 화장품의 내용물 등의 혼합 및 소분은 자격증이 있는 맞춤형화장품조제관리사만 가능하다.

- 맞춤형화장품판매업자의 의무
  1. 판매장 시설 및 기구의 관리 방법, 혼합 및 소분 안전관리기준 준수, 내용물·원료 등의 설명 의무 등 맞춤형화장품판매업자의 준수사항을 준수해야 한다.
  2. 지방청에 신고된 맞춤형화장품제조관리사 교육을 연 1회 이수해야 한다.
  3. 위해화장품은 회수해야 한다.
  4. 폐업 또는 휴업, 휴업 후 재개하는 경우 지방청에 신고해야 한다. (휴업 기간이 1개월 미만 등의 경우 신고 예외)

• 영업자 변경 등록 사항 중 주의사항

화장품제조업자, 화장품책임판매업자, 맞춤형화장품판매업자의 상호 변경이나 소재지 변경으로 인하여 영업자 변경 등록을 진행할 경우 지방청에 변경 등록 시점과 함께 포장재 기재사항의 변경 등도 함께 고려해야 한다. 화장품 영업자 등록, 변경 등록은 온라인 전자민원을 통해서도 가능하다.

• 온라인 전자민원을 통한 화장품 영업자 등록, 변경 등록 절차

온라인 전자민원을 통해서도 화장품 영업자 등록과 변경 등록이 가능하며, 그 절차는 다음과 같다.

식품의약품안전처 의약품민원(http://nedrug.mfds.go.kr) → 전자민원/보고 → 전자민원신청(화장품)

• 화장품 전자민원 사무

아래의 항목은 직접 방문하지 않아도 전자민원 사무가 가능한 업무이다.

- 화장품제조업 등록/변경 등록
- 화장품책임판매업 등록/변경 등록
- 기능성화장품 심사/변경 심사
- 업 등록필증 등의 재발급 등
- 잃어버리거나 못쓰게 된 경우
- 지방식품의약품안전청 등에 신청 후 재교부

5) 화장품의 품질 요소

화장품의 품질 요소는 화장품의 품질을 결정하는 특성을 말하는 것으로 안전성, 안정성, 유효성, 사용성 등이 있다.

(1) 안전성

화장품은 누구나 일상에서 인체를 대상으로 장기간 지속적으로 사용하기 때문에 화장품이 피부에 접촉하였을 때 피부에 대한 자극이나 알레르기, 독성 등과 같이 인체에 대한 부작용이 없어야 한다.

[화장품 안전성 시험분석 방법]
 1. 단회투여독성 시험
 2. 1차 피부자극 시험
 3. 안점막자극 또는 기타 점막자극 시험
 4. 피부감작성 시험
 5. 광독성 시험
 6. 광감작성 시험
 7. 인체사용 시험
 8. 유전독성 시험

[화장품 안전성 정보관리 규정]
1. 목적

화장품의 취급·사용 시 인지되는 안전성 관련 정보를 체계적이고 효율적으로 수집·검토·평가하여 적절한 안전대책을 강구함으로써 국민보건상의 위해를 방지함을 목적으로 한다.

2. 용어의 정의
 - 유해 사례 : 화장품의 사용 중 발생한 바람직하지 않고 의도되지 아니한 징후, 증상 또는 질병을 말하며, 당해 화장품과 반드시 인과관계를 가져야 하는 것은 아니다. [Adverse Event/Adverse Experience, AE]
 - 중대한 유해 사례(Serious AE) : 아래 항목 중 어느 하나에 해당되는 경우를 말한다.

가. 사망을 초래하거나 생명을 위협하는 경우

나. 입원 또는 입원 기간의 연장이 필요한 경우

다. 지속적 또는 중대한 불구나 기능 저하를 초래하는 경우

라. 선천적 기형 또는 이상을 초래하는 경우

마. 기타 의학적으로 중요한 상황

- 실마리 정보(Signal) : 유해 사례와 화장품 간의 인과관계 가능성이 있다고 보고된 정보로서 그 인과관계가 알려지지 아니하거나 입증 자료가 불충분한 것을 말한다.

- 안전성 정보 : 화장품과 관련하여 국민보건에 직접 영향을 미칠 수 있는 안전성·유효성에 관한 새로운 자료, 유해 사례 정보 등을 말한다.

3. 안전성 정보의 관리 체계

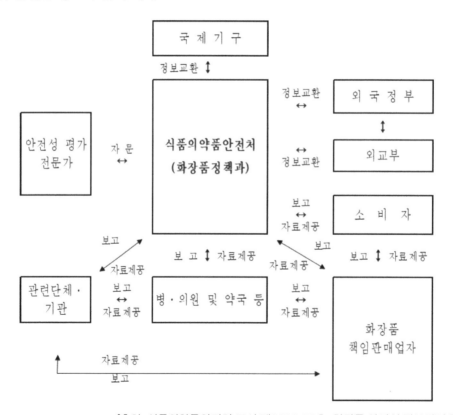

[출처: 식품의약품안전처 고시 제2020-53호, 화장품 안전성 정보관리 규정]

4. 안전성 정보의 보고

- 의사·약사·간호사·판매자·소비자 또는 관련 단체 등의 장은 화장품의 사용 중 발생하였거나 알게 된 유해 사례 등 안전성 정보에 대하여 별지 제1호 서식 또는 별지 제2호 서식을 참조하여 식품의약품안전처장 또는 화장품책임판매업자에게 보고할 수 있다.
- 제1항에 따른 보고는 식품의약품안전처 홈페이지를 통해 보고하거나 전화·우편·팩스·정보통신망 등의 방법으로 할 수 있다.

5. 안전성 정보의 신속 보고

- 화장품책임판매업자는 다음 각 호의 화장품 안전성 정보를 알게 된 때에는 제1호의 정보는 별지 제1호 서식에 따른 보고서를, 제2호의 정보는 별지 제2호 서식에 따른 보고서를 그 정보를 알게 된 날로부터 1일 이내에 식품의약품안전처장에게 신속히 보고하여야 한다.
  - 중대한 유해 사례 또는 이와 관련하여 식품의약품안전처장이 보고를 지시한 경우
  - 판매 중지나 회수에 준하는 외국 정부의 조치 또는 이와 관련하여 식품의약품안전처장이 보고를 지시한 경우
- 제1항에 따른 안전성 정보의 신속 보고는 식품의약품안전처 홈페이지를 통해 보고하거나 우편·팩스·정보통신망 등의 방법으로 할 수 있다.

6. 안전성 정보의 정기 보고

- 화장품책임판매업자는 제5조에 따라 신속 보고되지 아니한 화장품의 안전성 정보를 별지 제3호 서식에 따라 작성한 후 매 반기 종료 후 1월 이내에 식품의약품안전처장에게 보고하여야 한다. 다만, 상시 근로자 수가 2인 이하로서 직접 제조한 화장비누만을 판매하는 화장품책임판매업자는 해당 안전성 정보를 보고하지 아니할 수 있다.
- 제1항에 따른 안전성 정보의 정기보고는 식품의약품안전처 홈페이지를 통해 보고하거나 전자파일과 함께 우편·팩스·정보통신망 등의 방법으로 할 수 있다.

7. 자료의 보완

식품의약품안전처장은 제5조제1항 및 제6조제1항에 따른 유해 사례 등 안전성 정보의 보고가 이 규정에 적합하지 아니하거나 추가 자료가 필요하다고 판단하는 경우 일정 기한을 정하여 자료의 보완을 요구할 수 있다.

8. 안전성 정보의 검토 및 평가

식품의약품안전처장은 다음 각 호에 따라 화장품 안전성 정보를 검토 및 평가하며 필요한 경우 화장품 안전 관련 분야의 전문가 등의 자문을 받을 수 있다.
- 정보의 신뢰성과 인과관계의 평가 등
- 국내·외 사용 현황 등 조사·비교 (화장품에 사용할 수 없는 원료 사용 여부 등)
- 외국의 조치 및 근거의 확인 (필요한 경우에 한함)
- 관련 유해 사례 등과 같은 안전성 정보 자료의 수집 및 조사
- 종합 검토

9. 후속 조치

식품의약품안전처장 또는 지방식품의약품안전청장은 제8조의 검토 및 평가 결과에 따라 다음 각 호 중 필요한 조치를 할 수 있다.
- 품목의 제조·수입·판매 금지, 폐기·수거 등의 명령
- 사용상의 주의사항 등 추가
- 조사연구 등의 지시
- 실마리 정보로 관리
- 제조·품질관리의 적정성 여부 조사 및 시험·검사 등 기타 필요한 조치

10. 정보의 전파 등

- 식품의약품안전처장은 안전하고 올바른 화장품의 사용을 위하여 화장품 안전성 정보의 평가 결과를 화장품책임판매업자 등에게 전파하고 필요한 경우 이를 소비자에게 제공할 수 있다.

- 식품의약품안전처장은 수집된 안전성 정보, 평가 결과 또는 후속 조치 등에 대하여 필요한 경우 국제기구나 관련국 정보 등에 통보하는 등 국제적 정보교환 체계를 활성화하고 상호 협력 관계를 긴밀하게 유지함으로써 화장품으로 인한 범국가적 위해의 방지에 적극 노력하여야 한다.

11. 보고자 등의 보호

화장품 안전성 정보의 수집·분석 및 평가 등의 업무에 종사하는 자와 관련 공무원은 보고자, 환자 등 특정인의 인적사항 등에 관한 정보로서 당사자의 생명·신체를 해할 우려가 있는 경우 또는 당사자의 사생활의 비밀 또는 자유를 침해할 우려가 있다고 인정되는 경우 등 당사자 또는 제3자 등의 권리와 이익을 부당하게 침해할 우려가 있다고 인정되는 사항에 대하여는 이를 공개하여서는 아니 된다.

12. 포상 등

식품의약품안전처장은 이 규정에 따라 적극적이고 성실한 보고자나 기타 화장품 안전성 정보 관리 체계의 활성화에 기여한 자에 대하여 「식품의약품안전처 공적심사규정」(식약처 훈령)에 따라 포상 또는 표창을 실시할 수 있다.

13. 재검토 기한

식품의약품안전처장은 「훈령·예규 등의 발령 및 관리에 관한 규정」에 따라 이 고시에 대하여 2018년 1월 1일 기준으로 매 3년이 되는 시점(매 3년째의 12월 3일까지를 말한다)마다 그 타당성을 검토하여 개선 등의 조치를 하여야 한다.

(2) 안정성

화장품은 사용하는 동안 일정한 품질을 유지하고 사용하기에 문제가 없어야 한다. 화장품을 사용하거나 보관 중에 화장품이 산화되거나 변색, 변취, 변질되거나 제형의 분리, 미생물에 의한 오염 등이 없는 안정된 상태를 유지해야 한다.

[화장품 안정성 시험 가이드라인](식품의약품안전청 n.d., 1-9)

1. 시험의 목적

화장품 안정성 시험은 화장품의 저장 방법 및 사용 기한을 설정하기 위하여 경시변화에 따른 품질의 안정성을 평가하는 시험이며 시험의 목적은 화장품을 제조된 날부터 적절한 보관 조건에서 성상·품질의 변화 없이 최적의 품질로 이를 사용할 수 있는 최소한의 기한과 저장 방법을 설정하기 위한 기준을 정하는 데 있으며, 나아가 이를 통하여 시중 유통 중에 있는 화장품의 안정성을 확보하여 안전하고 우수한 제품을 공급하는 데 도움을 주고자 하는 데 있다.

2. 일반적 사항

화장품 안정성시험은 적절한 보관 및 운반과 사용 조건에서 화장품의 물리, 화학, 미생물학적인 안정성 및 용기와 내용물 사이의 적합성이 보증 가능한 조건에서 시험을 수행한다. 시험기준 과 시험 방법은 승인된 규격이 있는 경우에는 그 규격을, 그 이외의 경우는 각 제조업체에 따른 경험에 근거하여 제제별로 시험 방법 및 관련 기준을 추가로 선정한 후 한 가지 이상의 온도 조건에서 안정성 시험을 실시한다. 즉 시험기준 및 시험 방법은 평가의 대상이 되는 제품의 예상 또는 안정성을 추정할 수 있어야 한다. 과학적인 원칙과 경험에 근거하여 합리적이라고 여겨지는 경우 시험 항목과 시험 조건은 적절히 조절이 가능하다.

3. 안정성 시험의 종류

가. 장기 보존 시험

화장품 저장 조건에서 사용 기한을 설정하기 위하여 장기간에 걸쳐 물리·화학, 미생물학적의 안정성 및 용기 적합성을 확인하는 시험이다.

나. 가속 시험

장기 보존 시험의 저장 조건을 벗어나서 단기간 가속 조건이 물리·화학, 미생물학적 안정성과 용기 적합성에 미치는 영향 평가를 하기 위한 시험을 말한다.

다. 가혹 시험

가혹한 조건 속에서 화장품의 분해 과정과 분해산물을 확인하기 위한 시험을 말한다. 일반적으로 개별 화장품의 예상되는 운반, 취약성, 진열, 보관 및 사용 과정에서 의도치 않게 발생할 가능성 있는 가혹한 조건 속에서의 품질 변화를 검토하기 위하여 이와 같은 시험을 수행한다.

가) 온도 편차 및 극한 조건

운반과 보관 과정에서 극한의 온도와 압력 조건에 제품이 노출될 가능성이 있으므로 이러한 극한의 조건으로 동결-해동 시험을 고려하는 제품의 경우에 시험을 수행하며 일정한 온도 조건에서의 보관보다는 온도 사이클링(cycling)이나 '동결-해동(freeze-thaw)' 시험을 통하여 문제점을 신속하게 파악할 수 있다.

동결-해동 시험 수행 시 현탁(결정 형성 또는 흐릿해지는 경향)의 발생 여부와 유제와 크림제의 안정성 결여, 포장 문제(예를 들면, 표시·기재 사항 분실 또는 구겨짐, 파손 및 찌그러짐), 알루미늄 튜브 내부의 래커 부식 여부를 관찰한다. 시험의 예로는 저온 시험 및 동결-해동 시험, 고온 시험이 있다.

나) 기계·물리적 시험

본 시험에서 진동 시험은 분말이나 과립 제품의 혼합 상태가 깨지거나 분리 발생 여부를 살펴보기 위해 수행한다. 기계·물리적 충격 시험, 진동 시험을 통한 분말 제품의 분리도 시험 등 유통, 보관, 사용 조건에서 제품 특성상 필요한 시험을 말한다. 기계적 충격 시험은 운반 과정에서 화장품이나 포장이 손상될 가능성을 조사하는 데 사용한다.

다) 광 안정성

제품이 빛에 노출될 가능성이 있는 상태로 포장되어 있는 화장품은 광 안정성 시험을 실시하여야 한다. 시험 조건은 화장품이 빛에 노출되도록 한다.

라. 개봉 후 안정성 시험

화장품 사용 시에 발생할 수 있는 오염 등을 반영한 사용 기한을 설정하기 위하여 장기간에 동안 물리·화학, 미생물학적 안정성과 용기 적합성을 확인하는 시험을 말한다.

4. 안정성 시험의 시험 조건

화장품의 안정성은 화장품의 제형(로션, 크림, 액, 파우더, 립스틱 등)의 특성과 성분의 특성(경시 변화가 쉬운 성분이 함유되었는지 여부 등), 보관용기와 보관 조건 등과 같은 다양한 변수에 대한 예측과 이미 평가된 자료 및 경험을 바탕으로 하여 합리적이고 과학적인 시험 조건에서 평가가 이루어져야 한다. 일반적으로 사용되는 안정성 시험 조건은 다음과 같다.

가. 장기 보존 시험 조건

가) 로트의 선정

시중에 유통을 할 제품과 동일한 처방과 제형 및 포장용기를 사용한다. 3로트 이상에 관하여 시험을 실시하는 것을 원칙으로 한다. 다만, 안정성에 영향을 주지 않는 것으로 판단되는 경우에는 예외로 적용할 수 있다.

나) 보존 조건

제품의 유통 조건을 고려하여 적절한 온도 및 습도, 시험 기간 및 측정 시기를 설정하여 시험한다. 예를 들어 실온에 보관하는 화장품의 경우 온도 25±2℃/상대습도 60±5% 또는 30±2℃/상대습도 66±5%로, 냉장 보관을 하는 화장품은 5±3℃로 실험할 수 있다.

다) 시험 기간

6개월 이상 시험을 실시하는 것이 원칙이나, 화장품의 특성에 따라서 별도로 정할 수 있다.

라) 측정 시기

시험 개시 때와 첫 1년간은 3개월마다, 그 후 2년까지는 6개월마다, 2년 이후부터 1년에 1회 시험한다.

마) 시험 항목

- 일반화장품 : 화장품의 종류와 구성 성분이 매우 다양하기 때문에 제품의 유형 및 제형에 따라서 적합한 안정성 시험 항목을 설정한다. 시험 항목 및 기준은 과학적 근거와 경험을 바탕으로 선정한다.
- 기능성화장품 : 기준 및 시험 방법에 설정한 전 항목을 원칙으로 하며, 전 항목을 실시하지 않을 경우에는 이에 대한 과학적 근거를 제시하여야 한다.

나. 가속 시험 조건

가) 로트의 선정

장기 보존 시험 기준에 따른다.

나) 보존 조건

유통 경로나 제형의 특성에 따라 적합한 시험 조건을 설정하여야 하며, 일반적으로 장기 보존 시험의 지정 저장온도보다 15℃ 이상 높은 온도에서 시험을 실시한다. 예를 들어 실온에 보관하는 화장품의 경우는 온도 40±2℃/상대습도 75±5%로, 냉장에 보관하는 화장품의 경우는 25±2℃/상대습도 60±5%로 한다.

다) 시험 기간

6개월 이상 시험을 수행하는 것을 원칙으로 하지만 필요시에는 조정이 가능하다.

라) 측정 시기

시험을 개시할 때를 포함하여 최소 3번을 측정하도록 한다.

마) 시험 항목

장기 보존 시험 조건에 따른다.

다. 가혹 시험 조건

가) 로트 선정 및 시험 기간 등은 검체의 특성 및 시험 조건에 따라 적절히 정한다.

나) 시험 조건

온도, 광선, 습도의 3가지 조건을 검체 특성을 고려하여 결정한다. 예를 들어 온도 순환(-15~45℃), 냉동-해동 또는 저온-고온의 가혹 조건을 고려하여 결정한다.

다) 시험 항목

장기 보존 시험 조건에 따르며 품질관리에 있어서 중요한 항목 및 분해산물의 생성 유무를 확인한다.

라. 개봉 후 안정성 시험

가) 로트의 선정

장기 보존 시험 조건에 따른다.

나) 보존 조건

제품 사용 조건을 고려하여, 적절한 온도와 시험 기간 및 측정 시기를 설정하여 시험을 실시한다. 예를 들어 계절별로 연평균 온도 및 습도 등의 조건이 설정 가능하다.

다) 시험 기간

6개월 이상의 기간 동안 시험하는 것을 원칙으로 하나, 특성에 따라서는 조정이 가능하다.

라) 측정 시기

시험 개시 때와 첫 1년간은 3개월마다, 그 후 2년까지는 6개월마다, 2년 이후부터 1년에 1회 시험한다.

마) 시험 항목
- 일반화장품 : 화장품의 종류와 구성 성분이 다양하므로 제품의 유형이나 제형에 따라 적절한 안정성 시험 항목을 설정한다. 시험 항목 및 기준은 과학적 근거와 경험에 근거하여 선정한다.
- 기능성화장품 : 기준 및 시험 방법에 설정한 전 항목을 원칙으로 하며, 전 항목을 실시하지 않을 경우 이에 대한 과학적 근거를 제시하여야 한다.

5. 시험 항목 선정의 예

화장품의 안정성이 떨어지는 현상은 그 제품의 제형 및 종류와 구성 성분, 처방 구성 등에 따라 차이가 있으며, 온·습도 및 일광, 미생물, 포장재료, 유통 조건 등과 같은 외부 요인에 따라서도 각양각색이다. 그 시험 방법도 제품들의 내외부적 요인에 따라 다르며, 통일된 시험 항목을 선정하기에는 어려움이 있다.

화장품의 안정성에 대한 시험 항목은 적절한 보관과 운반, 사용 조건에서 화장품의 물리적·화학적 안정성과 미생물학적 안정성 및 용기의 적합성을 보증할 수 있도록 설정하여야 한다. 이미 평가된 자료 및 경험을 바탕으로 과학적이고 합리적인 항목과 기준을 설정하여야 한다. 일반적으로 사용되는 안정성 시험 항목은 다음과 같다.

가. 안정성 시험별 시험 항목

가) 장기 보존 시험 및 가속 시험
- 일반 시험 : 향취 및 색상, 균등성, 액상, 유화형, 사용감, 내온성 시험을 수행한다.
- 물리·화학적 시험 : 사용감, 점도, 성상, 향, 질량 변화, 유화 상태, 경도, 분리도 및 pH 등 제제의 물리적·화학적 성질을 평가한다. 각 시험의 예는 아래와 같다.

- 물리적 시험 : pH, 유화 상태, 비중, 융점, 경도, 점도 등
- 화학적 시험 : 시험물 가용성 성분, 에테르 불용 및 에탄올 가용성 성분, 에테르 및 에탄올 가용성 불검화물, 에테르 및 에탄올 가용성 검화물, 에테르 가용 및 에탄올 불용성 불검화물, 에테르 가용 및 에탄올 불용성 검화물, 증발잔류물, 에탄올 등
- 미생물학적 시험 : 정상적으로 제품을 사용했을 때 미생물 증식을 억제하는 능력이 있음을 증명할 수 있는 미생물학적 시험 및 필요 시 기타 특이적 시험을 통하여 미생물에 대한 안정성을 평가한다.
- 용기 적합성 시험 : 용기와 제품 사이의 상호작용(용기의 제품 흡수 및 부식, 화학적 반응 등)에 대한 적합성을 평가한다.

나) 가혹 시험

본 시험의 시험 항목으로는 보존 기간 동안 제품의 안전성이나 기능성에 미치는 영향을 확인할 수 있는 품질관리상 중요한 항목과 분해산물의 생성 유무를 확인한다.

다) 개봉 후 안정성 시험

개봉하기 전 시험 항목과 미생물 한도 시험 및 살균보존제, 유효성 성분 시험을 수행한다. 다만, 개봉이 불가한 용기로 되어 있는 제품(스프레이 등)이나 일회용 제품은 개봉 후 안정성 시험을 수행하지 않아도 된다.

(3) 유효성

사용 목적에 따라 보습, 주름 개선, 미백, 자외선 차단, 세정 효과 등과 같은 효과와 효능이 있어야 한다. 일반화장품은 유효성에 따라 기초화장품, 색조, 세정용, 방향용 화장품 등으로 분류할 수 있고, 기능성화장품은 식품의약품안전처에서 고시한 품목으로 분류할 수 있다.

1. 일반화장품

  일반화장품은 피부 보호, 유수분 공급, 모공 수축, 피부색 보정, 결점 보완, 메이크업, 보습, 모발 세정 및 컨디셔닝, 인체 세정 등의 기능을 가진다.

[일반화장품 유효성 평가 방법]

유효성 항목	평가 방법
보습 효과	화장품을 바르기 전후의 피부의 전기전도도를 측정하거나 피부로부터 증발하는 수분량인 경피수분 손실량을 측정하거나 보습 효과를 평가
수렴 효과	혈액의 단백질이 응고되는 정도를 관찰하여 수렴 효과를 평가

2. 기능성화장품

  화장품법 시행규칙에서 기능성화장품을 효능, 효과에 따라 다음과 같이 정하고 있다.

가. 피부에 멜라닌 색소가 침착하는 것을 방지하여 기미, 주근깨 등의 생성을 억제함으로써 피부의 미백에 도움을 주는 기능을 가진 화장품

나. 피부에 침착된 멜라닌 색소의 색을 엷게 하여 피부의 미백에 도움을 주는 기능을 가진 화장품

다. 피부에 탄력을 주어 피부의 주름을 완화 또는 개선하는 기능을 가진 화장품

라. 강한 햇볕을 방지하여 피부를 곱게 태워 주는 기능을 가진 화장품

마. 자외선을 차단 또는 산란시켜 자외선으로부터 피부를 보호하는 기능을 가진 화장품

바. 탈염과 탈색을 포함하여 모발의 색상을 변화시키는 기능을 가진 화장품. 다만, 일시적으로 모발의 색상을 변화시키는 제품은 제외

사. 체모를 제거하는 기능을 가진 화장품. 다만, 물리적으로 체모를 제거하는 제품은 제외함.

아. 탈모 증상의 완화에 도움을 주는 화장품. 다만, 코팅 등 물리적으로 모발을 굵게 보이게 하는 제품은 제외함.

자. 여드름성 피부를 완화하는 데 도움을 주는 화장품. 다만, 인체 세정용 제품류로 한정함.

차. 아토피성 피부로 인한 건조함 등을 완화하는 데 도움을 주는 화장품

카. 튼살로 인한 붉은 선을 엷게 하는 데 도움을 주는 화장품

[기능성화장품 유효성 평가 방법]

유효성 항목	평가 방법
미백에 도움을 줌	티로시나제(구리이온을 포함한 분자체 효소) 활성억제 평가 도파(DOPA, dihydroxyphenyalanine)의 산화억제 평가 멜라노좀 이동 방해(멜라노사이트-> 케라티노사이트) 정도 평가
주름 개선에 도움을 줌	콜라겐, 엘라스틴을 생성하는 섬유아세포의 증식 정도 평가
자외선차단지수(SPF)	자외선 차단제 도포 후의 최소 홍반량(Minimum Erythema Dose, MED)을 도포 전의 최소 홍반량으로 나눈 값으로 평가

(4) 사용성

화장품의 발림성과 같은 사용감이나 냄새, 색 등의 관능적인 기호성이 화장품 사용성의 주요한 품질 평가 항목이 되며 사용성 평가는 소비자의 연령이나 체질, 피부 타입에 따라 개인적인 차이가 존재한다.

1. 화장품의 사후관리 기준

가. 품질관리

화장품 책임판매 시 필요한 제품의 품질을 확보하기 위하여 실시하는 것으로 화장품제조업자 또는 제조에 관련한 업무(시험 및 검사의 업무를 포함한다)에 대한 관리·감독 및 화장품의 시장 출하에 대한 관리, 그 외에 제품의 품질 관리에 필요한 업무를 말한다.

• 화장품의 품질관리기준

화장품법 시행규칙, 총리령(제1627호), 2020년 6월 30일 시행

1. 용어의 정의

"시장 출하"는 화장품책임판매업자가 제조 등(타인에게 위탁 제조나 검사하는 경우를 포함하고 타인으로부터 수탁 제조나 검사를 하는 경우는 포함하지 않는다)을 하거나 수입한 화장품을 판매하기 위해 출하하는 것을 말한다.

2. 품질관리업무와 관련한 조직 및 인원

화장품책임판매업자는 책임판매관리자를 선임하여야 하며, 품질관리에 관한 업무를 적정하고 원활히 수행할 능력을 갖춘 인력을 배치하여야 한다.

3. 품질관리업무의 절차에 관한 문서 및 기록

가. 화장품책임판매업자는 품질관리업무를 원활하게 수행하기 위해 아래의 사항을 포함한 품질관리업무 절차서를 작성하고 보관하여야 한다.

1) 적정 제조관리 및 품질관리 확보에 대한 절차
2) 품질 등에 대한 정보와 품질 불량 등에 관한 처리 절차
3) 회수 처리 절차
4) 교육과 훈련에 대한 절차
5) 문서와 기록 관리에 대한 절차
6) 시장 출하에 대한 기록 절차
7) 그 밖의 품질관리 업무에 필요하다고 여겨지는 절차

나. 화장품책임판매업자는 품질관리업무 절차서에 따라서 아래의 업무를 수행
   하여야 한다.
   1) 화장품제조업자가 화장품을 적정하고 원활하게 제조하였다는 것을 확인하
      고 기록하여야 한다.
   2) 제품의 품질 등과 같은 정보를 얻었을 때 해당 정보가 인체에 영향을 미치
      는 경우, 그 원인을 밝히고, 개선이 필요하다고 판단되는 경우는 적정한 조
      치를 취하고 기록할 것
   3) 책임판매한 제품의 품질이 불량하거나 불량할 우려가 있다고 판단될 경우
      회수 등과 같은 신속한 조치를 취하고 기록할 것
   4) 시장 출하에 대하여 기록할 것
   5) 제조번호별 품질검사를 철저히 한 후 그 결과를 기록할 것. 다만, 화장품
      제조업자와 화장품책임판매업자가 동일한 경우, 화장품제조업자 또는 「식
      품·의약품분야 시험·검사 등에 관한 법률」제6조에 따른 식품의약품안전
      처장이 지정한 화장품 시험·검사기관에 품질검사를 위탁하여 제조번호별
      품질검사 결과가 있는 경우에는 품질검사를 하지 않을 수 있다.
   6) 그 외에 품질관리에 대한 업무를 수행할 것
다. 화장품책임판매업자는 책임판매관리자가 업무를 수행하는 곳에 품질관리업
   무 절차서 원본을 보관하고, 그 이외의 장소에서는 원본 대조를 마친 사본을
   보관하여야 한다.

4. 책임판매관리자의 업무
   화장품책임판매업자는 품질관리업무의 절차서에 따라서 아래의 각 목의 업무
를 책임판매관리자에게 수행하도록 해야 한다.

가. 품질관리업무의 총괄
나. 품질관리업무가 적정하고 원활하게 수행되고 있는 것을 확인할 것
다. 품질관리업무를 수행하는 데 필요하다고 인정될 때에는 화장품책임판매업

자에게 문서로 보고할 것

라. 품질관리업무를 수행할 때 필요에 따라서 화장품제조업자, 맞춤형화장품판
매업자 등 그 밖의 관계자에게 문서로 연락을 하거나 지시할 것

마. 품질관리에 관한 기록이나 화장품제조업자의 관리에 대한 기록을 작성하고
이를 해당 제품을 제조한 날(수입의 경우 수입일을 말한다)로부터 3년간 보
관할 것

1.2 개인정보 보호법

1) 개인정보 보호의 개념과 목적

(1) 개인정보 보호의 개념

가. 개인정보 : 살아 있는 개인에 관한 정보로서 다음 각 목의 어느 하나에 해당
하는 정보를 말한다.

가) 성명, 주민등록번호 및 영상 등을 통하여 개인을 알아볼 수 있는 정보

나) 해당 정보만으로는 특정 개인을 알아볼 수 없더라도 다른 정보와 쉽게 결합
하여 알아볼 수 있는 정보. 이 경우 쉽게 결합할 수 있는지 여부는 다른 정보
의 입수 가능성 등 개인을 알아보는 데 소요되는 시간, 비용, 기술 등을 합리
적으로 고려하여야 한다.

다) 가목 또는 나목을 가명 처리함으로써 원래의 상태로 복원하기 위한 추가 정
보의 사용·결합 없이는 특정 개인을 알아볼 수 없는 정보(가명 정보)

나. "처리"란 개인정보의 수집, 생성, 연계, 연동, 기록, 저장, 보유, 가공, 편집,
검색, 출력, 정정(訂正), 복구, 이용, 제공, 공개, 파기(破棄), 그 밖에 이와 유
사한 행위를 말한다.

다. "정보 주체"란 처리되는 정보에 의하여 알아볼 수 있는 사람으로서 그 정보
　　의 주체가 되는 사람을 말한다.

라. "개인정보파일"이란 개인정보를 쉽게 검색할 수 있도록 일정한 규칙에 따라
　　체계적으로 배열하거나 구성한 개인정보의 집합물(集合物)을 말한다.

마. "개인정보 처리자"란 업무를 목적으로 개인정보파일을 운용하기 위하여 스
　　스로 또는 다른 사람을 통하여 개인정보를 처리하는 공공기관, 법인, 단체 및
　　개인 등을 말한다.

바. "공공기관"이란 다음 각 목의 기관을 말한다.

　가) 국회, 법원, 헌법재판소, 중앙선거관리위원회의 행정 사무를 처리하는 기관, 중
　　앙행정기관(대통령 소속 기관과 국무총리 소속 기관을 포함한다) 및 그 소속 기
　　관, 지방자치단체나 그 밖의 국가기관 및 공공단체 중 대통령령으로 정하는 기관

　나) 그 밖의 국가기관 및 공공단체 중 대통령령으로 정하는 기관

사. "영상정보처리기기"란 일정한 공간에 지속적으로 설치되어 사람 또는 사물
　　의 영상 등을 촬영하거나 이를 유·무선망을 통하여 전송하는 장치로써 대통
　　령령으로 정하는 장치를 말한다.

아. "과학적 연구"란 기술의 개발과 실증, 기초연구, 응용연구 및 민간 투자 연구
　　등 과학적 방법을 적용하는 연구를 말한다.

(2) 개인정보 보호의 목적

　개인정보 보호법은 개인정보의 처리 및 보호에 관한 사항을 정함으로써 개인의
자유와 권리를 보호하고, 나아가 개인의 존엄과 가치를 구현함을 목적으로 한다.

2) 고객관리 프로그램 응용

　정보 주체(고객)의 동의하에 고객관리 및 마케팅 안내 메시지 발송을 위한 정보
와 고객이 피부 유형, 화장품 구매 정보 등이 포함된 관리 프로그램을 운용할 수
있다. 전용 소프트웨어 프로그램을 설치하거나, 웹 서비스에 접속하여 고객의 정

보를 바탕으로 다양한 고객관리 및 예약관리, 매출관리, 재고관리, 상담관리, 손익계산 등을 할 수 있으며, 기업 및 업체 특성에 적합한 프로그램을 적용하거나 활용이 가능해 효과적이고 폭넓게 고객을 관리할 수 있다.

3) 개인정보 보호법에 근거한 고객정보 입력

• 개인정보 보호 원칙

가. 개인정보 처리자는 개인정보의 처리 목적을 명확하게 하여야 하고 그 목적에 필요한 범위에서 최소한의 개인정보만을 적법하고 정당하게 수집하여야 한다.

나. 개인정보 처리자는 개인정보의 처리 목적에 필요한 범위에서 적합하게 개인 정보를 처리하여야 하며, 그 목적 외의 용도로 활용하여서는 아니 된다.

다. 개인정보 처리자는 개인정보의 처리 목적에 필요한 범위에서 개인정보의 정확성, 완전성 및 최신성이 보장되도록 하여야 한다.

라. 개인정보 처리자는 개인정보의 처리 방법 및 종류 등에 따라 정보 주체의 권리가 침해받을 가능성과 그 위험 정도를 고려하여 개인정보를 안전하게 관리하여야 한다.

마. 개인정보 처리자는 개인정보 처리 방침 등 개인정보의 처리에 관한 사항을 공개하여야 하며, 열람청구권 등 정보 주체의 권리를 보장하여야 한다.

바. 개인정보 처리자는 정보 주체의 사생활 침해를 최소화하는 방법으로 개인정보를 처리하여야 한다.

사. 개인정보 처리자는 개인정보를 익명 또는 가명으로 처리하여도 개인정보 수집 목적을 달성할 수 있는 경우 익명 처리가 가능한 경우에는 익명에 의하여, 익명 처리로 목적을 달성할 수 없는 경우에는 가명에 의하여 처리될 수 있도록 하여야 한다.

아. 개인정보 처리자는 이 법 및 관계 법령에서 규정하고 있는 책임과 의무를 준수하고 실천함으로써 정보 주체의 신뢰를 얻기 위하여 노력하여야 한다.

4) 개인정보 보호법에 근거한 고객정보 관리

[안전 조치 의무]

개인정보 처리자는 개인정보가 분실·도난·유출·위조·변조 또는 훼손되지 아니하도록 내부 관리계획 수립, 접속 기록 보관 등 대통령령으로 정하는 바에 따라 안전성 확보에 필요한 기술적·관리적 및 물리적 조치를 하여야 한다.

[개인정보 처리 방침의 수립 및 공개]

① 개인정보 처리자는 다음 각 호의 사항이 포함된 개인정보의 처리 방침(이하 "개인정보 처리 방침"이라 한다)을 정하여야 한다. 이 경우 공공기관은 제32조에 따라 등록 대상이 되는 개인정보파일에 대하여 개인정보 처리 방침을 정한다. 〈개정 2016. 3. 29., 2020. 2. 4.〉

1. 개인정보의 처리 목적

2. 개인정보의 처리 및 보유 기간

3. 개인정보의 제3자 제공에 관한 사항(해당되는 경우에만 정한다)

3의2. 개인정보의 파기 절차 및 파기 방법(제21조제1항 단서에 따라 개인정보를 보존하여야 하는 경우에는 그 보존 근거와 보존하는 개인정보 항목을 포함한다)

4. 개인정보 처리의 위탁에 관한 사항(해당되는 경우에만 정한다)

5. 정보 주체와 법정 대리인의 권리·의무 및 그 행사 방법에 관한 사항

6. 제31조에 따른 개인정보 보호 책임자의 성명 또는 개인정보 보호업무 및 관련 고충사항을 처리하는 부서의 명칭과 전화번호 등 연락처

7. 인터넷 접속 정보파일 등 개인정보를 자동으로 수집하는 장치의 설치·운영 및 그 거부에 관한 사항(해당하는 경우에만 정한다)

8. 그 밖에 개인정보의 처리에 관하여 대통령령으로 정한 사항

② 개인정보 처리자가 개인정보 처리 방침을 수립하거나 변경하는 경우에는 정보 주체가 쉽게 확인할 수 있도록 대통령령으로 정하는 방법에 따라 공개하여야 한다.

③ 개인정보 처리 방침의 내용과 개인정보 처리자와 정보 주체 간에 체결한 계약의 내용이 다른 경우에는 정보 주체에게 유리한 것을 적용한다.

④ 보호위원회는 개인정보 처리 방침의 작성 지침을 정하여 개인정보 처리자에게 그 준수를 권장할 수 있다. 〈개정 2013. 3. 23., 2014. 11. 19., 2017. 7. 26., 2020. 2. 4.〉

[개인정보 보호 책임자의 지정]

① 개인정보 처리자는 개인정보의 처리에 관한 업무를 총괄해서 책임질 개인정보 보호책임자를 지정하여야 한다.

② 개인정보 보호책임자는 다음 각 호의 업무를 수행한다.

　1. 개인정보 보호 계획의 수립 및 시행

　2. 개인정보 처리 실태 및 관행의 정기적인 조사 및 개선

　3. 개인정보 처리와 관련한 불만의 처리 및 피해 구제

　4. 개인정보 유출 및 오용·남용 방지를 위한 내부 통제 시스템의 구축

　5. 개인정보 보호 교육 계획의 수립 및 시행

　6. 개인정보파일의 보호 및 관리·감독

　7. 그 밖에 개인정보의 적절한 처리를 위하여 대통령령으로 정한 업무

③ 개인정보 보호 책임자는 제2항 각 호의 업무를 수행함에 있어서 필요한 경우 개인정보의 처리 현황, 처리 체계 등에 대하여 수시로 조사하거나 관계 당사자로부터 보고를 받을 수 있다.

④ 개인정보 보호 책임자는 개인정보 보호와 관련하여 이 법 및 다른 관계 법령의 위반 사실을 알게 된 경우에는 즉시 개선 조치를 하여야 하며, 필요하면 소속 기관 또는 단체의 장에게 개선 조치를 보고하여야 한다.

⑤ 개인정보 처리자는 개인정보 보호 책임자가 제2항 각 호의 업무를 수행함에 있어서 정당한 이유 없이 불이익을 주거나 받게 하여서는 아니 된다.

⑥ 개인정보 보호 책임자의 지정 요건, 업무, 자격 요건, 그 밖에 필요한 사항은 대통령령으로 정한다.

[개인정보파일의 등록 및 공개]

① 공공기관의 장이 개인정보파일을 운용하는 경우에는 다음 각 호의 사항을 보호 위원회에 등록하여야 한다. 등록한 사항이 변경된 경우에도 또한 같다. 〈개정 2013. 3. 23., 2014. 11. 19., 2017. 7. 26., 2020. 2. 4.〉

  1. 개인정보파일의 명칭

  2. 개인정보파일의 운영 근거 및 목적

  3. 개인정보파일에 기록되는 개인정보의 항목

  4. 개인정보의 처리 방법

  5. 개인정보의 보유 기간

  6. 개인정보를 통상적 또는 반복적으로 제공하는 경우에는 그 제공받는 자

  7. 그 밖에 대통령령으로 정하는 사항

② 다음 각 호의 어느 하나에 해당하는 개인정보파일에 대하여는 제1항을 적용하지 아니한다.

  1. 국가 안전, 외교상 비밀, 그 밖에 국가의 중대한 이익에 관한 사항을 기록한 개인정보파일

  2. 범죄의 수사, 공소의 제기 및 유지, 형 및 감호의 집행, 교정처분, 보호처분, 보안관찰처분과 출입국관리에 관한 사항을 기록한 개인정보파일

  3. 「조세범처벌법」에 따른 범칙 행위 조사 및 「관세법」에 따른 범칙 행위 조사에 관한 사항을 기록한 개인정보파일

  4. 공공기관의 내부적 업무 처리만을 위하여 사용되는 개인정보파일

  5. 다른 법령에 따라 비밀로 분류된 개인정보파일

③ 보호위원회는 필요하면 제1항에 따른 개인정보파일의 등록사항과 그 내용을 검토하여 해당 공공기관의 장에게 개선을 권고할 수 있다. 〈개정 2013. 3. 23., 2014. 11. 19., 2017. 7. 26., 2020. 2. 4.〉

④ 보호위원회는 제1항에 따른 개인정보파일의 등록 현황을 누구든지 쉽게 열람할 수 있도록 공개하여야 한다. 〈개정 2013. 3. 23., 2014. 11. 19., 2017. 7. 26., 2020. 2. 4.〉

⑤ 제1항에 따른 등록과 제4항에 따른 공개의 방법, 범위 및 절차에 관하여 필요한 사항은 대통령령으로 정한다.

⑥ 국회, 법원, 헌법재판소, 중앙선거관리위원회(그 소속 기관을 포함한다)의 개인정보파일 등록 및 공개에 관하여는 국회규칙, 대법원규칙, 헌법재판소규칙 및 중앙선거관리위원회규칙으로 정한다.

[개인정보 보호 인증]

① 보호위원회는 개인정보 처리자의 개인정보 처리 및 보호와 관련한 일련의 조치가 이 법에 부합하는지 등에 관하여 인증할 수 있다. 〈개정 2017. 7. 26., 2020. 2. 4.〉

② 제1항에 따른 인증의 유효 기간은 3년으로 한다.

③ 보호위원회는 다음 각 호의 어느 하나에 해당하는 경우에는 대통령령으로 정하는 바에 따라 제1항에 따른 인증을 취소할 수 있다. 다만, 제1호에 해당하는 경우에는 취소하여야 한다. 〈개정 2017. 7. 26., 2020. 2. 4.〉

 1. 거짓이나 그 밖의 부정한 방법으로 개인정보 보호 인증을 받은 경우

 2. 제4항에 따른 사후관리를 거부 또는 방해한 경우

 3. 제8항에 따른 인증기준에 미달하게 된 경우

 4. 개인정보 보호 관련 법령을 위반하고 그 위반 사유가 중대한 경우

④ 보호위원회는 개인정보 보호 인증의 실효성 유지를 위하여 연 1회 이상 사후관리를 실시하여야 한다. 〈개정 2017. 7. 26., 2020. 2. 4.〉

⑤ 보호위원회는 대통령령으로 정하는 전문기관으로 하여금 제1항에 따른 인증, 제3항에 따른 인증 취소, 제4항에 따른 사후관리 및 제7항에 따른 인증 심사원 관리 업무를 수행하게 할 수 있다. 〈개정 2017. 7. 26., 2020. 2. 4.〉

⑥ 제1항에 따른 인증을 받은 자는 대통령령으로 정하는 바에 따라 인증의 내용을 표시하거나 홍보할 수 있다.

⑦ 제1항에 따른 인증을 위하여 필요한 심사를 수행할 심사원의 자격 및 자격 취소 요건 등에 관하여는 전문성과 경력 및 그 밖에 필요한 사항을 고려하여 대

통령령으로 정한다.

⑧ 그 밖에 개인정보 관리 체계, 정보 주체 권리보장, 안전성 확보 조치가 이 법에 부합하는지 여부 등 제1항에 따른 인증의 기준·방법·절차 등 필요한 사항은 대통령령으로 정한다.

[본조 신설 2015. 7. 24.]

[개인정보 영향평가]

① 공공기관의 장은 대통령령으로 정하는 기준에 해당하는 개인정보파일의 운용으로 인하여 정보 주체의 개인정보 침해가 우려되는 경우에는 그 위험 요인의 분석과 개선 사항 도출을 위한 평가(이하 "영향평가"라 한다)를 하고 그 결과를 보호위원회에 제출하여야 한다. 이 경우 공공기관의 장은 영향평가를 보호위원회가 지정하는 기관(이하 "평가기관"이라 한다) 중에서 의뢰하여야 한다. 〈개정 2013. 3. 23., 2014. 11. 19., 2017. 7. 26., 2020. 2. 4.〉

② 영향평가를 하는 경우에는 다음 각 호의 사항을 고려하여야 한다.

 1. 처리하는 개인정보의 수

 2. 개인정보의 제3자 제공 여부

 3. 정보 주체의 권리를 해할 가능성 및 그 위험 정도

 4. 그 밖에 대통령령으로 정한 사항

③ 보호위원회는 제1항에 따라 제출받은 영향평가 결과에 대하여 의견을 제시할 수 있다. 〈개정 2013. 3. 23., 2014. 11. 19., 2017. 7. 26., 2020. 2. 4.〉

④ 공공기관의 장은 제1항에 따라 영향평가를 한 개인정보파일을 제32조제1항에 따라 등록할 때에는 영향평가 결과를 함께 첨부하여야 한다.

⑤ 보호위원회는 영향평가의 활성화를 위하여 관계 전문가의 육성, 영향평가 기준의 개발·보급 등 필요한 조치를 마련하여야 한다. 〈개정 2013. 3. 23., 2014. 11. 19., 2017. 7. 26., 2020. 2. 4.〉

⑥ 제1항에 따른 평가기관의 지정 기준 및 지정 취소, 평가 기준, 영향평가의 방법·절차 등에 관하여 필요한 사항은 대통령령으로 정한다.

⑦ 국회, 법원, 헌법재판소, 중앙선거관리위원회(그 소속기관을 포함한다)의 영향평가에 관한 사항은 국회규칙, 대법원규칙, 헌법재판소규칙 및 중앙선거관리위원회규칙으로 정하는 바에 따른다.

⑧ 공공기관 외의 개인정보 처리자는 개인정보파일 운용으로 인하여 정보 주체의 개인정보 침해가 우려되는 경우에는 영향평가를 하기 위해 적극 노력하여야 한다.

[개인정보 유출 통지 등]

① 개인정보 처리자는 개인정보가 유출되었음을 알게 되었을 때에는 지체 없이 해당 정보 주체에게 다음 각 호의 사실을 알려야 한다.

  1. 유출된 개인정보의 항목

  2. 유출된 시점과 그 경위

  3. 유출로 인하여 발생할 수 있는 피해를 최소화하기 위하여 정보 주체가 할 수 있는 방법 등에 관한 정보

  4. 개인정보 처리자의 대응 조치 및 피해 구제 절차

  5. 정보 주체에게 피해가 발생한 경우 신고 등을 접수할 수 있는 담당 부서 및 연락처

② 개인정보 처리자는 개인정보가 유출된 경우 그 피해를 최소화하기 위한 대책을 마련하고 필요한 조치를 하여야 한다.

③ 개인정보 처리자는 대통령령으로 정한 규모 이상의 개인정보가 유출된 경우에는 제1항에 따른 통지 및 제2항에 따른 조치 결과를 지체 없이 보호위원회 또는 대통령령으로 정하는 전문기관에 신고하여야 한다. 이 경우 보호위원회 또는 대통령령으로 정하는 전문기관은 피해 확산 방지, 피해 복구 등을 위한 기술을 지원할 수 있다. 〈개정 2013. 3. 23., 2014. 11. 19., 2017. 7. 26., 2020. 2. 4.〉

④ 제1항에 따른 통지의 시기, 방법 및 절차 등에 관하여 필요한 사항은 대통령령으로 정한다.

[과징금의 부과 등]

① 보호위원회는 개인정보 처리자가 처리하는 주민등록번호가 분실·도난·유출·위조·변조 또는 훼손된 경우에는 5억 원 이하의 과징금을 부과·징수할 수 있다. 다만, 주민등록번호가 분실·도난·유출·위조·변조 또는 훼손되지 아니하도록 개인정보 처리자가 제24조제3항에 따른 안전성 확보에 필요한 조치를 다한 경우에는 그러하지 아니하다. 〈개정 2014. 11. 19., 2015. 7. 24., 2017. 7. 26., 2020. 2. 4.〉

② 보호위원회는 제1항에 따른 과징금을 부과하는 경우에는 다음 각 호의 사항을 고려하여야 한다. 〈개정 2014. 11. 19., 2015. 7. 24., 2017. 7. 26., 2020. 2. 4.〉

 1. 제24조제3항에 따른 안전성 확보에 필요한 조치 이행 노력 정도

 2. 분실·도난·유출·위조·변조 또는 훼손된 주민등록번호의 정도

 3. 피해 확산 방지를 위한 후속 조치 이행 여부

③ 보호위원회는 제1항에 따른 과징금을 내야 할 자가 납부 기한까지 내지 아니하면 납부 기한의 다음날부터 과징금을 낸 날의 전날까지의 기간에 대하여 내지 아니한 과징금의 연 100분의 6의 범위에서 대통령령으로 정하는 가산금을 징수한다. 이 경우 가산금을 징수하는 기간은 60개월을 초과하지 못한다. 〈개정 2014. 11. 19., 2017. 7. 26., 2020. 2. 4.〉

④ 보호위원회는 제1항에 따른 과징금을 내야 할 자가 납부 기한까지 내지 아니하면 기간을 정하여 독촉을 하고, 그 지정한 기간 내에 과징금 및 제2항에 따른 가산금을 내지 아니하면 국세 체납 처분의 예에 따라 징수한다. 〈개정 2014. 11. 19., 2017. 7. 26., 2020. 2. 4.〉

 ⑤ 과징금의 부과·징수에 관하여 그 밖에 필요한 사항은 대통령령으로 정한다.

5) 개인정보의 처리

[개인정보의 추가적인 이용·제공의 기준 등]
① 개인정보 처리자는 법 제15조제3항 또는 제17조제4항에 따라 정보 주체의 동

의 없이 개인정보를 이용 또는 제공(이하 "개인정보의 추가적인 이용 또는 제공"이라 한다)하려는 경우에는 다음 각 호의 사항을 고려해야 한다.

1. 당초 수집 목적과 관련성이 있는지 여부
2. 개인정보를 수집한 정황 또는 처리 관행에 비추어 볼 때 개인정보의 추가적인 이용 또는 제공에 대한 예측 가능성이 있는지 여부
3. 정보 주체의 이익을 부당하게 침해하는지 여부
4. 가명 처리 또는 암호화 등 안전성 확보에 필요한 조치를 하였는지 여부

② 개인정보 처리자는 제1항 각 호의 고려사항에 대한 판단 기준을 법 제30조제1항에 따른 개인정보 처리 방침에 미리 공개하고, 법 제31조제1항에 따른 개인정보 보호 책임자가 해당 기준에 따라 개인정보의 추가적인 이용 또는 제공을 하고 있는지 여부를 점검해야 한다. [본조 신설 2020. 8. 4.]

[개인정보의 목적 외 이용 또는 제3자 제공의 관리]

공공기관은 법 제18조제2항에 따라 개인정보를 목적 외의 용도로 이용하거나 이를 제3자에게 제공하는 경우에는 다음 각 호의 사항을 보호위원회가 정하여 고시하는 개인정보의 목적 외 이용 및 제3자 제공 대장에 기록하고 관리해야 한다.

1. 이용하거나 제공하는 개인정보 또는 개인정보파일의 명칭
2. 이용 기관 또는 제공받는 기관의 명칭
3. 이용 목적 또는 제공받는 목적
4. 이용 또는 제공의 법적 근거
5. 이용하거나 제공하는 개인정보의 항목
6. 이용 또는 제공의 날짜, 주기 또는 기간
7. 이용하거나 제공하는 형태
8. 법 제18조제5항에 따라 제한을 하거나 필요한 조치를 마련할 것을 요청한 경우에는 그 내용

[개인정보 수집 출처 등 고지 대상·방법·절차]

① 법 제20조제2항 본문에서 "대통령령으로 정하는 기준에 해당하는 개인정보처리자"란 다음 각 호의 어느 하나에 해당하는 개인정보 처리자를 말한다.

　1. 5만 명 이상의 정보 주체에 관하여 법 제23조에 따른 민감정보(이하 "민감정보"라 한다) 또는 법 제24조제1항에 따른 고유식별정보(이하 "고유식별정보"라 한다)를 처리하는 자

　2. 100만 명 이상의 정보 주체에 관하여 개인정보를 처리하는 자

② 제1항 각 호의 어느 하나에 해당하는 개인정보 처리자는 법 제20조제1항 각 호의 사항을 서면·전화·문자전송·전자우편 등 정보 주체가 쉽게 알 수 있는 방법으로 개인정보를 제공받은 날부터 3개월 이내에 정보 주체에게 알려야 한다. 다만, 법 제17조제2항제1호부터 제4호까지의 사항에 대하여 같은 조 제1항제1호에 따라 정보 주체의 동의를 받은 범위에서 연 2회 이상 주기적으로 개인정보를 제공받아 처리하는 경우에는 개인정보를 제공받은 날부터 3개월 이내에 정보 주체에게 알리거나 그 동의를 받은 날부터 기산하여 연 1회 이상 정보 주체에게 알려야 한다.

③ 제1항 각 호의 어느 하나에 해당하는 개인정보 처리자는 제2항에 따라 알린 경우 다음 각 호의 사항을 법 제21조 또는 제37조제4항에 따라 해당 개인정보를 파기할 때까지 보관·관리하여야 한다.

　1. 정보 주체에게 알린 사실

　2. 알린 시기

　3. 알린 방법

[본조 신설 2016. 9. 29.]

[개인정보의 파기 방법]

① 개인정보처리자는 법 제21조에 따라 개인정보를 파기할 때에는 다음 각 호의 구분에 따른 방법으로 하여야 한다. 〈개정 2014. 8. 6.〉

　1. 전자적 파일 형태인 경우: 복원이 불가능한 방법으로 영구 삭제

2. 제1호 외의 기록물, 인쇄물, 서면, 그 밖의 기록 매체인 경우: 파쇄 또는 소각

② 제1항에 따른 개인정보의 안전한 파기에 관한 세부사항은 보호위원회가 정하여 고시한다. 〈신설 2014. 8. 6., 2014. 11. 19., 2017. 7. 26., 2020. 8. 4.〉

[동의를 받는 방법]

① 개인정보 처리자는 법 제22조에 따라 개인정보의 처리에 대하여 다음 각 호의 어느 하나에 해당하는 방법으로 정보 주체의 동의를 받아야 한다.

1. 동의 내용이 적힌 서면을 정보 주체에게 직접 발급하거나 우편 또는 팩스 등의 방법으로 전달하고, 정보 주체가 서명하거나 날인한 동의서를 받는 방법

2. 전화를 통하여 동의 내용을 정보 주체에게 알리고 동의의 의사 표시를 확인하는 방법

3. 전화를 통하여 동의 내용을 정보 주체에게 알리고 정보 주체에게 인터넷 주소 등을 통하여 동의 사항을 확인하도록 한 후 다시 전화를 통하여 그 동의 사항에 대한 동의의 의사 표시를 확인하는 방법

4. 인터넷 홈페이지 등에 동의 내용을 게재하고 정보 주체가 동의 여부를 표시하도록 하는 방법

5. 동의 내용이 적힌 전자우편을 발송하여 정보 주체로부터 동의의 의사 표시가 적힌 전자우편을 받는 방법

6. 그 밖에 제1호부터 제5호까지의 규정에 따른 방법에 준하는 방법으로 동의 내용을 알리고 동의의 의사 표시를 확인하는 방법

② 법 제22조제2항에서 "대통령령으로 정하는 중요한 내용"이란 다음 각 호의 사항을 말한다. 〈신설 2017. 10. 17.〉

1. 개인정보의 수집·이용 목적 중 재화나 서비스의 홍보 또는 판매 권유 등을 위하여 해당 개인정보를 이용하여 정보 주체에게 연락할 수 있다는 사실

2. 처리하려는 개인정보의 항목 중 다음 각 목의 사항

가. 제18조에 따른 민감정보

나. 제19조제2호부터 제4호까지의 규정에 따른 여권번호, 운전면허의 면허번

호 및 외국인등록번호

3. 개인정보의 보유 및 이용 기간(제공 시에는 제공받는 자의 보유 및 이용 기간을 말한다)

4. 개인정보를 제공받는 자 및 개인정보를 제공받는 자의 개인정보 이용 목적

③ 개인정보 처리자가 정보 주체로부터 법 제18조제2항제1호 및 제22조제4항에 따른 동의를 받거나 법 제22조제3항에 따라 선택적으로 동의할 수 있는 사항에 대한 동의를 받으려는 때에는 정보 주체가 동의 여부를 선택할 수 있다는 사실을 명확하게 확인할 수 있도록 선택적으로 동의할 수 있는 사항 외의 사항과 구분하여 표시하여야 한다. 〈신설 2015. 12. 30., 2017. 10. 17.〉

④ 개인정보 처리자는 법 제22조제6항에 따라 만 14세 미만 아동의 법정대리인의 동의를 받기 위하여 해당 아동으로부터 직접 법정대리인의 성명·연락처에 관한 정보를 수집할 수 있다. 〈개정 2015. 12. 30., 2017. 10. 17.〉

⑤ 중앙행정기관의 장은 제1항에 따른 동의 방법 중 소관 분야의 개인정보 처리자별 업무, 업종의 특성 및 정보 주체의 수 등을 고려하여 적절한 동의 방법에 관한 기준을 법 제12조제2항에 따른 개인정보 보호지침(이하 "개인정보 보호지침"이라 한다)으로 정하여 그 기준에 따라 동의를 받도록 개인정보 처리자에게 권장할 수 있다. 〈개정 2015. 12. 30., 2017. 10. 17.〉

6) 화장품법에 따른 민감정보 및 고유식별정보 처리

[민감정보의 범위] 법 제23조제1항 각 호 외의 부분 본문에서 "대통령령으로 정하는 정보"란 다음 각 호의 어느 하나에 해당하는 정보를 말한다. 다만, 공공기관이 법 제18조제2항제5호부터 제9호까지의 규정에 따라 다음 각 호의 어느 하나에 해당하는 정보를 처리하는 경우의 해당 정보는 제외한다. 〈개정 2016. 9. 29., 2020. 8. 4.〉

1. 유전자검사 등의 결과로 얻어진 유전정보
2. 「형의 실효 등에 관한 법률」 제2조제5호에 따른 범죄 경력자료에 해당하는 정보

3. 개인의 신체적, 생리적, 행동적 특징에 관한 정보로서 특정 개인을 알아볼 목적으로 일정한 기술적 수단을 통해 생성한 정보

4. 인종이나 민족에 관한 정보

[고유식별정보의 범위]

법 제24조제1항 각 호 외의 부분에서 "대통령령으로 정하는 정보"란 다음 각 호의 어느 하나에 해당하는 정보를 말한다. 다만, 공공기관이 법 제18조제2항제5호부터 제9호까지의 규정에 따라 다음 각 호의 어느 하나에 해당하는 정보를 처리하는 경우의 해당 정보는 제외한다. 〈개정 2016. 9. 29., 2017. 6. 27., 2020. 8. 4.〉

1. 「주민등록법」 제7조의2제1항에 따른 주민등록번호
2. 「여권법」 제7조제1항제1호에 따른 여권번호
3. 「도로교통법」 제80조에 따른 운전면허의 면허번호
4. 「출입국관리법」 제31조제5항에 따른 외국인등록번호

[고유식별정보의 안전성 확보 조치]

① 법 제24조제3항에 따른 고유식별정보의 안전성 확보 조치에 관하여는 제30조 또는 제48조의2를 준용한다. 이 경우 "법 제29조"는 "법 제24조제3항"으로, "개인정보"는 "고유식별정보"로 본다. 〈개정 2020. 8. 4.〉

② 법 제24조제4항에서 "대통령령으로 정하는 기준에 해당하는 개인정보 처리자"란 다음 각 호의 어느 하나에 해당하는 개인정보 처리자를 말한다.

1. 공공기관
2. 5만 명 이상의 정보 주체에 관하여 고유식별정보를 처리하는 자

③ 보호위원회는 제2항 각 호의 어느 하나에 해당하는 개인정보 처리자에 대하여 법 제24조제4항에 따라 안전성 확보에 필요한 조치를 하였는지를 2년마다 1회 이상 조사해야 한다. 〈개정 2017. 7. 26., 2020. 8. 4.〉

④ 제3항에 따른 조사는 제2항 각 호의 어느 하나에 해당하는 개인정보 처리자에

게 온라인 또는 서면을 통하여 필요한 자료를 제출하게 하는 방법으로 한다.

⑤ 법 제24조제5항에서 "대통령령으로 정하는 전문기관"이란 다음 각 호의 기관을 말한다. 〈개정 2017. 7. 26., 2020. 8. 4.〉

1. 「정보통신망 이용촉진 및 정보보호 등에 관한 법률」제52조에 따른 한국인터넷진흥원(이하 "한국인터넷진흥원"이라 한다)

2. 법 제24조제4항에 따른 조사를 수행할 수 있는 기술적·재정적 능력과 설비를 보유한 것으로 인정되어 보호위원회가 정하여 고시하는 법인, 단체 또는 기관 [전문 개정 2016. 9. 29.]

[주민등록번호 암호화 적용 대상 등]

① 법 제24조의2제2항에 따라 암호화 조치를 하여야 하는 암호화 적용 대상은 주민등록번호를 전자적인 방법으로 보관하는 개인정보 처리자로 한다.

② 제1항의 개인정보 처리자에 대한 암호화 적용 시기는 다음 각 호와 같다.

1. 100만 명 미만의 정보 주체에 관한 주민등록번호를 보관하는 개인정보 처리자 : 2017년 1월 1일

2. 100만 명 이상의 정보 주체에 관한 주민등록번호를 보관하는 개인정보 처리자 : 2018년 1월 1일

③ 보호위원회는 기술적·경제적 타당성 등을 고려하여 제1항에 따른 암호화 조치의 세부적인 사항을 정하여 고시할 수 있다. 〈개정 2017. 7. 26., 2020. 8. 4.〉 [본조신설 2015. 12. 30.]

화장품 품질관리

화장품 품질관리

CHAPTER

2

화장품 품질관리

2.1 화장품 원료의 종류와 특성

1) 화장품 원료의 종류

우리나라는 2012년 전면 개정된 「화장품법」에서 화장품에 사용할 수 없는 원료와 사용상의 제한이 필요한 원료를 지정하고 그 밖의 원료는 화장품책임판매업자의 안전성에 대한 책임하에 사용할 수 있도록 하는 네거티브 리스트(negative list)의 방식으로 전환하였다. 이에 따라 화장품제조업자 및 책임판매업자는 법령에서 정한 기준에 따라 사용하려는 원료의 안전성에 대한 책임하에 다양한 화장품 원료를 개발하고 사용하는 것이 가능해졌고, 화장품 소비자는 인체에 위해 가능성이 있는 원료로부터 보호받을 수 있게 되었다.

화장품에는 다양한 원료들이 혼합되어 있으며 혼합된 원료의 특성에 따라 화장품의 사용감이나 효능이 결정되게 된다. 어떠한 원료를 선택하여 혼합하느냐에 따라 필요한 기능을 충족시킬 수 있으며 목적에 맞는 화장품이 탄생할 수 있다.

(1) 화장품 원료 선택 시 필요조건

- 피부에 자극, 독성이 없어야 한다.
- 피부의 생리작용을 방해하지 않아야 한다.
- 피부에 생리적 변화를 주지 않아야 한다.
- 미생물의 발육과 성장을 촉진시키지 않아야 한다.
- 안전성이 높고 색상, 냄새 등이 변하지 않아야 한다.
- 사용 목적에 적합한 기능과 효과를 가지고 있어야 한다.

화장품 원료의 종류

원료	종류			
수성 원료	정제수, 에탄올, 폴리올(글리세린, 부틸렌글리콜, 프로필렌글리콜 등)			
유성 원료	액상 유성 성분	식물성 오일	동백유, 카놀라유, 올리브유	자연계
		동물성 오일	난황 오일, 밍크 오일	자연계
		광물성 오일	바세린, 유동파라핀	자연계
		실리콘	디메틸폴리실록산	합성계
		에스터류	이소프로필미리스테이트	합성계
		탄화수소류	석유계, 스쿠알란	합성계
	고형 유성 성분	왁스	칸델리라, 카나우바, 밀납	자연계
		고급 지방산	스테아린산, 라우린산	합성계
		고급 알코올	세틸알코올, 스테아릴알코올	합성계
계면활성제	이온성(양이온, 음이온, 양쪽성), 비이온성, 천연			
고분자 화합물	폴리비닐알코올, 잔탄검, 카보머, 소듐카복시메틸셀룰로오스			
비타민	아스코빈산인산 에스터, 레티놀, 비타민E-아세테이트			
색소	염료		확색5호, 적색505호	
	레이크		적색201호, 적색204호	
	안료	유기 안료	법정타르 색소류, 천연 색소류	
		무기 안료	체질 안료, 착색 안료, 백색 안료	
		진주 광택 안료	옥시염화비스머스	
		고분자 안료	폴리에틸렌 파우더, 나일론 파우더	
	천연 색소		커큐민, 베타-카로틴, 카르사민	

향료	식물성	라벤더, 재스민, 로즈메리
	동물성	시베트, 무스크, 카스토리움
	합성	멘톨, 벤질아세테이트
기능성 원료	유용성 감초 추출물, 알부틴, 레티놀, 아데노신, 자외선 차단제	

(2) 수성(水性) 원료

수성 원료는 물에 녹는 성질을 가진 수용성 물질을 말한다. 수성 원료로는 대표적으로 정제수, 에탄올(Ethanol), 폴리올(Polyol)을 들 수 있다. 정제수는 화장품 제조에서 가장 중요한 원료 중 하나로 거의 대부분의 화장품에 사용된다.

① 정제수

물에 함유되어 있는 용해된 이온, 미생물, 고체 입자, 유기물 등과 같은 모든 불순물을 이온교환수지를 통하여 여과한 물을 말한다. 만약 물이 이러한 불순물들을 여과하지 않고 세균에 오염되었거나 금속 이온이 함유되어 있다면 피부 손상을 가져올 수도 있으며 제품의 품질을 떨어뜨리는 요인이 될 수도 있다.

② 에탄올

에탄올은 에틸알코올이라고도 하며 무색을 띤다. 휘발성을 가지고 있으며 살균, 수렴 효과를 가진다. 물에 녹지 않는 향료나 색소와 같은 비극성 물질을 녹이는 데 이용되며 식물 추출물을 추출할 때 용매로 사용되기도 한다.

③ 폴리올(Polyol)

점성이 있어 피부에 막을 형성하여 외부로부터 보호해 주고 수분 증발을 막아주며 제품 제형의 점도를 감소시켜 화장품의 발림성을 좋게 만들어 준다. 화장품에서 폴리올로 널리 쓰이는 원료로는 글리세린, 프로필렌글리콜, 부틸렌클리콜 등이 있으며 보습제나 동결을 방지하기 위해 사용된다.

(3) 유성(油性) 원료

유성 원료는 물과 친하지 않아 물에 녹지 않는 특성을 가진 원료를 말한다.

① 식물성 오일

식물의 씨나 잎, 열매 등에서 추출한 오일로 건성 피부나 노화 피부에 적용되어지며 피부 진화성이 좋다. 반면 안정성이 좋지 않고 산패가 쉬운 편이다. 식물성 오일에는 올리브 오일(Olive Oil), 동백 오일(Camelia Oil) 등을 예로 들 수 있으며, 이러한 원료들은 피부의 수분 증발을 억제시키고 사용감을 향상시킨다.

② 동물성 오일

동물의 내장이나 피하조직에서 추출한 오일로 피부 친화성이 좋으나 산패와 변질이 쉽고 특이취와 사용감이 무거운 특징이 있어서 화장품의 원료로 널리 이용되어지지는 않는다. 밍크의 피하지방에서 추출한 밍크 오일과 대형 조류인 에뮤의 앞 가슴살에서 추출한 에뮤 오일 등을 예로 들 수 있다.

③ 광물성 오일

석유로부터 얻어지며 피부 표면의 수분 증발을 억제할 목적으로 사용된다. 쉽게 산화되지 않으며 무색, 무취의 특성을 띠고 유화가 쉽게 일어난다. 반면 유성감이 강하고 피부 호흡을 방해할 수 있어서 단독으로 사용되기보다는 식물성 오일과 같은 다른 오일과 혼합되어 사용된다. 유동 파라핀, 바셀린 등을 예로 들 수 있다.

④ 실리콘 오일

실록산 결합(Si-O-Si)을 가지는 유기규소 화합물이며 무색을 띠고 냄새가 거의 없다. 실리콘 오일은 실크처럼 가볍고 매끄러운 감촉을 부여해 주며 퍼짐성이 우수하고 피부의 유연성과 매끄러움, 광택을 부여해 준다. 디메치콘, 사이클로메치콘 등을 예로 들 수 있다.

⑤ 왁스류

왁스는 화학적으로 고급 지방산에 고급 알코올이 결합된 에스테르 화합물이며, 유지류와 같이 동물과 식물에서 얻어지지만 종류는 그리 많지 않다. 왁스류는 기초 화장품뿐만 아니라 메이크업 화장품에서도 넓게 쓰이고 있다. 화장품을 단단하게 하는 데 사용되며 제품이 내온도 안정성을 높이거나 사용상의 기능을 향상시켜 준다. 또한, 화장품에 광택을 부여하여 상품 가치를 향상시키며 성형 기능을 개선하는 역할을 한다. 동물성 왁스의 예로는 밀납(비즈왁스)이 있으며 식물성 왁스에는 카나우바왁스, 광물성 왁스로는 몬탄 왁스를 그 예로 들 수 있다.

⑥ 고급 지방산(Fatty acid)

고급 지방산은 고형 유성 성분으로 천연유지인 야자수, 팜유 등에서 분리된 성분이다. 일반적으로 R-COOH 등으로 표시되며 천연의 유지와 밀납 등에서 에스터류로 함유되어 있다. 스테아릭애씨드(Stearic acid), 라우릭애씨드(Lauric acid)를 그 예로 들 수 있다.

⑦ 고급 알코올(Fatty Alcohol)

탄소 원자 수가 6 이상인 알코올을 말하며 피부 자극이 적은 성분이다. 코코넛이나 팜유에서 추출한 원료인 세틸알코올 등이 그 예이다.

구분	내용
세틸알코올 (Cetylalcohol, Cetanol)	코코넛, 팜유에서 추출한 원료로 세탄올이라고도 한다. 자극이 적고 보습력이 높아 피부를 촉촉하게 하며 크림류 등의 유화제품의 안정화를 위해 사용된다.
스테아릴알코올 (Stearyl Alcohol)	스테아릭애씨드(Stearic Acid)의 화합물로 야자유, 팜유를 가수분해 후 정제해 얻어진 성분이다. 유화안정제로 사용이 되며 세틸알코올과 혼합하여 사용한다.
이소스테아릴알코올 (Isostearyl alcohol)	스테아릴알코올의 액채형태로, 열 안정성과 산화 안정성이 우수하여 알코올보다는 유성원료로써 사용된다. 다른 오일과이 상용성이 좋고 에탄올에 용해되며 보조 유화제로 사용할 수 있다.
세토스테아릴알코올 (Cetostearyl alcohol)	화장품에서 가장 많이 사용되며 세틸알코올과 스테아릴 알코올을 약 1:1의 비율로 섞은 혼합물이다.

(4) 계면활성제(Surfactants)

계면활성제란 한 분자 내에 물과 친화성을 갖는 친수기(Hydrophilic group)와 오일과 친화성을 갖는 친유기(Lipophilic group, 소수기)를 동시에 갖는 물질로써 섞이지 않는 두 물질의 계면에 작용하여 계면 장력을 낮추어 서로 다른 두 계면을 섞이도록 돕는 역할을 한다. 다시 말해 화장품 원료인 수성 원료와 유성 원료를 잘 섞이게 도와주는 역할을 한다.

① 계면활성제의 다양한 기능

유화제	크림이나 로션과 같이 물과 기름을 혼합할 때 사용
가용화제	향과 에탄올 등 물에 용해되지 않는 물질을 용해시킬 때 사용
분산제	안료를 분산시키기 위하여 사용
세정제	세정을 목적으로 하는 세정제에 사용
거품형성제	거품을 형성하게 하는 세정제에 사용
대전방지제	정전기를 방지하기 위해 사용

② 계면활성제의 종류 및 특징

양이온 계면활성제	살균, 소독작용이 있고 대전방지 효과와 모발에 대한 컨디셔닝 효과
	살균제, 헤어 린스, 유연제
	세테아디모늄클로라이드, 다이스테아릴다이모늄클로라이드 등
음이온 계면활성제	세정력이 우수하며 기포형성작용
	클렌징 제품 (바디워시, 샴푸, 치약)
	소듐라우릴설페이트, 소듐라우레스설페이트 등
양쪽성 이온 계면활성제	알칼리에서는 음이온, 산성에서는 양이온을 띄어 양이온과 음이온을 동시에 가지며 피부 자극이 적고 세정작용이 있음
	저자극 샴푸, 어린이용 샴푸
	코카미도프로필베타인, 코코암포글리시네이트
비이온 계면활성제	피부 자극이 적고 세정제를 제외한 대부분의 화장품에서 사용
	기초화장품, 색조화장품
	폴리소르베이트계열, 소르비탄계열 등

실리콘계 계면활성제	피이지-10 다이메티콘, 다이메티콘코폴리올, 세틸다이메티콘코폴리올
천연 계면활성제	미생물을 이용하거나 직접 천연물에서 추출
	사포닌, 레시틴

(자극이 적음) 비이온 > 양쪽성이온 > 음이온 > 양이온 (자극이 높음)

(5) 보습제(Humectants)

피부의 건조를 막아 촉촉하게 해 주는 물질로 피부이 수분 함량을 증가시켜 주는 역할을 한다. 이러한 특성상 수분의 흡수 능력과 보유 성질이 강해야 하며 피부 친화성이 좋아야 한다. 이러한 보습제의 적절한 사용은 화장품의 품질을 결정하는 중요한 요소가 된다.

글리세린(Glycerin)	- 가장 널리 사용되는 보습제 - 많이 사용할 경우 끈적이는 단점
히알루로닉 애씨드(Hyaluronic acid)	- 고분자 물질 - 포유동물의 결합 조직에 분포되어 세포 간에 수분을 보유하게 하는 역할 초기에는 탯줄이나 닭 볏에서 추출 최근에는 미생물로부터 생산하여 경제성을 높임
세라마이드 유도체 및 합성 세라마이드 (Ceramide)	- 세라마이드 자체는 보습제가 아님 - 다른 계면활성제와 복합물을 이루면서 피부 표면에 라멜라 상태로 존재하여 피부 수분을 유지

(6) 고분자 화합물(Polymers)

화장품에 있어서 고분자 화합물은 특징적인 기능을 부여하기 위해 사용되는 경우도 있지만 제품의 점성을 높이거나, 사용감 개선, 피막 형성을 위한 목적으로 이용된다. 적절한 고분자 화합물의 사용은 유화 안정성 향상 및 특이한 사용감을 갖게 할 수 있다. 주로 사용되는 고분자 화합물에는 점증제와 피막형성제가 있다.

① 점증제(Thickening agents)

점증제는 점성을 나타내는 것으로 대개 수용성 고분자 물질이 사용된다. 크게 유기물과 무기물로 나뉘며 이 중 유기물은 천연고분자, 반합성고분자, 합성고분자로 구분할 수 있다.

천연고분자	천연물질에서 추출	
	식물 추출	구아검, 아라비아검, 로거스트빈검, 카라기난 전분
	미생물 추출	잔탄검, 덱스트란
	동물 추출	젤라틴, 콜라겐
반합성고분자	천연물질의 유도체로 셀룰로오즈유도체가 사용되며 안정성이 높은 장점	
	메틸셀룰로오즈, 에틸셀룰로오즈, 카복시룰로오즈	
합성고분자	완전히 합성한 고분자, 적은 양으로 높은 점성을 얻을 수 있음	
	카르복시비닐폴리머	

② 피막형성제(Film former)

고분자 필름막을 생성하기 위해 사용되며, 모발이나 손톱 위에 막을 형성하거나 모공과 주름을 채워 피부를 매끈하게 표현하고 유지할 수 있도록 도와준다. 피부, 모발에 피막을 형성하며 화장품의 지워짐을 방지해 주고 사용감을 향상시키며 광택 및 갈라짐을 방지는 용도로 사용된다.

피막제의 용해성	제품명	대표적 원료
물, 알코올 용해성	팩	폴리비닐알코올
	헤어스프레이, 헤어젤	폴리비닐피롤리돈, 메타크릴레이트 공중합체
	샴푸, 린스	양이온성 셀룰로오스, 폴리염화디메틸메틸렌피페리듐
수계 에멀젼	아이라이너, 마스카라	폴리아크릴레이트 공중합체, 폴리비닐아세테이트

비수용성	네일 에나멜	니트로셀룰로오스
	모발 코팅제	고분자 실리콘
	썬오일, 액상 파운데이션	실리콘 레진

(7) 비타민

비타민 A(레티놀)	- 지용성 비타민 - 피부 세포의 신진대사 촉진과 피부 저항력의 강화, 피지 분비 억제 효과 - 사용량 1,000~5,000IU/g
비타민 C	- 수용성 비타민 - 강력한 항산화 작용과 콜라겐 생합성 촉진 (미백 제품에 사용) - 쉽게 산화되는 단점으로 이를 지용화한 아스코빌팔미테이트가 개발되어 사용
비타민 E	- 지용성 비타민으로 가장 널리 이용됨. - 불안정한 성질 때문에 토코페릴아세테이트의 유도체 형태로 사용 - 피부 유연 및 세포의 성장 촉진, 항산화 작용 등의 목적

(8) 색소(Coloring Material)

화장품에 사용되는 색소는 화장품에 배합되어 채색하기도 하고 자외선을 방어하기도 하며 화장품이나 피부에 색을 띠게 하는 것을 주요 목적으로 한다.

※ 염료 vs 안료
- 염료(Dyes) : 물이나 기름, 알코올 등에 용해되고, 화장품 기제 중에 용해 상태로 존재하며 색을 부여할 수 있는 물질
- 안료(Pigment) : 물이나 오일 등에 모두 녹지 않는 불용성 색소

염료는 물이나 오일에 녹기 때문에 메이크업 화장품에서는 거의 사용되지 않고 화장수, 로션, 샴푸 등의 착색에 사용한다.

유기합성색소 (타르색소)	염료	수용성 원료	화장수, 로션, 샴푸 등의 착색
		유용성 원료	헤어 오일 등 유성 화장품 착색
	레이크		- 물에 녹기 쉬운 염료를 칼슘 등의 염이나 황산알루미늄, 황산지르코늄 등을 가해 물에 녹지 않도록 불용화시킨 것 - 레이크 안료와 염료 레이크 2종류가 있으나 구분 없이 립스틱, 블러셔, 네일 에나멜 등에 안료와 함께 사용
	유기 안료		물이나 기름 등의 용제에 용해되지 않는 유색 분말로 색상이 선명하고 화려하여 제품의 색조를 조정
천연색소			
무기안료	체질안료 (Extender Pigment)		- 착색 목적 × - 제품의 제형을 갖추게 함 - 무채색의 안료
	착색안료 (Coloring Pigment)		- 유기안료에 비해 색이 선명하지 않음 - 빛과 열에 강하여 색이 잘 변하지 않음
	백색안료 (White Pigment)		- 피복력이 주된 목적 - 티타늄다이옥사이드, 징크옥사이드
진주 광택안료(Pearlescent pigment) : 진주 또는 금속성의 광택을 주는 안료			
고분자안료			
기능성안료			

① 유기합성색소(Organic Synthetic Coloring Agent)

석탄의 콜타르에 함유된 벤젠, 톨루엔, 나프탈렌, 안트라센 등 여러 종류의 방향족 화합물을 원료로 하여 합성한 색소로 색소의 많은 염료의 원료가 콜타르에서 발단되어 콜타르 색소(타르색소)라고 하며 화장품에는 수많은 타르색소(염료, 안료)가 사용되고 있다.

② 무기안료

광물성 안료라고 하며, 주로 천연에서 생산되는 광물을 분쇄한 것으로 불순물을 함유하거나 색상이 선명하지 않고 품질이 안정되지 않아 합성한 무기 화합물을 주로 이용한다. 유기안료에 비해 색상의 화려함이나 선명도가 떨어지지만 빛이나 열에 강하고 유기 용매에 녹지 않는 특징이 있다. 선명한 색상이 필요한 경우는 주로 유기안료가 이용되지만, 마스카라와 같은 제품의 색소로 무기안료가 주로 사용되고 있다.

(9) 기능성화장품 원료

기능성화장품은 피부의 미백, 주름 개선, 자외선, 탈모, 염모 등 특정한 효능을 가진 원료를 함유한 화장품으로 다른 원료와 달리 함량이 정해져 있으므로 정확히 원료를 파악하고 칭량해야 한다.

① 미백

피부의 미백에 도움을 주는 제품을 말한다.

[미백화장품 식약처 고시 원료]

성분명	함량
닥나무 추출물	2%
알부틴	2~5%
에칠아스코빌에텐	1~2%
유용성 감초 추출물	0.05%
아스코빌글루코사이드	2%
마그네슘아스코빌포스페이트	3%
나이아신아마이드	2~5%
알파-비사보롤	0.5%
아스코빌테트라이소팔미테이트	2%

② 자외선 차단제

피부를 곱게 태워 주거나 자외선으로부터 피부를 보호하는 데 도움을 주는 제품을 말한다.

[자외선차단제 식약처 고시 원료]

성분명	함량
드로메트리졸	0.5~1%
디갈로일트리올리에이트	0.5~5%
4-메칠벤질리덴캠퍼	0.5~4%
멘틸안트라닐레이트	0.5~5%
벤조페논-3	0.5~5%
벤조페논-4	0.5~5%
벤조페논-8	0.5~3%
부틸메톡시디벤조일메탄	0.5~5%
시녹세이트	0.5~5%
에칠헥실트리아존	0.5~5%
옥토크릴렌	0.5~10%
에칠헥실디메칠파바	0.5~8%
에칠헥실메톡시신나메이트	0.5~7.5%
에칠헥실살리실레이트	0.5~5%
페닐벤즈이미다졸설포닉애씨드	0.5~4%
호모살레이트	0.5~10%
징크옥사이드	25%(자외선차단 성분으로 최대 함량)
티타늄디옥사이드	25%(자외선차단 성분으로 최대 함량)
이소아밀p-메톡시신나메이트	10%(최대 함량)
비스-에칠헥실옥시페놀메톡시페닐트리아진	10%(최대 함량)
디소듐페닐디벤즈이미다졸테트라설포네이트	산으로 10%(최대 함량)
드로메트리졸트리실록산	15%(최대 함량)
디에칠헥실부타미도트리아존	10%(최대 함량)
폴리실리콘-15(디메치코디에칠벤잘말로네이트)	10%(최대 함량)
메칠렌비스-벤조트리아졸릴테트라메칠부틸페놀	10%(최대 함량)
테레프탈릴리덴디캠퍼설포닉애시드 및 그 염류	산으로 10%(최대 함량)
디에칠아미노하이드록시벤조일헥실벤조에이트	10%(최대 함량)

③ 주름 개선제

피부의 주름 개선에 도움을 주는 제품을 말한다.

[주름 개선 화장품 식약처 고시 원료]

성분명	함량
레티놀	2,500IU/g
레티닐팔미테이트	10,000IU/g
아데노신	0.04%
폴리에톡실레이티드레탄아마이드	0.05~0.2%

④ 모발의 색상 변화

모발의 색상을 변화시키는 데 도움을 주는 제품을 말하며, 화학적 작용으로 변화시키는 제품만이 해당된다.

[모발의 색상 변화제 식약처 고시 원료]

구분	성분명	사용할 때 농도 상한(%)
I	p-니트로-o-페닐렌디아민	1.5
	니트로-p-페닐렌디아민	3.0
	2-메칠-5-히드록시에칠아미노페놀	0.5
	2-아미노-4-니트로페놀	2.5
	2-아미노-5-니트로페놀	1.5
	2-아미노-3-히드록시피리딘	1.0
	5-아미노-o-크레솔	1.0
	m-아미노페놀	2.0
	o-아미노페놀	3.0
	p-아미노페놀	0.9
	염산 2,4-디아미노페녹시에탄올	0.5

	염산 톨루엔-2,5-디아민	3.2
	염산 m-페닐렌디아민	0.5
	염산 p-페닐렌디아민	3.3
	염산 히드록시프로필비스(N-히드록시에칠-p-페닐렌디아민)	0.4
	톨루엔-2,5-디아민	2.0
	m-페닐렌디아민	1.0
	p-페닐렌디아민	2.0
	N-페닐-p-페닐렌디아민	2.0
	피크라민산	0.6
	황산 p-니트로-o-페닐렌디아민	2.0
	황산 p-메칠아미노페놀	0.68
	황산 5-아미노-o-크레솔	4.5
	황산 m-아미노페놀	2.0
Ⅰ	황산 o-아미노페놀	3.0
	황산 p-아미노페놀	1.3
	황산 톨루엔-2,5-디아민	3.6
	황산 m-페닐렌디아민	3.0
	황산 p-페닐렌디아민	3.8
	황산 N,N-비스(2-히드록시에칠)-p-페닐렌디아민	2.9
	2,6-디아미노피리딘	0.15
	염산 2,4-디아미노페놀	0.5
	1,5-디히드록시나프탈렌	0.5
	피크라민산 나트륨	0.6
	황산 2-아미노-5-니트로페놀	1.5
	황산 o-클로로-p-페닐렌디아민	1.5
	황산 1-히드록시에칠-4,5-디아미노피라졸	3.0
	히드록시벤조모르포린	1.0
	6-히드록시인돌	0.5
	α-나프톨	2.0
	레조시놀	2.0
	2-메칠레조시놀	0.5
Ⅱ	몰식자산	4.0
	카테콜	1.5
	피로갈롤	2.0

III	A	과붕산나트륨사수화물 과붕산나트륨일수화물 과산화수소수 과탄산나트륨	
	B	강암모니아수 모노에탄올아민 수산화나트륨	
IV		과황산암모늄 과황산칼륨 과황산나트륨	
V	A	황산철	
	B	피로갈롤	

⑤ 체모 제거제

체모를 제거하는 데 도움을 주는 제품을 말하며, 화학적 작용으로 변화시키는 제품만이 해당된다.

[체모 제거제 식약처 고시 원료]

연번	성분명	함량
1	치오글리콜산 80%	치오글리콜산으로서 3.0~4.5 %

⑥ 여드름 피부 완화제

여드름을 완화하는 데 도움을 주는 제품을 말하며 씻어내는 제품에만 해당이 된다.

[여드름 피부 완화제 식약처 고시 원료]

연번	성분명	함량
1	살리실릭애씨드	0.5 %

⑦ 탈모 증상 완화제

탈모 증상의 완화에 도움을 주는 제품을 말한다.

[탈모 증상 완화제 식약처 고시 원료]

성분명
덱스판테놀(Dexpanthenol)
비오틴(Biotin)
엘-멘톨(l-Menthol)
징크피리치온(Zinc Pyrithione)
징크피리치온액(Zinc Pyrihione Solution) 50%

(10) 살균 보존제

세균이나 박테리아 등의 번식과 성장으로 인한 화장품의 변질을 억제하고, 제품의 변질로 인한 위험성을 사전에 방지함으로써 제품에 대한 안전성을 확보하기 위해 사용하는 물질로 화장품 제조 시 사용이 필수적인 원료이다.

미생물 증식으로 인한 오염은 1차 오염과 2차 오염이 있으며, 1차 오염은 제조 과정에서 발생하는 것, 2차 오염은 화장품의 사용 과정에서 발생하는 것을 말한다.

① 살균제

세균이나 박테리아 등을 죽이기 위해 사용

피부상에 증식하는 미생물(ex, 여드름균)을 억제시키기 위한 화장품의 원료

화장품 용기, 제조 설비 등의 소독을 위해서도 사용

② 보존제(방부제)

화장품 제조에서부터 소비자가 사용하기까지의 전 과정 동안에 발생할 수 있는 세균이나 박테리아 등의 혼입으로 인하여 미생물이 증식함에 따라 제품이 변질되거나 변취, 변색되는 것을 방지하기 위해 사용한다.

(11) 산화방지제

유지, 왁스류 및 그의 유도체, 계면활성제, 향료, 비타민류 등이 공기 중의 산소를 만나 변질되는 산패(酸敗, rancidity) 현상을 억제하고 장기간 안정성을 유지하기 위해 사용하는 물질이며 항산화제라고도 부른다. BHT(Dibutyl Hydroxy Tolune), BHA(Butyl Hydroxanisol), 토코페롤아세테이트(Tocopheryl Acetate) 등이 그 예이다.

2) 화장품에 사용된 성분의 특성

화장품은 일상적으로 피부 등에 사용되기 때문에 화장품 성분을 선택할 때에 고려해야 할 사항은 다음과 같다.

- 안전성이 높을 것
- 사용 목적에 맞는 기능과 유용성을 지닐 것
- 안정성이 높을 것, 시간이 지나도 변색, 변취, 변형이 없을 것
- 화장품법 규정에 맞게 사용할 것
※ 화장품법상 사용 제한 원료는 제한 함량 이상 사용을 하면 안 되지만 기능성 원료의 경우 제한 함량 이하로 사용하면 안 된다.

[화장품의 효능, 효과]

효능, 효과	식약처 고시 성분
주름 억제 효과	레티놀, 아데노신, 레티닐팔미테이트, 메디민A
세포 재생 효과	하이알루론산, 젖산
세포 증식 효과	아데노신
보습 효과	세라마이드
수렴 효과	에탄올

자외선 차단 효과	- 자외선 산란제 : 산화아연(징크옥사이드), 이산화타이타늄(타이타늄다이옥사이드) - 자외선 흡수제 : 옥틸디이메틸파바, 옥틸메톡시신나메이트, 벤조페논유도체, 캄퍼유도체, 다이벤조일메탄유도체, 갈릭산 유도체, 파라아미노벤조산 등
미백 효과	알부틴, 닥나무 추출물, 에틸아스코빌에텔, 감초, 아스코빌글루코사이드, 마그네슘아스코빌포스페이트, 아스코빌테트리아이소팔미테이트, 나이아신아마이드, 알파-비사보롤
여드름 치유 효과	살리실산

3) 원료 및 제품의 성분 정보

화장품은 물리적으로는 수성 원료와 유성 원료를 계면활성제를 이용하여 적절히 혼합하고 유효 성분 등을 첨가하여 사용 목적에 맞는 제품을 개발하여 알맞은 사용 형태로 상품화한 것을 말한다.

화장품은 피부에 직접 바르는 것으로 인체에 접촉하기 때문에 그 원료에 대해 법으로 규정하고 있다. 화장품에는 안전성이 확보된 원료를 사용하여야 하며 사용에 제한이 있는 원료, 사용할 수 없는 원료 등을 정하고 있으므로 화장품 관련 법 규정을 반드시 확인해야 한다. [화장품법], [화장품법 시행규칙], 식약처 고시와 [화장품 원료 규격 가이드라인] 등의 법령 및 가이드라인을 식약처 의약품 안전나라 의약품통합정보시스템에서 참고할 수 있다. (http://nedrug.mfds.go.kr/index)

화장품 원료는 보존제, 자외선 흡수제, 타르 색소의 특정 성분과 그 외의 일반 성분군으로 나뉘는데 특정 성분군은 사용 가능 원료에 대한 배합 가능 성분 리스트(positive list)를 작성하고, 미등록 특정 성분을 이용하는 경우에는 신청서를 제출하여 승인을 받도록 하고 있다. 일반 원료는 배합 금지 성분 리스트(negative list)와 배합 제한 성분 리스트(restricted list)를 정하여 사용 제한을 하고 있다. 이 외의 일반 원료는 별도의 승인 절차는 필요 없으며 각 제조사 자체 책임을 기준으로 사용하는 것이 가능하다.

우리나라는 화장품 전성분 표시제 시행을 하고 있으며 현재 사용되고 있는 원료의 명칭을 표준화하여 통일된 명칭을 기재하도록 '화장품 성분 사전'을 두고 있다. 이 성분 사전에 수록된 성분명은 대부분 INCI(International Nomenclature for Cosmetic Ingredients) 명칭을 기준으로 한글명으로 번역하거나 소리 나는 대로 음역하여 사용하며, 동·식물의 경우 관용명을 중심으로 한글명을 부여하여 사용한다.

　[대한화장품협회 화장품성분사전 http://kcia.or.kr/cid/]]

2.2 화장품의 기능과 품질

1) 화장품의 효과

(1) 기초화장품의 효과

① 세안용 화장품(세안제)

세안용 화장품은 얼굴의 피부 표면에 부착되어 있는 피지나 그 산화물, 각질층의 파편, 땀에 의한 더러움과 같은 피부 생리 대사물이나 공기 중의 먼지, 미생물, 피부에 남은 화장품 잔여물 등의 제거를 목적으로 한다. 세안은 피부를 아름답게 유지하기 위해서도 꼭 필요하며, 세안용 화장품의 세정력은 제품에 따라 다르므로 피부 상태나 사용 목적을 고려하여 자신의 피부에 맞는 제품을 선택하여야 한다. 세안용 화장품에는 계면활성제를 비교적 많이 배합하여 사용 시에 물을 가해 거품을 내서 사용하는 계면활성제형 세안제와 유성 성분에 용해 혹은 분산시켜 닦아내거나 씻어냄으로써 노폐물을 제거하는 용제형 세안제가 있다.

계면활성제형 세안제	세안용 비누 (화장비누)	- 오래전부터 세안에 이용되어진 고형 비누 - 염기성으로 세안 후 피부가 뻣뻣해 짐
	세안용 크림, 세안용 폼	- 지방산 비누나 그 밖의 계면활성제를 목적에 맞게 선택한 후 유연제, 보습제, 정제수 등을 배합한 것 - 고형 비누와 달리 세안 후 당김이 없으며 산뜻하게 씻김
용제형 세안제 (메이크업 클렌징)	클렌징크림	- 유성 성분으로 구성되어 유성의 메이크업이나 무대용 메이크업을 지우는데 사용 되는 비유화 타입 - 수중유형(O/W형)과 유중수형(W/O형)이 있으며 사용감이 촉촉하고 물로 씻을 수 있는 수중유형이 주로 사용
	클렌징젤	- 비이온성 계면활성제와 다가알코올을 이용한 액정기제에 다량의 유분을 첨가한 것 - 유성의 더러움을 재빨리 용해시키며 물로 씻어내는 것만으로 메이크업 화장품을 쉽게 제거 가능
	클렌징오일	- 미네랄오일과 같은 유성기제에 안전성 및 유화력이 높은 비이온성 계면활성제를 배합
	클렌징밀크, 클렌징워터	- 주로 수중유형 - 크림에 비하여 세정력은 떨어지지만 피부에 순함

③ 스킨(화장수)

피부를 청결하게 하고 수분과 보습 성분을 보급하여 피부를 건강하게 유지시키는 기초화장품이며 대부분 투명한 수용액으로 가용화법으로 만들어진다.

유연화장수 (소프트닝 로션)	각질층에 수분, 보습 성분을 공급하여 피부를 유연하고 윤기가 있으며 부드럽고 촉촉하게 만들어 주는 스킨
수렴 화장품 (아스트린젠트 로션, 토닝 로션)	각질층에 수분, 보습 성분을 공급할 뿐 아니라 피부에 긴장감을 부여하여 과도한 피지나 발한을 억제하고 피부를 정상적으로 유지하기 위한 스킨
세정용 화장품 (닦아내는 화장수)	클렌징크림 등으로 화장을 지우고 닦아낸 후에 피부에 남아 있는 유분을 닦아내는 스킨으로 가벼운 화장을 지울 때에도 이용

2층(또는 다층)식 화장수	수층과 분말층, 수층과 유층 등 2층으로 구성된 스킨이 많으며 흔들어서 사용하여 각 층에 함유된 성분의 효과를 피부에 부여함
무알코올 화장수	피부가 알코올에 약한 사람을 위해 알코올을 배합하지 않은 스킨, 논알코올 화장수

③ 크림

피부에 수분과 유분을 공급하여 보습 효과나 유연 효과를 부여하는 기초화장품으로 물과 오일이 서로 섞이지 않는 두 개의 상을 안정된 상태로 분산시킨 에멀션으로서 다양한 유화법을 통하여 만들어진다.

비유성 크림 (논오일 크림)	유분을 전혀 사용하지 않으며 수용성 폴리머(셀룰로오스유도체, 폴리아크릴산유도체등)와 물을 주성분으로 하는 크림
약유성 크림	유분이 적어 사용감이 산뜻한 크림
O/W형 중유성 크림 (유연크림)	유연크림, 영양크림, 나이트크림, 수분크림 등이 해당되며 유성과 약유성의 사이에 위치하는 크림
W/O형 중유성 크림	콜드크림, 마사지 크림 등
O/W형 유성 크림	마사지 크림이 대표적으로 마사지를 할 때 사용되는 크림으로서 피부의 혈액 순환을 좋게 하고 신진대사를 활발하게 하여 피부 전체의 기능을 향상시키는 작용

④ 로션

스킨과 크림의 중간적인 성질을 갖는 것으로서 구성 성분은 크림과 유사하지만 크림에 비해 고형 유분이나 왁스류의 사용 비율이 매우 적고 유동성이 있는 에멀션이다. 세정, 메이크업 리무버, 미백화장품, 자외선 차단 화장품의 기제로서도 로션이 사용된다.

⑤ 겔

수성 겔과 유성 겔로 분류되며 수성 겔은 수분을 다량 함유하기 때문에 피부에 수분을 공급하여 보습 효과나 청량 효과를 주는 제품의 기제로서 이용된다. 유성 겔은 유분을 다량 함유하여 피부에 유분을 공급하고 건조를 방지하는 제품의 기제로서 메이크업 리무버와 같은 제품의 기제로서 이용된다.

⑥ 에센스(미용액)

스킨과 달리 점성이 있고 보습 기능과 더불어 유연 기능을 가져 피부가 거칠어지는 것을 방지하고 피부를 건강하게 유지하도록 도와준다.

⑦ 팩

닦아내거나 씻어내는 타입 (워시 타입)
- 피부에 도포하고 약 30분간 방치한 후 닦아내거나 씻어내는 타입의 팩
- 폐쇄 효과를 통하여 수분의 증발을 막아 보습을 촉진하고 피부의 혈액 순환을 좋게 함
떼어내는 타입 (필오프 타입)
- 피부에 도포하여 건조시킨 후 피막을 떼어내는 타입의 팩으로 대부분 투명한 젤리 타입
- 피지 등의 흡착 효과가 있어서 지성피부용으로도 사용
석고팩 (고화 후 떼어내는 타입)
- 구운 석고를 주성분으로 하는 분말상의 제품으로 사용 시에 물에 녹여 페이스트상으로 만든 다음 얼굴에 도포하고 굳힌 후 떼어 냄
붙이는 타입
- 부직포에 겔이나 스킨 등을 흡수시킨 타입으로 휴대가 편리하며 사용이 간단함

⑧ 미백화장품

자외선으로 인한 멜라닌 색소 생성 억제, 멜라닌 색소의 환원, 멜라닌 색소의 배출을 촉진시키는 작용을 하는 화장품으로 기미, 주근깨의 발생을 방지하는 효과가 있는 화장품을 말한다.

⑨ **자외선 차단 화장품(UV 케어 화장품)**

인체(특히 피부)에 나쁜 영향을 주는 태양광선 속의 자외선 UVB, UVA로부터 피부를 지키는 화장품이다.

선스크린 화장품	자외선 흡수제와 자외선 산란제를 조합하여 태양광선 속의 UVB, UVA를 방지
선탠 화장품	UVB로 인한 홍반이나 수포 등을 방지하여 균일하고 아름다운 색으로 태닝할 수 있게 도와줌

⑩ **여드름 완화 화장품**

여드름을 예방하거나 악화되는 것을 방지하기 위한 화장품 또는 의약외품을 말한다. 여드름 방지 화장품은 모공을 막는 과도한 피지를 제거하는 피지 분비 억제제, 모공을 막고 있는 각질을 제거하는 각질층 박리용해제, 여드름을 자극하여 약화시키는 살균제, 여드름의 염증을 막는 항염증제가 배합된다.

(2) 메이크업 화장품 원료의 효과

메이크업 화장품은 베이스 메이크업과 포인트 메이크업으로 분류된다.

ⓘ **베이스 메이크업**

피부를 외부의 자극으로부터 보호하여 피부의 색이나 질감을 바꾸고 얼굴에 입체감을 부여하며 피부의 결점을 커버함으로써 얼굴을 아름답게 만드는 화장품

가루분, 고형분	피부의 질감을 변화시키며 땀이나 피지로 인해 발생하는 번들거림을 억제하여 화장이 번지는 것을 막아 화장을 오래 지속시키는 효과가 있으며 결이 고운 자연스러운 피부색으로 완성하는 화장품
메이크업 베이스	언더 메이크업, 프라이머라고도 하며 파운데이션아래에 사용함으로써 파운데이션의 발림이나 부착, 화장 지속을 좋게 하는 메이크업 화장품
파운데이션	피부색을 원하는 색으로 바꾸어주며 광택, 투명감과 같은 질감 수정, 기미나 주근깨, 주름 커버, 피부의 요철 등의 보정, 자외선과 같은 외부 자극으로부터의 보호, 트리트먼트 등 많은 기능을 겸비한 메이크업 화장품

② 포인트 메이크업

눈 주위, 입술 또는 손톱에 색을 입히고 질감을 바꾸어 아름답고 매력적으로 만드는 화장품을 말한다.

입술연지	입술에 아름답고 매력적인 색을 입히고 외부 자극으로부터 입술을 보호하여 입술이 거칠어지는 것을 방지하는 메이크업 화장품으로 스틱 타입, 투톤 립스틱, 립펜슬(아이라이너), 립크림, 립글로스가 있다.
볼연지	볼에 도포하여 안색을 건강하게 하고 음영을 만들어 입체감을 내기 위해 사용하는 메이크업 화장품으로 치크 컬러나 치크 블러셔라고도 한다.
아이 메이크업	입술 연지와 함께 포인트 메이크업의 대표적인 제품으로 아이라이너, 마스카라, 아이섀도, 아이 브로우 등이 있다.
네일 에나멜	손톱을 강인하고 유연한 도막으로 보호하는 동시에 아름다운 색조나 광택으로 손톱을 장식하는 화장품을 말한다.

(3) 모발용 화장품 원료의 효과

두피나 모발에는 일상생활 속에서 다양한 노폐물이 부착된다. 피지선에서 분비되는 피자, 땀, 각질층의 박리로 인한 비듬, 먼지, 미생물 등과 같은 노폐물들을 두피와 두발로부터 씻어내고 청결하게 하는데 도움을 주는 화장품이다.

샴푸	두발과 두피에 부착된 더러움을 씻어내고 비듬이나 가려움을 방지하며 두발과 두피를 청결하게 유지하기 위한 세정용 화장품
린스	샴푸 후 두발에 사용하며 두발에 손가락이나 빗이 잘 지나갈 수 있도록 두발을 유연하게 하고 자연스러운 광택을 부여하는 씻어내는 타입의 화장품
스타일링제	모발에 윤기와 촉촉함을 부여하여 머리 모양을 정돈하기 쉽게 하고 유지시키는 화장품
퍼머넌트 웨이브 용제	모발 케라틴 속의 이황화결합을 환원제로 부분적으로 절단한 다음 산화제로 재결합시켜서 모발에 웨이브를 만들어 변형시키는 화장품
헤어 컬러	두발을 물들이기 위하여 사용하는 화장품

육모제	알코올 수용액에 혈액순환 촉진제와 같은 약용 성분, 보습제 등을 첨가한 외용제로 두피에 사용하여 헤어 사이클 기능의 정상화를 돕고 혈액 순환을 원활하게 하며 모공의 기능을 향상시킴으로써 육모를 촉진하거나 탈모를 방지하고 아울러 비듬이나 가려움을 방지하는 화장품
제모제	손발이나 겨드랑이 아래처럼 보이고 싶지 않은 털을 제거하는 것을 목적으로 하며 물리적 제모제와 화학적 제모제가 있음

(4) 바디케어 화장품 원료의 효과

다양한 목적에 따라 신체를 케어하는 화장품을 일컬으며 바디케어 화장품의 종류는 다음과 같다.

부위	목적	제품명
전신	세정	비누, 바디샴푸
	트리트먼트	스킨, 로션, 크림
	자외선 차단	자외선 차단 화장품, 선탠 화장품
	슬리밍	슬리밍 화장품(로션)
	향수	코롱, 파우더
	모기 기피	모기 기피제
손, 손가락	거칠어짐 방지, 개선	핸드크림, 약용크림
겨드랑이 아래	방취, 제한	방취, 제한 로션, 스프레이, 스틱
팔꿈치, 무릎	유연	각질 유연 로션
다리	붓기 방지	레그 로션, 크림
발	탈색, 제모, 방취	제모 크림, 방취 로션

(5) 향 화장품 원료의 효과

향수 화장품은 향료가 주체인 화장품으로서 액상의 향수는 향료의 함유량에 따라 퍼퓸, 오드퍼퓸, 오드뚜왈렛, 오드코롱, 샤워코롱으로 분류되며 이외에도 고체 향수(부향률 5~10%), 방향 파우더(부향률 1~2%), 향수 비누(부향률 1.5~4%)가 있다. 향수 외에도 공간에 향기를 부여하는 방향제와 고형화한 고체 향수가 있다.

[향수 화장품의 종류]

종류	향료 함유량(부향률) %	지속 시간
퍼퓸	15~30	5~7
오드퍼퓸	7~15	4~6
오드뚜왈렛	5~10	3~4
오드코롱	2~5	2~3
샤워코롱	1~2	1~2

2) 판매 가능한 맞춤형화장품 구성

(1) 소비자의 직·간접적 요구에 따라 기존 화장품(맞춤형 전용 화장품 포함), 색소, 향료, 영양성분 등(이하 특정 성분)의 혼합이 이루어져야 한다.

(2) 기본 제형(유형)이 정해져 있어야 하고, 기본 제형(유형)의 변화가 없는 범위 내에서 특성 정분의 혼합이 이루어져야 한다.

(3) 화장품법에 따라 등록된 제조업체에서 공급된 특정 성분의 혼합이 이루어져야 한다. 다만, 화학적인 변화 등 인위적인 공정을 거치지 않는 성분은 그러하지 아니하다.

(4) 책임판매업자가 특정 성분의 혼합 범위를 규정하고 있는 경우 그 범위 내에서 특정 성분의 혼합이 이루어져야 한다.

(5) 기존 표시·광고된 화장품 효능·효과에 변화가 없는 범위 내에서 특정 성분의 혼합이 이루어져야 한다.

(6) '제품명'이 정해져 있어야 하고, 제품명의 변화가 없는 범위 내에서 특정 성분의 혼합이 이루어져야 한다. 이 경우 타사 제품명에 특정 성분을 혼합하여 새로운 자사 제품명을 만들어 판매할 수 없다.

[맞춤형화장품 유형]

현장 혼합형	소비자가 직접 매장을 방문해 피부 상태를 상담하고 진단을 받은 후 제품을 현장에서 혼합해 주는 방식
공장 제조 배송형	소비자의 피부 상태를 진단 후 원료에 대한 요구와 효능에 대한 선택을 바탕으로 제조업소에서 화장품을 생산한 뒤 완제품을 소비자에게 전달하는 방법
DIY 키트형	베이스 로션과 액티브 부스터를 조합해 나만의 화장품을 만드는 방법
디바이스형	가정과 매장에서 기기를 활용해 피부를 진단하고 혼합해 맞춤형화장품을 제공하는 방법

3) 내용물 및 원료의 품질성적서 구비

- 품질(시험)성적서 및 품질관리에 대하여 문서화 절차를 수립 및 유지하여야 한다.
- 내용물과 원료 입고 시 반드시 해당 품목에 대한 품질(시험)성적서를 납품업체로부터 제공받는다.
- 품질(시험)성적서가 구비되지 않는 내용물이나 원료는 절대 입고 처리하지 않는다.
- 내용물 및 원료에 대한 품질(시험)성적서의 기재 내용 등 품질관리 기준은 "화장품 안전기준 등에 관한 규정" 등 식품의약품안전처의 관련 고시 내용에 준하여 적용하는 것을 원칙으로 한다.

[원료 품질 검사성적서 인정 기준]

① 제조업체의 원료에 대한 자가품질검사 또는 공인검사기관 성적서
② 제조판매업체의 원료에 대한 자가품질검사 또는 공인검사기관 성적서
③ 원료업체의 원료에 대한 공인검사기관 성적서
④ 원료업체의 원료에 대한 자가품질검사 시험성적서 중 대한화장품협회의 '원료공급자의 검사결과 신뢰 기준 자율규약' 기준에 적합한 것

2.3 화장품 사용 제한 원료

1) 화장품의 사용 제한 원료 (종류 및 사용 한도)

(1) 식품의약품안전처장은 화장품의 제조 등에 사용할 수 없는 원료를 지정하여 고시하여야 한다. 〈개정 2013. 3. 23.〉

(2) 식품의약품안전처장은 보존제, 색소, 자외선차단제 등과 같이 특별히 사용상의 제한이 필요한 원료에 대하여는 그 사용 기준을 지정하여 고시하여야 하며, 사용 기준이 지정·고시된 원료 외의 보존제, 색소, 자외선차단제 등은 사용할 수 없다. 〈개정 2013. 3. 23., 2018. 3. 13.〉

(3) 식품의약품안전처장은 국내외에서 유해물질이 포함되어 있는 것으로 알려지는 등 국민보건상 위해 우려가 제기되는 화장품 원료 등의 경우에는 총리령으로 정하는 바에 따라 위해요소를 신속히 평가하여 그 위해 여부를 결정하여야 한다. 〈개정 2013. 3. 23.〉

(4) 식품의약품안전처장은 제3항에 따라 위해평가가 완료된 경우에는 해당 화장품 원료 등을 화장품의 제조에 사용할 수 없는 원료로 지정하거나 그 사용기준을 지정하여야 한다. 〈개정 2013. 3. 23.〉

(5) 식품의약품안전처장은 제2항에 따라 지정·고시된 원료의 사용기준의 안전성을 정기적으로 검토하여야 하고, 그 결과에 따라 지정·고시된 원료의 사용기준을 변경할 수 있다. 이 경우 안전성 검토의 주기 및 절차 등에 관한 사항은 총리령으로 정한다. 〈신설 2018. 3. 13.〉

(6) 화장품제조업자, 화장품책임판매업자 또는 대학·연구소 등 총리령으로 정하는 자는 제2항에 따라 지정·고시되지 아니한 원료의 사용기준을 지정·고시하거나 지정·고시된 원료의 사용기준을 변경하여 줄 것을 총리령으로 정하는 바에 따라 식품의약품안전처장에게 신청할 수 있다. 〈신설 2018. 3. 13.〉

(7) 식품의약품안전처장은 제6항에 따른 신청을 받은 경우에는 신청된 내용의

타당성을 검토하여야 하고, 그 타당성이 인정되는 경우에는 원료의 사용기준을 지정·고시하거나 변경하여야 한다. 이 경우 신청인에게 검토 결과를 서면으로 알려야 한다. 〈신설 2018. 3. 13.〉

(8) 식품의약품안전처장은 그 밖에 유통화장품 안전관리 기준을 정하여 고시할 수 있다. 〈개정 2013. 3. 23., 2018. 3. 13.〉

2.4 화장품 관리

1) 화장품의 취급 방법

(1) 제조 시설의 기준

① 제품이 보호되어야 한다.
② 청소가 용이하며 필요한 경우 위생관리 및 유지관리가 가능해야 한다.
③ 제품, 원료 및 포장재 등과의 혼동이 없도록 해야 한다.

(2) 작업소의 기준

① 제조하는 화장품의 종류·제형에 따라 적절히 구획·구분되어 있어 교차 오염의 우려가 없어야 한다.
② 바닥, 벽, 천장은 가능하면 청소하기 쉽게 매끄러운 표면을 지니고 소독제 등의 부식성에 저항력이 있어야 한다.
③ 환기가 잘되고 청결해야 한다.
④ 외부와 연결된 창문은 가능하면 열리지 않도록 해야 한다.
⑤ 작업소 내의 외관 표면은 가능한 매끄럽게 설계하고, 청소와 소독제의 부식성에 저항력이 있어야 한다.

⑥ 세척실과 화장실은 접근이 쉬워야 하나 생산 구역과 분리되어 있어야 한다.

⑦ 작업소 전체에 적절한 조명을 설치하고, 조명이 파손될 경우 제품을 보호할 수 있는 조치를 취해야 한다.

⑧ 제품의 오염을 방지하고 적절한 온도 및 습도를 유지할 수 있는 공기 정화 시설 등 적절한 환기 시설을 갖추어야 한다.

⑨ 각 제조 구역별 청소 및 위생 관리 절차에 따라 효능이 입증된 세척제 및 소독제를 사용해야 한다.

⑩ 제품의 품질에 영향을 주지 않는 소모품을 사용해야 한다.

(3) 설비 기준

① 제조에 필요한 설비는 사용 목적에 적합하고, 청소가 가능하며, 필요한 경우 위생·유지 관리가 가능하여야 한다.

② 사용하지 않는 연결 호스와 부속품은 청소 등 위생관리를 하며, 건조한 상태로 유지하고, 먼지나 얼룩 또는 다른 오염으로부터 보호한다.

③ 설비 등은 제품의 오염을 방지하고 배수가 용이하도록 설계, 설치하며, 제품 및 청소 소독제와 화학 반응을 일으키지 않아야 한다.

④ 설비 등의 위치는 원자재나 직원의 이동으로 인하여 제품의 품질에 영향을 주지 않도록 한다.

⑤ 제품의 용기는 환경의 먼지와 습기로부터 제품을 보호해야 한다.

⑥ 제품과 설비가 오염되지 않도록 배관 및 배수관을 설치하며, 배수관은 역류되지 않아야 하고 항상 청결을 유지한다.

⑦ 천장 주위의 들보, 파이프, 덕트 등은 가급적 노출되지 않도록 설계하고 파이프는 받침 등으로 고정해야 하며, 벽에 닿지 않게 하여 청소가 용이하도록 한다.

⑧ 시설 및 기구에 사용되는 소모품은 제품의 품질에 영향을 주지 않도록 한다. 소모품을 선택할 때는 그 재질과 표면이 제품과의 상호작용을 검토하여 신중하게 고른다.

⑨ 폐기물(여과지, 개스킷, 폐기 가능한 도구, 플라스틱 봉지 등)은 주기적으로 버려야 하며, 장기간 모아 놓거나 쌓아 두어서는 안 된다.

(4) 보관 기준

① 재료 및 완제품을 보호하기 위한 고려사항

- 수령, 저장, 혼합과 충진, 포장과 출하, 관리, 실험실 작업 및 설비와 기구들의 청소 · 위생 처리와 같은 작업들은 분리한다.
- 청소 및 위생 처리에 사용되는 물의 저장과 배송을 위해 시설 및 설비 시스템을 설계 · 배치한다.
- 해충 방지와 관리를 위한 적절한 프로그램의 규정을 갖춘다.
- 효과적인 유지관리 규정을 갖춘다.

② 보관 시 유의사항

- 원료 보관소와 칭량실은 구획되어야 한다.
- 엎지르거나 흘리는 것을 방지하고 즉각적으로 치우는 시스템과 절차를 시행한다.
- 모든 드럼의 윗부분은 필요한 경우 이송 전 또는 개봉 전에 검사하고 깨끗하게 한다.
- 바닥은 깨끗하고 부스러기가 없는 상태로 유지한다.
- 원료 용기는 실제로 칭량하는 원료인 경우를 제외하고는 적합하게 뚜껑을 덮어 놓는다.
- 원료의 포장이 훼손된 경우에는 봉인하거나 즉시 별도 저장고에 보관한 후 품질의 처분 결정을 위해 격리한다.

2) 화장품의 보관 방법

종류	내용
스킨, 로션, 크림	- 스프레이 타입이나 펌프, 튜브식의 피부와의 접촉이 거의 없는 제품은 입구를 잘 닦은 후 서늘한 곳에 보관한다. - 손가락을 넣어 사용하는 크림통은 "스패츌러"를 사용하는 것이 위생적이며, 역시 서늘한 곳에 보관한다.
클렌저	- 오일 성분이 함유된 제품은 따뜻한 곳에 보관하는 것이 좋다. - 오일은 따뜻할 때 사용하면 모공을 열면서 모공 속의 피지를 흡착하기 쉽다.
토너	- 시원하고 차갑게 보관하는 것이 좋다.
레티놀, 비타민C, 에센셜 오일	- 개봉 후 1년 정도 경과하면 모든 주요 성분들이 산화되어 제 기능을 하지 못하므로 가급적 3~6개월 내에 사용한다.
파우더, 트윈케익	- 습도에 민감하므로, 습기가 없고 서늘한 화장대 서랍 등에 보관한다.
아이라이너 펜슬	- 너무 따뜻한 곳에 두면 펜슬의 왁스가 녹아 라인이 뭉개지고 쉽게 번지게 되므로 차갑게 보관한다.
립스틱	- 사용 시 립스틱 전용 솔을 이용한다. - 따뜻한 곳에서는 녹아내리므로 서늘한 곳에 보관한다.

(1) 직사광선을 피해 서늘한 곳에 보관한다.

(2) 화장품 사용 후 뚜껑을 닫아 공기와의 접촉을 막아야 한다.

(3) 화장품 보관 적정 온도는 11~15℃가 가장 적절하다.

(4) 화장품을 냉장고에 보관할 때에는 냉장고에 있는 음식물과의 접촉이 생기지 않도록 차단해야 한다.

(5) 냉장고에 보관할 때에는 화장품이 얼지 않도록 냉장고 문 쪽에 보관하는 것이 좋으며 냉장고에 넣고 사용한 제품은 다시 실온에 보관하지 않는 것이 좋다.

(6) 화장품 보관을 냉장과 상온으로 반복하게 되면 세균이 증식해 유통 기한이 짧아질 수 있다.

(7) 천연화장품, 토너, 마스크팩, 젤 타입의 크림은 냉장고에 보관이 가능하다.

(8) 자외선 차단제나 로션, 크림, 메이크업 화장품 등 액상으로 된 제품은 오일 성분이 많이 함유되어 차가운 온도에 보관하면 묽어지거나 군어지거나 서

로 섞이지 않는 등 화장품의 상태가 변질되므로 냉장 보관은 피하는 것이 좋다.

(9) 오일 성분이 포함되어 있는 화장품은 불투명한 용기에 담긴 제품을 선택해야 오래 사용할 수 있다.

(10) 컨실러나 팩트 타입의 파운데이션은 냉장 보관 시 수분이 줄어들기 때문에 사용할 때 건조할 수 있어 실온 보관이 좋다.

(11) 기능성 화장품은 열에 매우 약하고 공기와 접촉만으로도 내용물이 쉽게 변질되기 때문에 화장품을 사용할 때마다 스패츌러를 이용하는 것이 좋다.

3) 화장품의 사용 방법

화장품은 인체에 바르고 문지르거나 뿌리는 방법으로 사용된다.

① 사용하기 직전에 개봉하고 개봉한 제품은 가능한 한 빨리 사용한다.

② 화장품을 이용할 때는 반드시 깨끗한 손이나 작은 도구를 이용한다.

③ 직사광선을 피하고 서늘하고 그늘지며 건조한 곳에 보관한다.

④ 사용 후 뚜껑을 꼭 닫는다.

⑤ 화장품에 습기가 차거나 다른 물질이 섞이지 않도록 조심한다.

⑥ 화장 도구는 늘 깨끗하게 관리한다.

⑦ 공기가 들어가지 않도록 한다.

⑧ 사용 기한이 표시된 제품은 표시 기간 내에 사용한다.

⑨ 내용물에 이상이 생겼을 때에는 즉시 사용을 중지한다.

⑩ 눈이 감염된 경우 눈화장을 하지 않는다.

⑪ 알레르기나 피부 자극이 일어나면 즉시 사용을 중단하고 전문의사와 상담한다.

⑫ 알레르기 반응에 민감한 사람은 새로운 화장품을 사용하기 전에 패치 테스트를 한 후 사용하는 것이 바람직하다.

4) 화장품의 사용상 주의사항

화장품은 사용 시 주의사항을 반드시 표기해야 하는데 모든 화장품 적용되는 공통사항과 유형별로 해당되는 개별사항으로 구분할 수 있다. 공통사항은 모든 화장품에 표기해야 하며 개별사항은 해당되는 제품에만 표기할 수 있으며 제품의 특성에 맞게 수정할 수 있다. 사용 시의 주의사항 표기 방법은 공통사항을 먼저 표기하고 제품에 해당하는 개별사항을 표기, 성분별 식약처장이 고시하는 주의사항 표기, 마지막으로 자체 운영사항 순서로 표기할 수 있다.

■ 공통사항

1. 화장품을 사용 또는 사용 후 직사광선에 의해 사용 부위가 부어오름 또는 가려움증, 붉은 반점 등의 이상 증상이나 부작용이 나타나는 경우 전문의와 상담할 것
2. 상처가 난 부위에는 사용을 자제할 것
3. 보관 및 취급 시 주의사항
   1) 어린이의 손에 닿지 않는 곳에 보관할 것
   2) 직사광선을 피해 보관할 것

■ 개별사항

1. 미세한 알갱이가 함유된 스크러브 세안제
   알갱이가 눈에 들어갔을 때 물로 씻어내고, 이상이 있는 경우에는 전문의 상담을 할 것
2. 팩
   눈 주위를 피해 사용할 것
3. 두발용, 두발 염색용, 눈 화장용 제품류
   눈에 들어갔을 때에는 즉시 씻어낼 것

4. 모발용 샴푸

- 눈에 들어갔을 때에는 즉시 씻어낼 것
- 사용 후 물로 씻지 않으면 탈모나 탈색 유발 가능성이 있으므로 주의할 것

5. 퍼머넌트 웨이브 제품, 헤어스트레이트너 제품

1) 얼굴·두피·눈·손·목 등에 약액이 묻지 않도록 주의하고, 얼굴 등에 약액이 묻었을 경우 즉시 물로 씻어낼 것

2) 특이 체질이나 생리 또는 출산 전후 및 질환을 가진 사람 등은 사용을 피할 것

3) 머리카락의 손상 등을 피하기 위해 용법·용량을 준수해야 하며, 가능하면 일부에 시험적으로 사용해 볼 것

4) 섭씨 15도 이하의 어두운 곳에 보존하고, 변색되거나 침전된 경우는 사용하지 말 것

5) 개봉 제품은 7일 이내 사용할 것(에어로졸 제품 또는 사용 중 공기 유입이 차단되는 용기는 표시하지 않는다)

6) 제2단계 퍼머액 중 주요 성분이 과산화수소인 제품은 검은 머리카락을 갈색으로 변화 시킬 수 있으므로 유의하여 사용할 것

6. 외음부 세정제

1) 정해진 용법, 용량을 잘 지켜 사용할 것

2) 만 3세 이하의 영유아에게는 사용을 금할 것

3) 임신 중 사용하지 않는 것이 바람직하며, 분만 직전 외음부 주위에는 사용을 금할 것

4) 프로필렌글리콜(Propylene glycol)을 함유하므로 이 성분에 알레르기 병력이 있거나 과민한 사람은 신중한 사용을 할 것(프로필렌글리콜이 함유된 제품만 표시)

7. 손과 발의 피부 연화 제품(요소 제제의 핸드크림, 풋크림)

1) 눈과 코, 입 등에 닿지 않도록 주의할 것

2) 프로필렌 글리콜(Propylene glycol)을 함유하므로 이 성분에 알레르기 병력이 있거나 과민한 사람은 신중하게 사용할 것(프로필렌글리콜을 함유한 제

품만 표시)

8. 체취 방지용 제품

  털(毛)을 제거한 직후에는 사용을 금할 것

9. 고압가스를 사용하는 에어로졸의 제품[무스의 경우 1)부터 4)까지의 사항은 제외]

 1) 같은 부위에 연속하여 3초 이상 분사하지 말 것

 2) 가능하면 인체로 부터 20센티미터 이상 떨어져서 사용할 것

 3) 눈 주위 또는 점막 등에는 분사하지 말 것. 다만, 자외선 차단제의 경우에는 얼굴에 직접 분사하지 말고 손에 덜어서 얼굴에 바를 것

 4) 분사가스는 직접 흡입하지 않게 주의할 것

 5) 보관 또는 취급상의 주의사항

  (1) 불꽃길이 시험에 의하여 화염이 인지되지 않는 것으로 가연성 가스 사용을 하지 않는 제품

   ① 섭씨 40도 이상 되는 장소나 밀폐된 장소에 보관하지 말 것

   ② 사용 후에는 잔여 가스가 없도록 하며 불 속에 버리지 아니할 것

  (2) 가연성 가스 사용 제품

   ① 불꽃을 향해 사용을 금할 것

   ② 난로, 풍로 등 화기 부근 또는 화기를 사용하고 있는 실내에서 사용하지 말 것

   ③ 섭씨 40도 이상의 장소나 밀폐된 장소에 보관하지 말 것

   ④ 밀폐된 실내에서 사용 후 반드시 환기할 것

   ⑤ 불 속에 버리지 아니할 것

10. 고압가스 사용을 하지 않는 분무형 자외선 차단제

   얼굴 직접 분사를 하지 말고 손에 덜어서 바를 것

11. 알파-하이드록시애씨드(α-hydroxyacid, AHA)(이하 'AHA'라 한다)를 함유한 제품(0.5% 이하의 AHA가 함유된 제품은 제외)

 1) 햇빛에 대하여 피부 감수성의 증가를 가져 올 수 있기 때문에 자외선 차단

제와 함께 사용할 것(씻어내는 제품과 두발용 제품은 제외)

2) 일부에 시험 사용하여 피부 이상 확인을 할 것

3) 고농도 AHA 성분이 들어 있어서 부작용 발생의 우려가 있으므로 전문의에게 상담할 것(산도가 3.5 미만이거나 AHA 성분이 10%를 초과하여 함유된 제품만 표시)

12. 염모제(산화염모제, 비산화염모제)

1) 다음의 분들은 사용하지 않아야 한다. 사용 후 피부나 신체가 과민 상태이거나 피부 이상 반응(부종 및 염증 등)이 일어나면 현재의 증상 악화의 가능성이 있다.

(1) 지금까지 이 제품에 배합된 '과황산염'이 함유된 탈색제에 의해 몸이 부었던 경험이 있는 경우, 사용 중이나 사용 직후에 구토, 구역 등 속이 좋지 않았던 경험이 있는 경우(이 내용은 '과황산염'이 배합된 염모제에만 표시)

(2) 지금까지 염모제 사용 시 피부 이상 반응(염증, 부종 등)이 발생한 적이 있거나, 염색 직후 염색 중 발적, 발진, 가려움 등이 있거나 구토, 구역 등 속이 좋지 않았던 경험을 하신 분

(3) 피부 시험(패치 테스트, patch test)의 결과, 이상 발생의 경험을 하신 분

(4) 얼굴, 두피, 목덜미에 부스럼, 피부병, 상처가 있는 분

(5) 생리 중이거나 임신 중 또는 임신 가능성이 있는 분

(6) 출산 후나 병에서 회복 중인 분, 그 외의 신체 이상이 있는 분

(7) 신장질환, 특이 체질, 혈액질환이 있는 분

(8) 권태감, 미열, 호흡 곤란, 두근거림의 증상이 계속되거나 코피와 같은 출혈이 잦고 생리, 그 밖의 출혈이 멈추기 어려운 증상이 나타나는 분

(9) 이 제품에 첨가제로 함유되어 있는 프로필렌글리콜에 의해 알레르기를 유발시킬 수 있으므로 이 성분에 대해 과민하거나 알레르기 반응을 보인 적이 있는 분은 사용하기 전, 의사 또는 약사와 상의해야 한다.(프로필렌글리콜 함유 제제에만 표시)

2) 염모제 사용 전 주의사항

(1) 염색 2일전(48시간 전)에는 다음의 순서대로 매회 반드시 패치 테스트 (patch test)를 실시해야 한다. 패치 테스트는 염모제에 부작용이 있는지 아닌지를 조사하는 테스트이며, 과거에 이상 없이 염색한 경우에도 체질 이 변화함에 따라 알레르기 등 부작용 발생 가능성이 있으므로 매회 반드 시 실시해야 한다.(패치 테스트의 순서 ①~④를 그림 등을 사용해 알기 쉽게 표시하며, 필요 시에는 사용 상 주의사항에는 '별첨'으로 첨부 가능)

① 먼저 팔의 안쪽 또는 귀의 뒤쪽 머리카락이 난 주변의 피부를 비눗물로 잘 씻어낸 후 탈지면으로 가볍게 닦아낸다.

② 그다음 이 제품을 소량 취해 정해진 용법대로 혼합해 실험액을 준비한다.

③ 실험액을 앞서서 세척한 부위에 동전 크기로 발라 자연 건조한 후 48시 간 동안 방치한다. (시간을 잘 지킬 것)

④ 테스트 부위의 관찰은 테스트 액 도포 후 30분 그리고 48시간 이후 총 2 회를 반드시 실행한다. 그때 도포 부위에 발적, 발진, 가려움, 자극, 수포 등의 피부 이상이 있는 경우에는 만지지 말고 즉시 씻어내고 염모는 하 지 않아야 한다. 테스트 중, 48시간 이전이라 하더라도 위와 같은 피부 이상이 발생한 경우에는 바로 테스트를 중지하고 테스트 액을 즉시 씻어 내며 염모는 하지 않는다.

⑤ 48시간 이내에 이상이 발생하지 않았다면 바로 염모를 한다.

(2) 눈썹 또는 속눈썹 등은 위험할 수 있으므로 사용을 금하도록 한다. 염모액 이 눈에 들어갈 우려가 있으므로 두발 이외에는 염색을 하지 않도록 한다.

(3) 면도 직후에는 염색을 하지 않는다.

(4) 염모 전후로 1주간은 파마・웨이브(퍼머넌트웨이브)를 하지 않는다.

3) 염모 시 주의사항

(1) 염모액 및 머리를 감을 동안 그 액이 눈에 들어가지 않게 주의한다. 눈에 들어가면 심한 통증이 발생하거나 경우에 따라서 눈에 손상(각막 염증)을 일으킬 수 있다. 만약 눈에 들어갔을 때에는 절대로 손으로 눈을 비비지

말고 즉시 물 또는 미지근한 물을 이용하여 최소 15분 이상 씻어낸 다음, 곧바로 안과 전문의의 진찰을 받도록 하며 임의로 안약의 사용을 하지 않아야 한다.

(2) 염색 중 목욕을 하거나 염색 전 머리를 적시는 등 감지 않는다. 땀이나 물방울 등을 통하여 염모액이 눈에 들어갈 염려가 있다.

(3) 염모 중에 발적, 발진, 가려움, 부어오름, 강한 자극감 등과 같은 피부 이상이나 구토, 구역 등의 이상을 느꼈을 때에는 즉각 염색을 멈추고 염모액을 씻어낸다. 그대로 방치할 경우 중상 악화가 될 수 있다.

(4) 염모액이 피부에 묻었을 때에는 곧바로 물 등으로 씻어낸다. 손가락 또는 손톱을 보호하기 위해 장갑을 끼고 염색하도록 한다.

(5) 환기가 잘되는 곳에서 염모를 한다.

4) 염모 후의 주의

(1) 얼굴, 머리, 목덜미 등에 발적, 발진, 가려움, 자극, 수포 등과 같은 피부의 이상 반응이 발생한 경우, 그 부위를 긁거나 문지르지 말고 곧바로 피부과 전문의 진찰을 받아야 하며, 임의로 의약품을 사용하지 않아야 한다.

(2) 염모 중이나 염모 후에 속이 안 좋아지는 등의 신체 이상을 느끼는 분은 의사의 상담을 받도록 한다.

5) 보관 및 취급상 주의사항

(1) 혼합한 염모액을 밀폐되는 용기에 보존하지 않아야 한다. 혼합한 액으로부터 발생하는 가스의 압력에 의해 용기가 파손될 우려가 있어 위험하다. 또한, 혼합한 염모액이 위로 튀거나 주변을 오염시키고 지워지지 않게 된다. 혼합액의 잔액은 효과가 없기 때문에 잔액은 반드시 바로 버린다.

(3) 사용 후에는 혼합을 하지 않은 액은 직사광선을 피하고 공기의 접촉을 피해 서늘한 곳에 보관한다.

13. 탈염・탈색제

1) 다음의 분들은 사용하지 않도록 한다. 사용한 후 피부나 신체가 과민 상태 또는 피부 이상 반응 및 현재의 증상을 악화시킬 가능성이 있다.

(1) 얼굴, 두피, 목덜미에 부스럼이나 피부병, 상처가 있는 분

(2) 생리 중이거나 임신 중 또는 임신 가능성이 있는 분

(3) 출산 후 또는 병중이거나 회복 중이신 분, 그 외의 신체에 이상이 있는 분

2) 다음의 분들은 신중히 사용하여야 한다.

(1) 신장질환, 혈액질환, 특이 체질 등의 병력을 가진 분은 피부과 전문의와 상의 후 사용한다.

(2) 이 제품의 첨가제로 사용된 프로필렌글리콜에 의해 알레르기가 유발될 가능성이 있으므로 이 성분에 알레르기 반응을 보인 적이 있거나 과민한 분은 사용 전 의사나 약사와 상의해야 한다.

3) 사용 전의 주의

(1) 눈썹이나 속눈썹에는 위험하기 때문에 사용하지 않도록 한다. 제품이 눈에 들어갈 우려가 있다. 또한, 두발 이외 부분(손과 발의 털 등)에는 사용하지 않는다. 피부에 부작용(염증, 피부 이상 반응 등)이 나타날 수 있다.

(2) 면도 직후에는 사용하지 않는다.

(3) 사용 전후 1주일 동안에는 퍼머넌트웨이브 제품이나 헤어스트레이트너 제품의 사용을 하지 않도록 한다.

4) 사용 시의 주의사항

(1) 제품이나 머리를 감는 동안 제품이 눈에 들어가지 않도록 주의한다. 만약 눈에 들어갔을 경우에는 절대로 손으로 비비지 말고 곧바로 물이나 미지근한 물로 15분 이상 씻어낸 다음, 곧바로 안과 전문의 진찰을 받도록 한다. 임의로 안약을 사용하지 않아야 한다.

(2) 사용 중 목욕 또는 사용 전 머리를 적시거나 감지 않는다. 땀이나 물방울 등을 통해서 제품이 눈에 들어갈 염려가 있다.

(3) 사용 중에 발적, 발진, 부어오름, 강한 자극감, 가려움 등 피부의 이상을 느낄 때에는 곧바로 사용을 중지하고 잘 씻어낸다.

(4) 제품이 피부에 묻었을 때에는 곧바로 물 등으로 씻어 준다. 손가락이나 손톱을 보호하기 위해 장갑을 착용하여 사용한다.

(5) 환기가 용이한 곳에서 사용하도록 한다.

5) 사용 후 주의

(1) 얼굴, 두피, 목덜미 등에 발적, 발진, 가려움, 자극, 수포 등 피부 이상반 응이 발생한 경우에는 그 부위를 손 등으로 문지르거나 긁지 말고 곧바로 피부과 전문의 진찰을 받도록 한다. 임의적인 의약품 사용을 삼간다.

(2) 사용 중 또는 사용 후에 구토, 구역 등 신체에 이상이 느껴지면 의사의 상 담을 받도록 한다.

6) 보관 및 취급상의 주의사항

(1) 혼합한 제품은 밀폐된 용기 보존을 금지한다. 혼합한 제품에서 발생한 가 스의 압력으로 인하여 용기가 파열될 염려가 있어 위험하다. 또한, 혼합 한 제품이 위로 튀거나 주변이 오염되어 지워지지 않게 된다. 혼합한 제 품의 잔액은 효과가 없으므로 반드시 버려야 한다.

(2) 용기를 버릴 때에는 뚜껑을 열고 버린다.

14. 제모제(치오글라이콜릭애시드 함유 제품에만 표시함)

1) 다음의 사람(부위)에는 사용을 금한다.

(1) 생리 전후나 산전, 산후, 병후의 환자

(2) 얼굴 또는 상처, 습진, 부스럼, 짓무름, 기타의 염증, 반점, 자극이 있는 피부

(3) 유사한 제품에 부작용을 경험한 적이 있는 피부

(4) 약한 피부나 남성의 수염 부위

2) 이 제품을 사용하는 동안에는 다음의 약 또는 화장품을 사용하지 않는다.

(1) 땀 발생 억제제(Antiperspirant), 수렴 로션(Astringent Lotion), 향수는 이 제품을 사용한 후 24시간 후 사용한다.

3) 홍반, 부종, 피부염(발진, 알레르기), 가려움, 중증의 화상, 광과민 반응 및 수포 등과 같은 증상이 나타날 수 있으므로 이러한 경우에는 이 제품의 사 용을 즉시 중지하고 의사나 약사와 상의한다.

4) 그 외의 사용 시 주의사항

(1) 사용 중에 따가운 느낌이나 불쾌감, 자극이 발생할 경우에는 즉시 닦아내

고 찬물로 씻으며, 불쾌감이나 자극이 지속될 경우에는 의사 또는 약사와 상의한다.

(2) 자극감이 발생할 수 있으므로 매일의 사용을 금한다.

(3) 이 제품의 사용 전과 후에 비누류를 사용하면 자극감이 발생할 수 있으므로 주의한다.

(4) 이 제품을 외용으로만 사용해야 한다.

(5) 눈에 들어가지 않도록 주의하며 눈 또는 점막에 닿았을 경우에는 미지근한 물을 이용하여 씻어내고 붕산수(약 2%의 농도)로 헹구어 낸다.

(6) 이 제품을 10분 이상 동안 피부에 방치 또는 피부에서 건조시키지 않도록 한다.

(7) 제모에 필요 시간은 모질(毛質)에 따라 차이가 발생할 수 있으므로 정해진 시간 동안 모가 깨끗이 제거되지 않은 경우에는 2~3일의 간격을 두고 사용한다.

15. 그 밖에 화장품의 안전 정보와 관련하여 기재·표시하도록 식품의약품안전처장이 정하여 고시하는 사용 시의 주의사항

2.5 우수화장품(CGMP) 제조 및 품질관리 기준

1) 총칙

제1조(목적)

이 고시는 「화장품법」 제5조제2항 및 같은 법 시행규칙 제12조제2항에 따라 우수화장품 제조 및 품질관리 기준에 관한 세부사항을 정하고, 이를 이행하도록 권장함으로써 우수한 화장품을 제조·공급하여 소비자 보호 및 국민보건 향상에 기여함을 목적으로 한다.

화장품법 제5조(제조판매업자 등의 의무 등) 제2항과 시행규칙 제12조(제조업자의 준수사항 등)제2항에 따라서 식품의약품안전처장은 식품의약품안전처장이 정하여 고시하는 우수화장품 제조관리기준을 준수하도록 화장품 제조업자에게 권장할 수 있도록 규정하고 있다.

이에 따라, 식품의약품안전처에서는 우수화장품 제조 및 품질관리 기준에 관한 세부사항을 정하고 있는 「우수화장품 제조 및 품질관리기준」(Cosmetic Good Manufacturing Practice, "CGMP")을 고시로 운영하고 있다.

CGMP는 품질 보장이 되는 우수한 화장품을 제조·공급하기 위하여 제조와 품질관리에 관한 기준을 마련한 것으로서 직원과 시설·장비, 원자재, 반제품과 완제품 등의 취급과 실시 방법을 정해 놓은 것이다. 화장품 제조업체에서 화장품을 제조 또는 품질관리 시 CGMP 이행을 통해 전반적으로 발생 가능한 위험과 잠재적인 문제를 감소시켜 유통화장품의 품질 확보에 따른 소비자의 보호와 국민보건 향상에 기여할 것으로 기대되며 생산성 향상에 대한 기대도 할 수 있을 것이다.

【화장품법 제5조제2항(제조판매업자 등의 의무 등)】

② 제조업자는 화장품의 제조에 관하여 총리령으로 정하는 사항을 준수하여야 한다.

【화장품법 시행규칙 제12조(제조업자의 준수사항)】

① 법 제5조제2항에 따라 화장품 제조업자가 준수해야 할 사항은 다음 각 호와 같다.

1. 별표 1의 품질관리기준에 따른 제조판매업자의 지도·감독 및 요청에 따를 것

2. 제조관리기준서·제품표준서·제조관리기록서 및 품질관리기록서(전자문서 형식을 포함한다)를 작성·보관할 것

3. 보건위생상 위해(危害)가 없도록 제조소, 시설 및 기구를 위생적으로 관리하고 오염되지 아니하도록 할 것

---

4. 화장품의 제조에 필요한 시설 및 기구에 대하여 정기적으로 점검하여 작업에 지장이 없도록 관리·유지할 것

5. 작업소에는 위해가 발생할 염려가 있는 물건을 두어서는 아니 되며, 작업소에서 국민보건 및 환경에 유해한 물질이 유출되거나 방출되지 아니하도록 할 것

6. 제2호의 사항 중 품질관리를 위하여 필요한 사항을 제조판매업자에게 제출할 것. 다만, 다음 각 목의 어느 하나에 해당하는 경우 제출하지 아니할 수 있다.

가. 제조업자와 제조판매업자가 동일한 경우

나. 제조업자가 제품을 설계·개발·생산하는 방식으로 제조하는 경우로서 품질·안전관리에 영향이 없는 범위에서 제조업자와 제조판매업자 상호의 계약에 따라 영업 비밀에 해당되는 경우

7. 원료 및 자재의 입고부터 완제품의 출고에 이르기까지 필요한 시험·검사 또는 검정을 할 것

8. 제조 또는 품질검사를 위탁하는 경우 제조 또는 품질검사가 적절하게 이루어지고 있는지 수탁자에 대한 관리·감독을 철저히 하고, 제조 및 품질관리에 관한 기록을 받아 유지·관리할 것

② 식품의약품안전처장은 제1항에 따른 준수사항 외에 식품의약품안전처장이 정하여 고시하는 우수화장품 제조관리기준을 준수하도록 제조업자에게 권장할 수 있다.

③ 식품의약품안전처장은 제2항에 따라 우수화장품 제조관리기준을 준수하는 제조업자에게 다음 각 호의 사항을 지원할 수 있다. 〈신설 2014.9.24〉

1. 우수화장품 제조관리기준 적용에 관한 전문적 기술과 교육

2. 우수화장품 제조관리기준 적용을 위한 자문

3. 우수화장품 제조관리기준 적용을 위한 시설·설비 등 개수·보수

제2조(용어의 정의)★★★★★

1. 〈삭 제〉

2. "제조"란 원료 물질의 칭량부터 혼합, 충전(1차 포장), 2차 포장 및 표시 등의 일련의 작업을 말한다.

3. 〈삭 제〉

4. "품질보증"이란 제품이 적합 판정 기준에 충족될 것이라는 신뢰를 제공하는데 필수적인 모든 계획되고 체계적인 활동을 말한다.

5. "일탈"이란 제조 또는 품질관리 활동 등의 미리 정하여진 기준을 벗어나 이루어진 행위를 말한다.

6. "기준일탈(out-of-specification)"이란 규정된 합격 판정 기준에 일치하지 않는 검사, 측정 또는 시험 결과를 말한다.

7. "원료"란 벌크 제품의 제조에 투입하거나 포함되는 물질을 말한다.

8. "원자재"란 화장품 원료 및 자재를 말한다.

9. "불만"이란 제품이 규정된 적합판정기준을 충족시키지 못한다고 주장하는 외부 정보를 말한다.

10. "회수"란 판매한 제품 가운데 품질 결함이나 안전성 문제 등으로 나타난 제조번호의 제품(필요시 여타 제조번호 포함)을 제조소로 거두어들이는 활동을 말한다.

11. "오염"이란 제품에서 화학적, 물리적, 미생물학적 문제 또는 이들이 조합되어 나타내는 바람직하지 않은 문제의 발생을 말한다.

12. "청소"란 화학적인 방법, 기계적인 방법, 온도, 적용 시간과 이러한 복합된 요인에 의해 청정도를 유지하고 일반적으로 표면에서 눈에 보이는 먼지를 분리, 제거하여 외관을 유지하는 모든 작업을 말한다.

13. "유지관리"란 적절한 작업 환경에서 건물과 설비가 유지되도록 정기적·비정기적인 지원 및 검증 작업을 말한다.

14. "주요 설비"란 제조 및 품질 관련 문서에 명기된 설비로 제품의 품질에 영향을 미치는 필수적인 설비를 말한다.

15. "교정"이란 규정된 조건하에서 측정기기나 측정 시스템에 의해 표시되는 값과 표준기기의 참값을 비교하여 이들의 오차가 허용 범위 내에 있음을 확인하고, 허용 범위를 벗어나는 경우 허용 범위 내에 들도록 조정하는 것을 말한다.

16. "제조번호" 또는 "뱃치번호"란 일정한 제조단위분에 대하여 제조관리 및 출하에 관한 모든 사항을 확인할 수 있도록 표시된 번호로서 숫자·문자·기호 또는 이들의 특정적인 조합을 말한다.

17. "반제품"이란 제조공정 단계에 있는 것으로써 필요한 제조공정을 더 거쳐야 벌크 제품이 되는 것을 말한다.

18. "벌크 제품"이란 충전(1차 포장) 이전의 제조 단계까지 끝낸 제품을 말한다.

19. "제조 단위" 또는 "뱃치"란 하나의 공정이나 일련의 공정으로 제조되어 균질성을 갖는 화장품의 일정한 분량을 말한다.

20. "완제품"이란 출하를 위해 제품의 포장 및 첨부문서에 표시공정 등을 포함한 모든 제조공정이 완료된 화장품을 말한다.

21. "재작업"이란 적합 판정기준을 벗어난 완제품, 벌크 제품 또는 반제품을 재처리하여 품질이 적합한 범위에 들어오도록 하는 작업을 말한다.

22. "수탁자"는 직원, 회사 또는 조직을 대신하여 작업을 수행하는 사람, 회사 또는 외부 조직을 말한다.

23. "공정관리"란 제조공정 중 적합판정기준의 충족을 보증하기 위하여 공정을 모니터링하거나 조정하는 모든 작업을 말한다.

24. "감사"란 제조 및 품질과 관련한 결과가 계획된 사항과 일치하는지의 여부와 제조 및 품질관리가 효과적으로 실행되고 목적 달성에 적합한지 여부를 결정하기 위한 체계적이고 독립적인 조사를 말한다.

25. "변경관리"란 모든 제조, 관리 및 보관된 제품이 규정된 적합판정기준에 일치하도록 보장하기 위하여 우수화장품 제조 및 품질관리기준이 적용되는 모든 활동을 내부 조직의 책임하에 계획하여 변경하는 것을 말한다.

26. "내부감사"란 제조 및 품질과 관련한 결과가 계획된 사항과 일치하는지의

여부와 제조 및 품질관리가 효과적으로 실행되고 목적 달성에 적합한지 여부를 결정하기 위한 회사 내 자격이 있는 직원에 의해 행해지는 체계적이고 독립적인 조사를 말한다.

27. "포장재"란 화장품의 포장에 사용되는 모든 재료를 말하며 운송을 위해 사용되는 외부 포장재는 제외한 것이다. 제품과 직접적으로 접촉하는지 여부에 따라 1차 또는 2차 포장재라고 말한다.

28. "적합판정기준"이란 시험 결과의 적합 판정을 위한 수적인 제한, 범위 또는 기타 적절한 측정법을 말한다.

29. "소모품"이란 청소, 위생 처리 또는 유지 작업 동안에 사용되는 물품(세척제, 윤활제 등)을 말한다.

30. "관리"란 적합 판정 기준을 충족시키는 검증을 말한다.

31. "제조소"란 화장품을 제조하기 위한 장소를 말한다.

32. "건물"이란 제품, 원료 및 포장재의 수령, 보관, 제조, 관리 및 출하를 위해 사용되는 물리적 장소, 건축물 및 보조 건축물을 말한다.

33. "위생관리"란 대상물의 표면에 있는 바람직하지 못한 미생물 등 오염물을 감소시키기 위해 시행되는 작업을 말한다.

34. "출하"란 주문 준비와 관련된 일련의 작업과 운송 수단에 적재하는 활동으로 제조소 외로 제품을 운반하는 것을 말한다.

【화장품법 시행규칙 제6조제2항제2호】

가. 「보건환경연구원법」 제2조에 따른 보건환경연구원

나. 제1항제3호(원료·자재 및 제품의 품질검사를 위하여 필요한 시험실)에 따른 시험실을 갖춘 제조업자

다. 「식품·의약품 분야 시험·검사 등에 관한 법률」 제6조에 따른 화장품 시험·검사기관

라. 「약사법」 제67조에 따라 조직된 사단법인인 한국의약품수출입협회

2) 인적자원 및 교육

제3조(조직의 구성)

① 제조소별로 독립된 제조부서와 품질보증부서를 두어야 한다.
② 조직 구조는 조직과 직원의 업무가 원활히 이해될 수 있도록 규정되어야 하며, 회사의 규모와 제품의 다양성에 맞추어 적절하여야 한다.
③ 제조소에는 제조 및 품질관리 업무를 적절히 수행할 수 있는 충분한 인원을 배치하여야 한다.

① 제조관리 및 품질관리의 적정을 기하기 위하여 동등한 권한의 제조부서와 품질보증부서를 독립, 운영하는 것이 CGMP의 기본 정신이다. 따라서 제조부서와 품질보증부서의 책임자는 1인 겸직이 불가함은 물론 화장품 제조나 품질관리에 관한 제반의 문제에 과학적인 근거에 바탕하여 결정을 내리고 책임을 질 수 있는 전문 지식과 풍부한 경험을 소유한 자이어야 한다.
② 화장품의 품질은 원료의 품질과 적절한 설비 및 설계, 전 직원에 의한 일관된 업무 수행과 같은 주요 사항들과 관련 있다. 화장품이 설정된 기준에 적합한 것을 보증하기 위하여 제품의 제조와 포장, 시험, 보관, 출하, 관리에 관계되어 있는 전 직원들은 그들에게 할당된 의무와 책임을 다해야 하며 교육 및 훈련 등을 통하여 자격을 갖추어야 한다.

CGMP를 실행하기 위해서는 CGMP 운영 조직을 구성해야 한다. 제조소의 각각의 조직은 CGMP 규정에 맞게 구성되어야 하며, 조직의 구조는 회사의 조직과 직능을 명확하게 정의하여야 하며 문서화되어야 한다. 조직의 구조를 구성할 때에는 아래의 사항을 고려한다.
 (1) 제조하는 제품과 제조하는 회사의 규모에 대해 조직도가 적절한지 확인하기 위한 주의가 필요하다.
 (2) 조직의 구조(조직도)에 기재된 직원의 역량이 각각 명시되어 있는 직능에 적합해야 한다.

(3) 품질 단위의 독립성이 나타나야 한다.

(4) 조직 내에서의 주요 인사들의 직능과 보고 책임을 명확하게 정의하고 규정하여야 하며 문서화 되어야 한다.

조직 구성 시 반드시 고려해야 하는 것은 품질 부문과 생산 부문을 각각 독립시키는 것이다.

품질 부문 내의 품질보증 단위(unit), 품질관리 단위와 같이 각각의 품질 단위는 독립성을 나타내어야 한다. 품질보증 및 품질관리 책임은 품질보증의 단위와 품질관리의 단위를 분리하여 책임을 맡거나 하나의 단위로 책임을 맡을 수 있다. 그러나 생산과 품질 부문의 책임자는 겸직이 불가하다.

조직의 구조는 회사의 규모와 제품의 종류에 따라 변화될 수 있다. 대규모 회사의 경우 보관관리를 생산 부문의 독립된 부서가 담당할 수 있지만 보관 시 원료, 포장재 및 완제품의 품질을 확보하기 위해 생산 부문, 품질 부문 책임자가 보관 조건 등에 관여한다. 품질 부문의 권한과 독립성은 어떠한 경우에도 보장이 될 수 있도록 조직이 구성되어야 하지만 소규모 회사의 경우, 보관관리 또는 시험 책임자 하위의 담당자 일부는 겸직이 가능하다. 문서나 직원이 많은 경우에는 품질 부문에 문서관리 및 교육 책임자를 별도로 두는 것이 바람직하다.

〈CGMP 조직도 예시〉

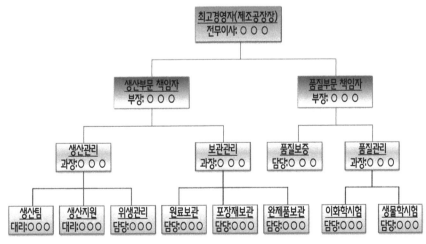

→ 이 조직은 회사의 규모에 맞추어 조정이 가능하다.

③ 제조소의 직원 수는 작업이 원활할 수 있을 만큼 필요하며, 업무에 따라서 적절한 인원수와 자격을 규정하여 운영을 하는 것이 바람직하다. 담당 직원이 업무 수행에 필요한 훈련 및 교육을 이수하였음을 기록하고 필요한 훈련 및 교육은 사내 규정으로 미리 정한다.

제4조(직원의 책임)

① 모든 작업원은 다음 각 호를 이행해야 할 책임이 있다.
  1. 조직 내에서 맡은 지위 및 역할을 인지해야 할 의무
  2. 문서 접근 제한 및 개인위생 규정을 준수해야 할 의무
  3. 자신의 업무 범위 내에서 기준을 벗어난 행위나 부적합 발생 등에 대해 보고해야 할 의무
  4. 정해진 책임과 활동을 위한 교육훈련을 이수할 의무
② 품질보증 책임자는 화장품의 품질보증을 담당하는 부서의 책임자로서 다음 각 호의 사항을 이행하여야 한다.
  1. 품질에 관련된 모든 문서와 절차의 검토 및 승인
  2. 품질 검사가 규정된 절차에 따라 진행되는지의 확인
  3. 일탈이 있는 경우 이의 조사 및 기록
  4. 적합 판정한 원자재 및 제품의 출고 여부 결정
  5. 부적합 품이 규정된 절차대로 처리되고 있는지의 확인
  6. 불만 처리와 제품 회수에 관한 사항의 주관

① CGMP의 실행은 조직, 업무 절차, 제조 및 제조공정을 위한 자원을 준비하고 확립을 통하여 그 내용을 문서화하고 실행하는 것이다. 항상 품질이 동일한 화장품을 생산하고 과오를 방지하기 위해서는 적절하게 유지관리가 된 건물, 설비 등을 운영하고 최신의 절차를 규정한 절차서를 준비, 이에 맞추어 교육훈련을 받은 직원이 작업을 실시하여야 한다. 직원은 자신의 위치와 업무, 책임을 항상 자각하고 문서를 읽고 그 내용을 이해하여야 하며 작업은 절차서와 지시

서와 같은 문서에 따라 수행하고 기록하여야 한다. 또한, 업무에 필요한 교육훈련을 받아야 하며 위생관리 규정을 준수해야 한다. 일탈과 기준 일탈이 발생하면 적극적으로 책임자에게 보고를 하여야 한다. 직원의 책임은 아래와 같다.

(1) 조직 구조 내에서 그들의 지위를 알고, 규정된 역할과 책임 및 의무를 인지해야 한다.

(2) 그들의 책임 범위와 관련한 문서에 접근이 가능해야 하며 그 내용에 따라야 한다.

(3) 개인의 위생 규정을 준수해야 한다.

(4) 일탈과 기준 일탈 등이 발생했을 때에는 적극적으로 책임자에게 보고하여야 한다.

(5) 정해진 책임과 행동을 실행하기 위하여 적절한 교육훈련을 하여야 한다.

【직원의 책임】
- CGMP를 실시하는 것에 적극적으로 참여한다.
- 자신의 위치와 업무, 그리고 책임을 자각한다.
- 업무에 필요한 문서를 읽고 그 내용을 이해한다.
- 절차서와 지시서에 맞추어 작업하고 기록한다.
- 필요한 교육훈련을 자진해서 받고 자신의 능력을 배양한다.
- 위생관리 규칙을 준수한다.
- 일탈과 기준 일탈 등을 적극적으로 보고한다.

② 품질보증 책임자는 화장품의 품질보증을 담당하는 부서의 책임자로서 품질관리와 관련된 문서들의 검토·승인·주관을 하여야 한다. 사내의 규정에 따라 관리자에게 별도의 위임을 할 수는 있으나, 완제품의 출하 승인과 같은 사항에 대해서는 위임이 불가하다. 또한, 사내 규정에 따라서 제품을 회수, 변경 관리에 관한 사항을 주관하거나 승인한다. 특히, 부적합품의 부적절한 처리나 사용이 일어나지 않도록 부적합품 처리 규정을 정하고 관리한다.

> ### 제5조(교육훈련)
>
> ① 제조 및 품질관리 업무와 관련 있는 모든 직원들에게 각자의 직무와 책임에 적합한 교육훈련이 제공될 수 있도록 연간 계획을 수립하고 정기적으로 교육을 실시하여야 한다.
>
> ② 교육 담당자를 지정하고 교육훈련의 내용 및 평가가 포함된 교육훈련 규정을 작성하여야 하되, 필요한 경우에는 외부 전문기관에 교육을 의뢰할 수 있다.
>
> ③ 교육 종료 후에는 교육 결과를 평가하고, 일정한 수준에 미달할 경우에는 재교육을 받아야 한다.
>
> ④ 새로 채용된 직원은 업무를 적절히 수행할 수 있도록 기본 교육훈련 외에 추가 교육훈련을 받아야 하며 이와 관련한 문서화된 절차를 마련하여야 한다.

① 교육훈련은 제조 및 품질관리 업무와 관련이 있는 직원뿐만 아니라 책임자 등 전 직원을 대상으로 한다. 효율적 교육훈련을 위해 화장품의 특성 및 제조, 위생관리, 품질관리 등에 대한 경력별, 직종별로 체계적인 연간 교육훈련 계획을 세워 교육훈련을 실시한다. 특히 신입사원의 경우 철저히 교육훈련을 시킨 후 작업에 참여토록 하며, 계약직 사원 또한 작업 내용에 따른 교육훈련을 실시한다.

② 교육 책임자 또는 교육 담당자를 지정하여 교육에 대한 전반적인 사항을 주관하도록 한다. 교육 책임자 또는 담당자의 주요 업무는 아래와 같다.

(1) 모든 직원에 대하여 교육과 훈련의 필요성을 명확히 하고 이에 알맞은 교육일정, 교육내용, 교육대상 등을 정하여 교육훈련 계획(정기교육, 수시교육, 연간교육, 신입사원교육 등)을 세울 것

(2) 교육의 계획, 대상, 종류, 내용, 실시 방법 및 평가 방법, 기록 및 보관 등이 포함된 교육훈련 규정을 작성할 것

(3) 교육훈련 실시 기록을 작성할 것

(4) 교육훈련 평가 결과를 문서로 보고할 것

교육훈련 규정에 포함되어야 할 내용은 아래와 같다.

 (1) 교육 대상자 : 경력별, 직종별 직원의 지식과 업무 경험에 따라 직원을 분류 해 실시한다. (예: 담당자, 책임자, 신입사원, 계약직 사원 등)

 (2) 교육의 종류와 내용 : 사내 교육의 종류는 정기교육과 기타(수시)교육으로 나눌 수 있다. 정기교육은 교육훈련계획서에 맞추어 정기적으로 실시하는 교육으로 전체 교육과 부서별 교육으로 나눌 수 있다. 신입사원과 계약직 사원 또한 별도의 교육을 실시한다. 기타 교육은 CGMP 문서 제개정에 따른 교육, 문제 발생 시에 대한 교육, 소속 부서 변경에 따른 교육, 참고자료 또는 정보의 회람 등이 있다.

 (3) 교육 실시 방법 : 교육은 강의식과 회람식, 주제 토론, 외부 교육 참석, 과제물 부여 등의 방법을 실시한다. 전체 교육의 경우에는 강의식 교육이 효과적이며, CGMP 문서 개정 등과 같은 교육의 경우는 회람식 교육 방법이 적당하다. 신입사원 교육을 실시할 때 별도의 과제물을 부여하거나 일지 작성을 하도록 할 수 있다.

 (4) 교육의 평가 : 교육을 실시한 후에는 회람식 교육이나 외부 교육 참석의 경우 등을 제외하고 교육 결과를 평가하여야 한다. 평가 방법으로는 시험평가, 실습평가, 수두평가 및 개인별 교육 소감문 작성 등이 있다. 평가 결과에 따라서 재교육을 실시할 수도 있다.

 (5) 기록의 보관 : 교육훈련계획서, 교육훈련 실시 및 평가 기록, 개인별 교육훈련 이력서 등을 작성하여 보관한다.

③ 교육 책임자 또는 담당자는 교육훈련 기본 계획에 맞추어 교육을 실시하고, 교육훈련을 실시할 때에는 객관적이고 정확한 교육훈련 평가를 실시하여야 하며, 교육훈련 실시·평가 기록서를 작성하고 그 결과를 보고하여야 한다. 필요에 따라서는, 개인별로 기록서에 기록을 남긴다.

제6조(직원의 위생)

① 적절한 위생관리 기준 및 절차를 마련하고 제조소 내의 모든 직원은 이를 준수해야 한다.

② 작업소 및 보관소 내의 모든 직원은 화장품의 오염을 방지하기 위해 규정된 작업복을 착용해야 하고 음식물 등을 반입해서는 아니 된다.

③ 피부에 외상이 있거나 질병에 걸린 직원은 건강이 양호해지거나 화장품의 품질에 영향을 주지 않는다는 의사의 소견이 있기 전까지는 화장품과 직접적으로 접촉되지 않도록 격리되어야 한다.

④ 제조 구역별 접근 권한이 있는 작업원 및 방문객은 가급적 제조, 관리 및 보관구역 내에 들어가지 않도록 하고, 불가피한 경우 사전에 직원 위생에 대한 교육 및 복장 규정에 따르도록 하고 감독하여야 한다.

① 적절한 위생관리 기준 및 절차를 마련하고 제조소 내의 모든 직원이 위생관리 기준과 절차를 준수하도록 교육훈련을 실시해야 한다. 신규 직원에 대해서는 위생교육을 실시하고 기존 직원 또한 정기적으로 교육을 실시한다. 직원의 위생관리 기준 및 절차에서는 직원의 작업 시 복장 및 직원의 건강 상태 확인, 직원에 의한 제품의 오염 방지에 관한 사항, 손 씻는 방법, 작업 중 주의사항, 방문객 및 교육훈련을 받지 않은 직원의 위생관리가 포함되어야 한다.

② 직원은 작업 중 위생관리상의 문제가 되지 않도록 청정도에 맞는 적절한 작업복과 모자, 신발을 착용하고 경우에 따라서 마스크와 장갑을 착용한다.

(1) 작업복 등은 목적과 오염도에 따라 세탁하고 필요에 따라서는 소독을 실시한다.

(2) 작업 전에는 복장 점검을 실시하고 복장이 적절하지 않을 경우는 시정 조치를 취한다. 직원은 별도의 구역에 의약품을 포함한 개인적인 물품을 보관해야 하며, 음식과 음료수 및 흡연 구역 등은 제조 및 보관 지역과 분리된 지역이어야 하며 분리된 지역에서 섭취 또는 흡연하여야 한다.

③ 제품의 품질과 안전성에 악영향을 미칠 가능성이 있는 건강 조건을 가진 직원은 원료, 포장, 제품 또는 제품 표면에 직접 접촉을 하지 말아야 한다. 명백

한 질병 또는 노출된 피부에 상처가 있는 직원은 증상이 회복되거나 의사가 제품 품질에 영향을 끼치지 않는다고 진단할 때까지 제품과 직접적인 접촉을 삼가야 한다.

④ 방문객이나 안전 위생의 교육훈련을 받지 않은 직원이 화장품 제조, 관리, 보관을 실시하는 구역으로 출입하지 않도록 해야 한다. 그러나 영업상의 이유 또는 신입 사원의 교육 등을 이유로 안전 위생의 교육훈련을 받지 않은 사람이 제조, 관리, 보관 구역으로 출입하는 경우에는 안전 위생의 교육훈련 자료를 미리 작성해 두고 출입 전에 "교육훈련"을 실시하여야 한다. 교육훈련의 내용은 작업 위생 규칙, 직원용 안전 대책, 작업복 등의 착용, 손 씻는 절차 등이다. 아울러 방문객과 훈련받지 않은 직원이 제조, 관리 보관 구역으로 들어가는 경우 반드시 동행해야 한다. 방문객과 훈련받지 않은 직원은 제조, 관리 및 보관 구역에 안내자 없이는 접근이 허용되지 않으며 방문객은 적절한 지시에 따르고 필요한 보호 설비를 갖추어야 한다. 그들이 혼자서 돌아다니거나 설비 등을 만지거나 하는 일은 없도록 해야 한다. 또한, 그들이 제조, 관리, 보관 구역으로 들어간 것을 반드시 기록서에 기록하여야 한다. 그들의 성명, 소속, 방문 목적과 입퇴장 시간, 자사의 동행자 기록이 필요하다.

3) 제조

제7조(건물)

① 건물은 다음과 같이 위치, 설계, 건축 및 이용되어야 한다.
 1. 제품이 보호되도록 할 것
 2. 청소가 용이하도록 하고 필요한 경우 위생관리 및 유지관리가 가능하도록 할 것
 3. 제품, 원료 및 포장재 등의 혼동이 없도록 할 것
② 건물은 제품의 제형, 현재 상황 및 청소 등을 고려하여 설계하여야 한다.

화장품 생산 시설(facilities, premises, buildings)이란 화장품을 생산하는 설비와 기기가 들어 있는 건물과 작업실, 건물 내의 통로, 갱의실, 손 씻는 시설 등을 포함하여 원료, 완제품, 포장재, 기기, 설비를 외부와 주변 환경 변화로부터 보호하는 것이다. 건물은 화장품 생산에 적합하며, 직원이 안전하고 위생적으로 작업에 종사할 수 있도록 시설이 갖추어져야 한다. 화장품 생산 시설은 화장품의 종류나 양, 품질 등에 따라 변화하기 때문에 각 제조업자들은 화장품 관련 법령과 본 해설서 등을 참고하여 업체 특성에 부합하는 제조 시설을 설계하고 건축해야 한다.

> 【화장품법 시행규칙 제6조(시설기준 등)】
> 1. 제조 작업을 하는 다음 각 목의 시설을 갖춘 작업소
>   가. 쥐·해충 및 먼지 등을 막을 수 있는 시설
>   나. 작업대 등 제조에 필요한 시설 및 기구
>   다. 가루가 날리는 작업실은 가루를 제거하는 시설
> 2. 원료·자재 및 제품을 보관하는 보관소
> 3. 원료·자재 및 제품의 품질검사를 위하여 필요한 시험실
> 4. 품질검사에 필요한 시설 및 기구 (식품의약품안전처 바이오생약국 화장품정책과 n.d., 1-259)

화장품 관련 법령에 따라 제조업자가 갖추어야 하는 시설은 아래와 같다.

제조에 필요한 시설과 기구를 갖춘 이후에 필요한 것은 시설과 기구를 운영 및 관리하는 규정(SOP)의 제정과 그것에 대한 작업자들의 교육훈련이다. 시설의 설계는 물동선과 인동선의 흐름을 고려하고 청소와 유지관리가 용이하여야 한다. 또한, 제품의 이동, 보관, 취급 및 원료와 자재의 보관이 편리하여야 한다. 배치(layout)는 교차 오염을 방지하고 인위적인 과오를 최소화하여 제품의 안전과 위생을 향상시킬 수 있어야 한다. 배치(layout) 결정은 반드시 생산되는 화장품의 유형과 현재 상황 및 청소 방법을 고려해야 한다.

시설은 이물과 미생물 또는 다른 외부로 부터의 문제로부터 원료·자재, 벌크

제품 및 완제품을 보호하기 위하여 위치 및 설계, 유지하여야 한다. 이는 다음에 의해 가능하다.

- 수령, 저장, 혼합, 충전, 포장, 출하, 관리, 실험실 작업 및 설비와 기구들의 청소·위생 처리와 같은 작업들의 분리(위치, 벽, 칸막이 설치, 공기 흐름 등으로 분리)
- 청소 및 위생 처리를 위한 물의 저장과 물의 배송을 위한 시설·설비 시스템들의 설계와 배치
- 해충의 방지와 관리를 위한 적절한 프로그램 규정
- 효과적인 유지 관리 규정

- 일반 건물(General Building)
- 제조 공장의 출입구에는 해충과 곤충의 침입에 대비하여야 하며 정기적으로 모니터링하고, 그 결과에 따라 적절한 조치를 취하여야한다. (필요에 따라서 방충 전문 회사에 의뢰 후 진단과 조치를 받을 수 있다)
- 배수관은 냄새 제거와 적절한 배수를 확보하기 위해 건설 및 유지되어야 한다.
- 바닥은 먼지 발생의 최소화와 오염 물질의 고임을 최소화하도록 하고, 청소가 용이하도록 설계 및 건설되어야 한다.
- 화장품 제조에 적합한 물 공급이 되어야 한다. (정기적인 검사를 통해 적합한 물 사용 여부를 확인하여야 하며 공정서, 화장품 원료 규격 가이드라인 정제수 기준 등에 적합하여야 한다)
- 강제적 기계상의 환기 시스템(공기조화장치)은 제품이나 사람의 안전에 해로운 오염물질의 이동을 최소화하도록 설계되어야 한다. 필터들은 점검 기준에 따라 정기(수시)로 점검을 시행하고 교체 기준에 따라 교체되어야 하며 점검 및 교체에 대해서는 기록이 이루어져야 한다.
- 관리와 안전을 위해 모든 공정과 포장 및 보관 지역에 적절한 조명을 설치한다.
- 심한 온도 변화나 큰 상대 습도의 변화에 대한 제품의 노출을 피하기 위해 원료, 반제품, 자재, 완제품을 깨끗하고 정돈된 곳에 보관한다. 보관 지역의 온

도와 습도는 물질과 제품의 손상 방지를 위하여 모니터링이 필요하다.

- 물질과 기구는 용이한 관리를 위하여 깨끗하고 정돈된 방법으로 설계된 영역에 보관하여야 한다.

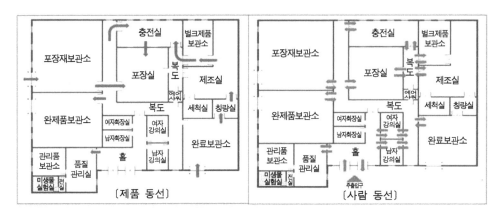

【제조소 평면도의 예시】

제8조(시설)

① 작업소는 다음의 각 호에 적합하여야 한다.

1. 제조하는 화장품의 종류·제형에 따라 적절히 구획·구분되어 있어 교차 오염 우려가 없을 것

2. 바닥, 벽, 천장은 가능한 청소하기 쉽게 매끄러운 표면을 지니고 소독제 등의 부식성에 저항력이 있을 것

3. 환기가 잘되고 청결할 것

4. 외부와 연결된 창문은 가능한 열리지 않도록 할 것

5. 작업소 내의 외관 표면은 가능한 매끄럽게 설계하고, 청소, 소독제의 부식성에 저항력이 있을 것

6. 수세실과 화장실은 접근이 쉬워야 하나 생산 구역과 분리되어 있을 것

7. 작업소 전체에 적절한 조명을 설치하고, 조명이 파손될 경우를 대비한 제품을 보호할 수 있는 처리 절차를 마련할 것

8. 제품의 오염을 방지하고 적절한 온도 및 습도를 유지할 수 있는 공기조화 시설 등 적절한 환기시설을 갖출 것

9. 각 제조 구역별 청소 및 위생관리 절차에 따라 효능이 입증된 세척제 및 소독제를 사용할 것

10. 제품의 품질에 영향을 주지 않는 소모품을 사용할 것

② 제조 및 품질관리에 필요한 설비 등은 다음 각 호에 적합하여야 한다.

1. 사용 목적에 적합하고, 청소가 가능하며, 필요한 경우 위생·유지관리가 가능하여야 한다. 자동화 시스템을 도입한 경우도 또한 같다.

2. 사용하지 않는 연결 호스와 부속품은 청소 등 위생관리를 하며, 건조한 상태로 유지하고 먼지, 얼룩 또는 다른 오염으로부터 보호할 것

3. 설비 등은 제품의 오염을 방지하고 배수가 용이하도록 설계, 설치하며, 제품 및 청소 소독제와 화학반응을 일으키지 않을 것

4. 설비 등의 위치는 원자재나 직원의 이동으로 인하여 제품의 품질에 영향을 주지 않도록 할 것

5. 용기는 먼지나 수분으로부터 내용물을 보호할 수 있을 것

6. 제품과 설비가 오염되지 않도록 배관 및 배수관을 설치하며, 배수관은 역류되지 않아야 하고, 청결을 유지할 것

7. 천정 주위의 대들보, 파이프, 덕트 등은 가급적 노출되지 않도록 설계하고, 파이프는 받침대 등으로 고정하고 벽에 닿지 않게 하여 청소가 용이하도록 설계할 것

8. 시설 및 기구에 사용되는 소모품은 제품의 품질에 영향을 주지 않도록 할 것

● 보관 구역

- 통로는 적절하게 설계되어야 한다.

- 통로는 사람과 물건이 이동하는 구역으로 사람과 물건이 이동하는 데 불편함을 초래하거나, 교차오염의 위험이 있어서는 안 된다.

- 손상된 팔레트는 수거하여 수선하거나 폐기한다.
- 바닥의 폐기물은 매일 치워야 한다.
- 동물이나 해충의 침입이 쉽지 않도록 개선하여야 한다.
- 저장조 등과 같은 용기들은 닫아서 깨끗하게 정돈하여 보관한다.

- 원료 취급 구역
- 원료 보관소와 칭량실은 구획되어야 한다.
- 엎지르거나 흘리는 것을 방지하고 즉각 치우는 시스템과 절차들이 갖추어져
  야 한다.
- 모든 드럼의 윗부분은 필요한 경우 이송 전이나 칭량 구역에서 개봉 전에 검
  사하고 깨끗하게 유지하여야 한다.
- 바닥은 항상 부스러기가 없고 깨끗한 상태로 유지되어야 한다.
- 원료의 용기들은 실제로 칭량하는 원료의 경우를 제외하고는 적합하게 뚜껑
  을 덮어 두어야 한다.
- 원료의 포장이 훼손된 경우에는 봉인 또는 즉시 별도 저장조에 보관한 후에
  품질상의 처분 결정을 위해서 격리해 둔다.

- 제조 구역
- 모든 호스는 필요시에 청소하거나 위생 처리를 한다. 청소 후에는 호스가 완
  전히 비워지고 건조되어야 한다. 호스는 바닥에 닿지 않도록 하며 정해진 지
  역에 정리하여 보관한다.
- 모든 도구와 이동이 가능한 기구들은 청소 및 위생 처리를 한 후 정해진 지역
  에 정돈 방법에 따라 보관한다.
- 제조 구역에서 흘린 것은 신속하게 청소한다.
- 탱크의 바깥 면들은 정기적으로 청소하여야 한다.
- 모든 배관을 사용할 수 있도록 설계되어야 하며 우수한 정비 상태가 항상 유
  지되어야 한다.

- 표면은 청소하기 용이한 재료질로 설계되어야 한다.
- 페인트를 칠한 지역은 우수한 정비 상태로 유지되어야 하며 칠이 벗겨진 곳은 보수되어야 한다.
- 폐기물(개스킷, 여과지, 플라스틱 봉지, 폐기 가능한 도구들)은 주기적으로 버려야 하며 장기간 모아두거나 쌓아두어서는 안 된다.
- 사용하지 않는 설비는 항상 깨끗한 상태로 보관되어야 하고 오염에서 보호되어야 한다.

- 포장 구역
- 포장 구역은 제품이 교차 오염되지 않도록 설계되어야 한다.
- 포장 구역에는 포장 작업의 다른 재료들의 폐기물, 설비의 팔레트, 사용되지 않는 장치, 질서를 무너뜨리는 다른 재료들이 있어서는 안 된다.
- 구역의 설계는 사용하지 않는 부품이나 제품 또는 폐기물의 제거가 쉽게 할 수 있어야 한다.
- 필요하다면 폐기물 저장통은 청소 및 위생 처리되어야 한다.
- 사용하지 않는 기구는 항상 깨끗하게 보관되어야 한다.

- 직원 서비스와 준수사항
- 화장실과 탈·갱의실 및 손 세척 설비는 직원에게 제공되어야 하고 작업 구역과 분리되어야 하며 이용이 쉬워야 한다. 또한, 깨끗하게 유지되고 적절한 환기가 이루어져야 한다.
- 편리한 손 세척 설비에는 온수와 냉수, 세척제와 접촉하지 않는 손 건조기, 1회용 종이들을 포함한다.
- 음용수를 제공하는 정수기는 정상적으로 작동하여야 하고 위생적이어야 한다.
- 구내식당이나 쉼터(휴게실)는 잘 정비된 상태로 유지되어야 하며 위생적이어야 한다.
- 음식물은 생산구 역과 분리되어진 지정된 구역에서만 보관 또는 취급하여야

하고, 작업장 내부로 음식물을 반입하여서는 안 된다.
- 개인은 직무를 수행하기 위한 알맞은 복장을 갖춰야 한다.
- 개인은 개인위생 처리 규정을 준수하여야 하고 건강한 습관을 가져야 한다. 모든 제품의 작업 전 또는 생산 라인에서 작업하기 전에 항상 손을 청결히 하여야 한다.
- 제품과 원료 또는 포장재와 직접 접촉하는 사람의 경우 제품 안전에 영향을 미칠 수 있는 건강 상태가 되지 않도록 주의해야 한다.

흐름이란 사람과 물건의 움직임을 뜻하며, 이 움직임의 설계는 혼동을 방지하고 오염을 방지하는 것을 목적으로 한다. 새로운 건물을 설계할 때와 구 건물의 증, 개축 시뿐만 아니라 현재의 건물에서의 흐름을 재검토하여 제조 작업의 합리화를 도모한다. 그 주요사항은 아래와 같다.

- 인(人) 동선과 물(物) 동선의 흐름 경로를 교차 오염이 일어나지 않도록 적절히 설정한다.
- 교차가 불가피 할 경우에는 작업의 "시간차"를 만든다.
- 사람과 대차가 교차하는 경우에는 "유효 폭" 확보를 충분히 한다.
- 공기 흐름을 고려한다.

생산 구역 내의 바닥, 벽, 천장, 창문은 청소와 필요하다면 위생 처리를 쉽게 할 수 있도록 설계 및 건축되어야 하며 정비가 잘 되어 있고 청결한 상태로 유지되어야 한다. 생산 구역 내에 건축을 하거나 보수 공사를 할 때에는 적당한 청소와 유지관리를 고려하여야 한다. 가능하다면 청소용제의 부식성에 저항할 수 있는 매끄러운 표면을 설치한다.

【바닥, 벽, 천장 예시】

천장

라운드 형태

벽

벽

바닥

- 천장, 벽, 바닥이 접하는 부분에는 틈이 있어서는 안 되며 먼지와 같은 이물질이 쌓이지 않도록 라운드 형태로 처리되어야 함

CGMP에서는 '환기가 잘되고 청결할 것'이라고 하고 있으나 공기의 조절 없이 밀폐된 실내에서의 화장품 제조는 불가능하다. 화장품의 품질을 항상 동일하게 연중 생산하기 위해서는 환기 설비와 함께 온·습도 관리 설비가 갖추어져야 한다. 그러나 공기를 조절하는 것에는 많은 투자가 따르고 그 관리에도 많은 비용이 소요되므로 필요한 만큼의 최소한의 공기 조절 시설로 해야 할 것이다.

- 공기 조절의 정의 및 목적

  공기 조절이란 "공기의 온도, 습도, 공중 미립자, 풍량, 풍향, 기류의 전부 또는 일부를 자동적으로 제어하는 일"이다.

  공기를 조절하는 목적은 제품과 직원에 대한 오염 방지이나 한편으로는 오염의 원인이 되기도 한다. 공기의 조절은 기류를 발생시키며 기류는 먼지와 미립자, 미생물들을 공중으로 올라가게 만들어서 제품에 부착될 가능성이 있다. 그래서 공기 조절 시설은 일정한 수준 이상을 갖추어야 한다.

  CGMP의 지정을 받기 위해서는 청정도 기준에서 제시된 청정도 등급 이상으로 설정하여야 하며 청정 등급을 설정한 구역(실험실, 작업소, 보관소 등)은 설정 등급의 유지 여부를 정기적으로 모니터링하여 등급을 벗어나지 않도록 관리한다.

- 공기의 조절 방식

여름과 겨울의 큰 온도차와 외부 환경이 작업자와 제품에 영향을 미친다면 온·습도를 일정하게 유지할 수 있게 하는 에어컨 기능을 갖춘 공기 조절기를 설치한다. 공기의 온·습도와 공중 미립자, 풍향, 풍량, 기류를 일련의 덕트를 사용하여 제어하는 "센트럴 방식"이 화장품에는 가장 적합한 공기 조절이다. 흡기구와 배기구를 천장 또는 벽에 설치하고 굵은 덕트로 온·습도 관리를 한 공기를 순환하게 한다. 이러한 방법은 많은 설비 투자와 유지 비용을 수반한다. 한편 환기만 하는 방식과 센트럴 방식을 합친 "팬 코일+에어컨 방식"은 비용적으로 바람직하다. 온·습도 제어를 실내의 순환하는 패키지 에어컨에게 맡기고 공중 미립자와 풍향 관리는 팬 코일로 하는 방식이다. 패키지 에어컨의 기류를 제어하는 것은 쉽지 않으므로 센트럴 방식보다 공기류의 관리 성능은 떨어지지만, 화장품 제조에는 적합한 공기 조절 방식으로 여겨진다.

- 공기 조화 장치

공기 조화 장치는 청정 등급을 유지하는데 필수적이므로 그 성능이 유지되고 있는지 주기적으로 점검하여 기록한다.

<공기 조절의 4대 요소>

번호	4대 요소	대응 설비
1	청정도	공기정화기
2	실내 온도	열교환기
3	습도	가습기
4	기류	송풍기

<공기 조화 장치>

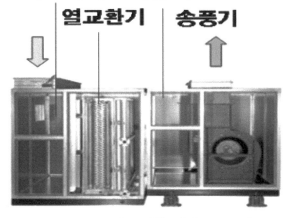

공기조화기(AHU)

AHU Air Handling Unit	특징	표준 공기조화장치 건축시부터 설계에 반영
	기능	가습, 냉·난방, 공기여과 급·배기
	장·단점	관리가 용이함(중앙제어) 실내 소음이 없음 설비비가 높음

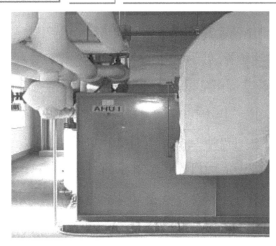

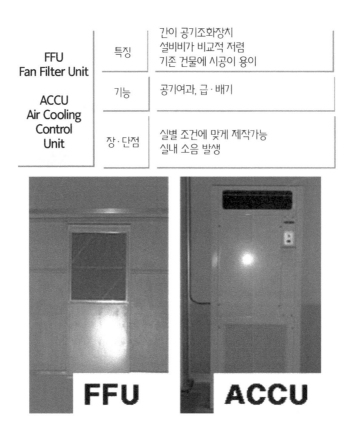

FFU Fan Filter Unit ACCU Air Cooling Control Unit	특징	간이 공기조화장치 설비비가 비교적 저렴 기존 건물에 시공이 용이
	기능	공기여과, 급·배기
	장·단점	실별 조건에 맞게 제작가능 실내 소음 발생

어떠한 공기 조절 방식을 채택하더라도 에어 필터를 통해 외기를 도입하거나, 순환시켜야 할 필요가 있다. 가정용 방충망 정도의 필터를 설치한 흡기 팬만 있는 작업장에서 화장품을 제조하는 것은 재검토되어야 할 사항이다. 화장품 제조에 사용이 가능한 에어 필터의 종류, 취급 방법, 설치 장소의 예, 조립 예는 다음과 같다.

화장품 제조라고 하면 적어도 중성능 필터의 설치가 권장된다. 고도의 환경 관리가 필요하다면 고성능 필터(HEPA 필터)의 설치가 바람직하다. 필터는 그 성능의 유지를 위해 정해진 관리와 보수를 실시해야 한다. 관리와 보수를 게을리하면 필터의 성능 유지가 힘들며, 기대하는 환경을 얻기가 힘들다. 필터의 성능이 좋을수록 환경도 좋아질 것이라 생각하여 초고성능 필터를 설치하는 경우가 있으나, 이는 잘못된 생각이다. 초고성능 필터를 설치한 경우에는 정기적인 포집 효율 시험이나 필터의 완전성 시험 등이 필요하게 되며 고액의 비용이 발생한다. 이러한 시험을 실시하지 않으면 본래의 성능을 보증할 수 없다. 또한, 초고성능 필터를 설치한 작업장에서 일반적인 작업을 실시하면 바로 필터가 막혀 버리기 때문에 오히려 작업 장소의 환경은 나빠지게 된다. 따라서 목적에 맞는 필터를 선택하여 설치하는 것이 중요하다고 할 수 있다. 특히, HEPA Filter의 완전성을 주기적으로 점검하여야 하며 필요한 경우에는 교체하도록 한다.

< 필 터 >

P/F	PRE Filter (세척 후 3~4회 재사용) · Medium Filter 전처리용 · Media : Glass Fiber, 부직포 · 압력손실 : 9mmAq 이하 · 필터입자 : 5㎛
M/F	MEDIUM Filter · Media: Glass Fiber · HEPA Filer 전처리용 · B/D 공기정화, 산업공장 등에 사용 · 압력손실 : 16mmAq 이하 · 필터입자 : 0.5㎛
H/F	HEPA (*High Efficiency Particulate*) Filter · 0.3㎛의 분진 99.97% 제거 · Media : Glass Fiber · 병원 식품산업, 반도체공장, 의약품에 사용 · 압력손실 : 24mmAq 이하 · 필터입자 : 0.3㎛

● 차압

공기 조절기를 설치하게 되면 작업장의 실압을 관리하고 외부와의 차압을 일정하게 유지하도록 한다. 청정 등급의 경우에는 각 등급 간의 공기 품질이 다르기 때문에 등급이 낮은 작업실 공기가 높은 등급으로 흐르지 못하도록 공기압의 차가 있어야 한다. 즉 높은 청정 등급의 공기압의 경우 낮은 청정 등급의 공기압보다는 높아야 한다. 일반적으로는 4급지 〈 3급지 〈 2급지의 순서로 실압을 높여 외부의 먼지가 작업장으로 유입되지 않도록 설계한다. 다만, 작업실이 분진을 발생시키고 악취를 유발하는 등 주변을 오염시킬 가능성이 있을 경우에는 해당 작업실을 음압으로 관리할 수 있고, 이러한 경우에는 적절한 오염 방지 대책을 마련하여야 한다. 실압 차이가 있는 방과 방 사이에는 차압 댐퍼나 풍량 가변 장치와 같은 장비를 설치하여 차압을 조정한다. 이들 장비는 옆방과의 사이에 있는 문을 열고 닫을 때의 차압을 조정하는 역할도 하고 있다. 온도는 1~30℃, 습도는 80% 이하로 관리하여야 하며 제품의 특성상 온습도에 민감한 경우에는 해당 온습도가 유지될 수 있도록 관리하는 체계를 갖추어야 한다. 온도와 습도의 설정을 정할 때에는 "결로"에 특히 신경을 써야 한다. 따뜻한 방에 차가운 것을 반입하게 되면 방 온도와 습도에 의하여 반입한 것의 표면에 결로가 쉽게 발생하게 된다. 결로는 곰팡이 발생으로 이어지므로 주의해야 한다.

배관, 배수관 및 덕트는 아래의 사항을 만족해야 한다.
- 물방울과 응축수의 발생을 방지한다.
- 역류 방지의 대책이 있어야 한다.
- 쉬운 청소를 위하여 노출되어진 배관은 벽에서 거리를 두고 설치한다.

화장품을 생산할 때는 많은 설비가 사용된다. 유화기, 혼합기, 분체 혼합기, 충전기, 포장기 등과 같은 제조 설비뿐만 아니라, 가열장치, 분쇄기, 냉각장치, 에어로졸 제조장치 등과 같은 부대설비와 저울, 압력계, 온도계 등의 계측기기가 사용된다. 이들을 모두 "화장품 생산 설비"라고 한다. 제조하는 화장품의 종류와 양, 품질에 따라 사용하는 생산 설비는 다양하다. 화장품 생산 설비에 필요한 사항은 아래와 같다.
- 설계, 설치
- 검정
- 세척, 소독
- 유지관리
- 소모품
- 사용 기한
- 대체 시스템

자동화 시스템을 포함하여 제조 등 화장품에 사용되는 모든 설비와 용구들은 의도된 목적에 맞도록 깨끗하게 유지되어야 하며 계획적이고 적절하게 유지 및 검정이 되어야 한다. 최종 시스템 설계는 각각의 원료와 완제품을 개별적으로 고려해야 한다. 그러나 일반적으로 공정 시스템(Processing System)은 다음과 같이 설계되어야 한다.

- 제품의 오염을 방지해야 한다.
- 화학적인 반응이 있어서는 안 되며 흡수성이 없어야 한다.
- 원료와 자재 등은 공급과 출하가 체계적으로 이루어지도록 선입선출에 의해 관리해야 한다.
- 정돈과 효율 및 안전한 조작을 위하여 충분한 공간이 제공되어야 한다.
- 표면이나 벌크 제품과 닿는 부분은 제품의 위생 처리와 청소가 쉬워야 한다.
- 제품의 안정성이 고려되어야 한다.
- 설비의 위아래에 먼지의 퇴적을 최소화하여야 한다.
- 라벨 표시는 확실하게 하며 적절한 문서 기록을 한다.

더불어, 제품의 용기들(반제품 보관 용기 등)은 먼지와 습기로부터 보호되어야 한다. 사용하지 않는 이동 호스와 액세서리는 깨끗하고 건조하게 유지되고 먼지나 얼룩 또는 다른 오염에서 보호되어야 한다. 청소되고 위생 처리된 휴대용 설비와 도구는 적절한 위치에 보관하여야 한다. 포장 설비를 선택할 때는 제품의 안정성, pH, 제품의 공정, 점도, 밀도, 용기 재질 및 부품 설계 등과 같은 제품과 용기의 특성에 기초하여야 한다. 포장 설비는 다음을 고려하여 설계되어야 한다.

- 제품의 오염을 최소화한다.
- 화학 반응을 일으키거나, 제품에 첨가 또는 흡수되지 않아야 한다.
- 제품과 접촉되는 부위는 청소나 위생관리가 용이하여야 한다.
- 효율적이고 안전한 조작을 위하여 적절한 공간이 제공되어야 한다.
- 제품과 최종 포장을 함께 고려하여야 한다.
- 부품, 받침대의 위, 바닥에 오물이 고이는 것을 최소화한다.

- 물리적으로 축적되는 오염물질에 대해 육안 식별이 용이해야 한다.
- 제품과 포장의 변경이 쉬워야 한다.

포장 설비는 처음에 설계되고 의도된 바에 따라 지속적인 성능을 보증하기 위해서 충분한 유지관리가 필요하다. 설비를 사용할 때에는 많은 소모품이 사용되며, 이 소모품은 화장품 품질에 영향을 주어서는 안 된다. 예를 들면 필터나 개스킷, 보관 용기와 봉지의 성분들이 화장품에 녹아서 흡수되거나 화학반응을 일으켜서는 안 된다. 소모품 선택 시에는 재질을 고려하여야 하며 소모품의 표면과 제품과의 상호작용을 검토하여 신중하게 고른다.

> ## 제9조(작업소의 위생)
>
> ① 곤충, 해충이나 쥐를 막을 수 있는 대책을 마련하고 정기적으로 점검·확인하여야 한다.
> ② 제조, 관리 및 보관 구역 내의 바닥, 벽, 천장 및 창문은 항상 청결하게 유지되어야 한다.
> ③ 제조 시설이나 설비의 세척에 사용되는 세제 또는 소독제는 효능이 입증된 것을 사용하고 잔류하거나 적용하는 표면에 이상을 초래하지 아니하여야 한다.
> ④ 제조 시설이나 설비는 적절한 방법으로 청소하여야 하며, 필요한 경우 위생관리 프로그램을 운영하여야 한다.

【곤충, 해충이나 쥐를 막을 수 있는 대책】
• 원칙
- 벌레가 좋아하는 것을 제거.
- 빛이 밖으로 새어나가지 않게 한다.
- 조사한다.
- 구제한다.

• 방충 대책의 예

- 창문, 벽, 천장, 파이프 구멍에 틈이 없도록 한다.

- 개방할 수 있는 창문은 만들지 않는다.

- 창문을 차광하고 야간에 빛이 밖으로 새어나가지 않게 한다.

- 배기구, 흡기구에 필터를 부착한다.

- 폐수구에 트랩을 설치한다.

- 문의 하부에는 스커트를 설치한다.

- 골판지, 나무 부스러기는 벌레의 집이 되므로 방치하지 않는다.

- 실내압을 외부(실외)보다 높게 한다. (공기조화장치)

- 청소와 정리정돈을 한다.

- 곤충, 해충의 조사와 구제를 실시한다.

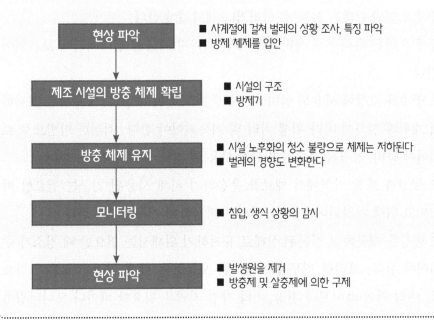

건물 안의 모든 공간에서 위생 프로그램의 이용이 가능해야 한다.

청소의 방법과 위생 처리에 관한 사항은 아래와 같다.

- 공조 시스템에서 사용된 필터는 규정에 의하여 청소 또는 교체되어야 한다.
- 물질이나 제품 필터들은 규정에 의하여 청소 또는 교체되어야 한다.
- 물 또는 제품의 모든 유출과 고인 곳 그리고 파손된 용기는 지체하지 않고 청소 또는 제거되어야 한다.
- 제조 공정 또는 포장과 관련된 지역에서의 청소와 관련된 활동이 기류에 의한 오염을 유발하여 제품 품질에 위해를 끼칠 가능성이 있는 경우에는 작업 동안에 해서는 안 된다.
- 청소 용구(진공청소기 등)는 정돈된 방법으로 깨끗하고 건조된 지정 장소에 보관되어야 한다.
- 오물에 오염된 걸레는 사용 후 버리거나 세탁해야 한다.
- 오물에 오염된 유니폼은 세탁이 완료될 때까지 적당한 컨테이너에 보관되어야 한다.
- 제조 공정과 포장에 사용된 설비와 도구들은 세척해야 한다. 도구들은 적절한 때에 계획과 절차에 따라 위생 처리 및 기록되어야 한다. 적절한 방법으로 보관되어야 하며, 청결을 보증하기 위해 사용 전 검사가 실시되어야 한다.
- 제조 공정과 포장 지역에서 재료를 운송하기 위해 사용된 기구는 필요할 때 청소되고 위생 처리되어야 하며, 작업은 적절하게 기록되어야 한다.
- 제조 공장을 깨끗하고 정돈된 상태로 유지하기 위해서는 필요할 때 청소가 수행되어야 한다. 그러한 직무를 수행하는 모든 사람에게 적절한 교육이 필요하다. 머리 위의 파이프나 천장, 기타 작업 지역은 필요할 때마다 모니터링하여 청소되어야 한다.
- 제품이나 원료가 노출되는 제조 공정, 포장, 보관 구역에서의 공사 또는 유지 관리 보수 활동은 제품 오염을 방지하기 위하여 적합하게 처리되어야 한다.
- 제조 공장의 한 부분에서 다른 부분으로 먼지나 이물 등을 묻혀가지 않도록 주의하여야 한다.

모든 설비를 위하여 적절한 청소와 위생 처리 프로그램이 준비되어야 하며, 청소에 사용되는 세제와 소독제는 확인되고 효과적이어야 한다.

모든 세제와 소독제는 다음과 같아야 한다.
- 명확한 확인을 위하여 적절한 라벨이 이루어져야 한다.
- 원료, 포장재, 제품의 오염을 막기 위해서 적절히 선정, 보관, 관리 및 사용되어야 한다.

같은 제품의 연속적인 뱃치의 생산이나 지속적인 생산을 할당받은 설비가 있는 곳의 생산 작동을 위해, 설비는 적절한 간격을 두고 세척되어야 한다. 설비는 적절한 세척이 필요하며 때에 따라서 소독을 해야 한다. 설비의 세척은 제조하는 화장품의 종류나 양, 품질 등에 따라 변화한다. 세척의 종류를 잘 이해하여야 하며 원칙에 따른 세척을 실시하고 이를 기록하여야 한다. 제조하는 제품을 전환할 때 뿐만 아니라 연속해서 제조할 때에도 적절한 주기의 제조 설비 세척이 필요하다. 언제 어떻게 설비를 세척하는지에 대한 판단은 생산 책임자의 중요한 책무이다. 설비의 세척 종류는 매우 다양하다. 세척 대상 물질 및 세척 대상 설비에 따라 "적절한 세척"을 실시해야 하며 제조 작업자뿐만 아니라 화장품 제조에 관련된 전원에게 세척에 대한 이해가 필요하다.

【세척 대상 및 확인 방법】
• 세척 대상 물질
 - 화학물질(원료, 혼합물), 미생물, 미립자
 - 동일 제품, 이종 제품
 - 안정된 물질, 쉽게 분해되는 물질
 - 세척이 쉬운 물질과 곤란한 물질
 - 가용물질, 불용물질
 - 쉽게 검출할 수 있는 물질, 검출이 곤란한 물질

- 세척 대상 설비
 - 배관, 용기, 설비, 부속품, 호스
 - 부드러운 표면(호스), 단단한 표면(용기 내부)
 - 큰 설비와 작은 설비
 - 세척이 용이한 설비, 세척이 곤란한 설비
- 세척 확인 방법
 - 천으로 문질러 부착물로 확인
 - 린스액의 화학 분석
 - 육안 확인

물이나 증기만으로 세척이 가능하면 가장 좋다. 브러시와 같은 세척 기구를 적절히 사용하는 것도 좋은 방법이다. 세제(계면활성제)를 사용한 설비의 세척은 권장하지 않는다. 그 이유는 아래와 같다.

① 세제가 설비 내벽에 남기 쉽다.

② 잔류 세척제는 제품에 악영향을 미친다.

③ 세제의 잔존 유무를 확인하기 위해서는 고도의 화학 분석이 필요하다.

쉽게 물로 제거가 가능하도록 설계된 세제라도 세제 사용 후에 문질러 지우거나 세차게 흐르는 물로 헹구지 않으면 세제를 완전히 제거하는 것이 어렵다. 세제로 손을 씻을 때, 손을 충분히 헹구지 않는다면 세제의 미끈미끈한 느낌은 제거되지 않고 남아 있을 것이다. 세제를 이용하여 제조 설비를 세척했을 때, 설비 구석에 잔류하는 세제를 제거할 수 있는 여러 가지 방법보다 세제를 사용하지 않는 것이 더 좋다. 어쩔 수 없이 세제를 사용해야 하는 경우, 화장품 제조 설비 세척용으로 적당한 세제를 사용해야 한다. 부품이 분해 가능한 경우는 설비를 분해하여 세척한다. 그리고 세척 후에는 반드시 미리 정한 규칙에 따라 세척 여부를 판정한다. 판정 후 설비는 건조시키고, 밀폐하여 보존한다. 설비 세척에 대해 유효 기간을 설정해 놓고 유효 기간이 지나면 다시 세척하여 사용한다. 설비의 종류와 보존 상태에 따라 유효 기간이 변하므로 설비마다 실적을 토대로 설정한다. 이상과 같은 "설비 세척의 원칙"을 반드시 마련해 놓아야 하며, 작업자의 독자적인 판단에 따라 화장품 설비 세척을 해서는 안 된다.

【설비 세척의 원칙】
- 위험성이 없는 용제(물이 최적)로 세척한다.
- 가능한 세제 사용을 하지 않는다.
- 증기 세척은 좋은 방법이 될 수 있다.
- 브러시 등으로 문질러 지우는 것을 고려한다.
- 분해가 가능한 설비는 분해하여 세척한다.
- 세척 후에는 반드시 "판정"한다.
- 판정이 끝난 후의 설비는 건조 및 밀폐하여 보존한다.
- 세척의 유효 기간을 설정한다.

화장품 제조 설비의 종류와 세척 방법을 정리해 두면 편리하게 이용할 수 있는데 세척 방법에 제1 선택지, 제2 선택지, 심한 더러움 시의 대안을 마련해 두고 세척 대책이 되는 설비의 상태에 맞게 세척 방법을 선택한다. 유화기와 같은 일반적인 제조 설비에서는 "물+브러시" 세척이 제1 선택지일 것이다. 지워지기 어려운 잔류물의 경우 에탄올 등의 유기용제의 사용이 필요하게 된다. 분해가 가능한 부분은 분해하여 세척하고 특히 제조 품목이 바뀔 때는 반드시 분해할 부분을 설비마다 정해 놓는 것이 좋다. 호스와 여과천과 같은 장비들은 서로 상이한 제품 간에서 함께 사용해서는 안 되며 제품마다 전용 물품을 준비하여야 한다. 세척 후에는 반드시 "판정"을 실시하여야 하며 판정 방법에는 육안 판정, 닦아내기 판정, 린스 정량이 있으며 우선순위의 순서이다. 각각의 판정 방법의 절차를 정해 놓은 다음 제1 선택지를 육안 판정으로 한다. 육안 판정이 불가한 경우에는 닦아내기 판정을 실시하며 닦아내기 판정이 불가할 경우에는 린스 정량을 실시한다. 육안 판정의 장소는 미리 정해 두고 판정 결과를 기록한다. 판정 장소는 말로 표현하기보다 그림으로 제시해

놓는 것이 보다 바람직하다. 닦아내기 판정은 흰 천이나 검은 천으로 설비 내부 표면을 닦아내어 천 표면의 잔류물의 유무로 세척 결과를 판정한다. 제조물의 종류에 따라서 흰 천 또는 검은 천 중에서 결정하면 된다. 천은 무진포(無塵布)가 바람직하며 대상 설비에 따라 천의 크기나 닦아내기 판정의 방법이 다르므로 각 회사에서 결정하여야 한다. 린스 정량법은 다른 방법에 비해 복잡하지만, 수치로서 결과 확인이 가능하다. 그러나 잔존하는 불용물의 정량은 불가하므로 신뢰도가 낮다. 호스나 틈새기의 세척 판정에는 적합한 방법으로 절차를 준비해 두고 필요할 때에 실시하도록 한다. HPLC법이나 박층크로마토그래피(TLC), TOC(총유기탄소), UV 측정법을 통하여 정량화할 수 있다. 세척 후에는 세척 완료 여부를 표시한다. 방이나 벽, 구역 등의 청정화 작업(청소와 정리정돈 등)을 "청소"라고 하며 청소는 설비 세척과는 구별한다. 청소와 세척의 차이와 청소에 관한 주의사항은 아래와 같다.

【청소 및 세척】

※ 청소 : 주위의 청소와 정리정돈을 포함한 시설·설비의 청정화 작업
　(세척 : 설비의 내부 세척화 작업)

• 절차서의 작성
 - "책임"을 명확하게 할 것
 - 사용 기구를 정해 놓을 것
 - 구체적 절차를 정할 것(천으로 닦는 일은 3번 닦으면 교환, 먼저 쓰레기를 제거, 동쪽에서 서쪽으로, 위에서 아래로 등)
 - 심한 오염에 대한 대처 방법을 기재할 것
• 판정기준 : 구체적인 육안 판정기준 제시
• 세제를 사용하는 경우
 - 사용하는 세제명을 정하고 기록한다.
• 기록을 남긴다.
 - 사용한 기구, 날짜, 시간, 세제, 담당자명 등
• "청소 결과"를 표시한다.

> **제10조(유지관리)**
>
> ① 건물, 시설 및 주요 설비는 정기적으로 점검하여 화장품의 제조 및 품질관리에 지장이 없도록 유지·관리·기록하여야 한다.
> ② 결함 발생 및 정비 중인 설비는 적절한 방법으로 표시하고, 고장 등 사용이 불가할 경우 표시하여야 한다.
> ③ 세척한 설비는 다음 사용 시까지 오염되지 아니하도록 관리하여야 한다.
> ④ 모든 제조 관련 설비는 승인된 자만이 접근·사용하여야 한다.
> ⑤ 제품의 품질에 영향을 줄 수 있는 검사·측정·시험장비 및 자동화 장치는 계획을 수립하여 정기적으로 교정 및 성능 점검을 하고 기록해야 한다.
> ⑥ 유지관리 작업이 제품의 품질에 영향을 주어서는 안 된다.

화장품 생산 시설(facilities, premises, buildings)은 화장품을 생산하는 설비와 기기가 있는 건물, 작업실, 건물 내의 통로, 갱의실, 손을 씻는 시설 등을 포함하며 포장재, 완제품, 원료, 설비의 유지관리란 설비의 기능을 유지하기 위하여 실시하는 정기 점검을 말한다. 유지관리는 예방적 활동(Preventive activity), 유지보수(maintenance), 정기 검교정(Calibration)으로 나눌 수 있다. 예방적 활동(Preventive activity)은 주요 설비(충전 설비, 타정기, 제조 탱크 등) 및 시험 장비에 대하여 실시하며, 정기적인 교체가 필요한 부속품들에 대해 연간 계획을 세우고 시정 실시(망가지고 나서 수리하는 일)를 하지 않는 것을 원칙으로 한다. 유지보수(maintenance)는 고장이 발생했을 때의 긴급 점검이나 수리를 말하며 기능의 변화를 가져오거나 점검 작업 자체가 제품 품질에 영향을 미쳐서는 안 된다. 또한, 설비가 불가할 때는 그 설비를 제거 또는 사용 불능 표시를 해야 한다. 정기 검교정(Calibration)은 제품의 품질에 영향을 줄 수 있는 계측기(생산설비 및 시험설비)에 대하여 정기적인 계획을 수립하여 실시하여야 한다. 또한, 사용 전 검교정(Calibration) 여부의 확인을 위하여 제조 및 시험의 정확성을 확보해야 한다.

설비 개선은 적극적으로 실시하고 보다 좋은 설비로 제조를 행하도록 한다. 이때, 그 개선이 제품 품질에 영향을 미쳐서는 안 된다. 개선이 변경이 되는 일도 있으므로 설비 점검은 체크 시트를 작성하여 실시하는 것이 좋다.

【설비의 유지관리 주요사항】

- 예방적 실시(Preventive Maintenance)가 원칙
- 설비마다 절차서를 작성한다.
- 계획을 세우고 실행한다. (연간 계획이 일반적)
- 책임 내용을 명확히 한다.
- 유지 "기준"은 절차서에 포함
- 점검 체크 시트를 사용하면 편리
- 점검 항목 : 외관검사(녹, 이상 소음, 더러움, 이취 등), 작동 점검(연동성, 스위치 등), 기능 측정(전압, 투과율, 감도, 회전수 등), 청소(내부, 외부 표면), 부품 교환, 개선(제품 품질에 영향을 미치지 않는 것이 확인되면 적극적인 개선을 실시한다)

제11조(입고관리)

① 제조업자는 원자재 공급자에 대한 관리감독을 적절히 수행하여 입고관리가 철저히 이루어지도록 하여야 한다.

② 원자재의 입고 시 구매 요구서, 원자재 공급업체 성적서 및 현품이 서로 일치하여야 한다. 필요한 경우 운송 관련 자료를 추가적으로 확인할 수 있다.

③ 원자재 용기에 제조번호가 없는 경우에는 관리번호를 부여하여 보관하여야 한다.

④ 원자재 입고 절차 중 육안 확인 시 물품에 결함이 있을 경우 입고를 보류하고 격리 보관 및 폐기하거나 원자재 공급업자에게 반송하여야 한다.

⑤ 입고된 원자재는 "적합", "부적합", "검사 중" 등으로 상태를 표시하여야 한다. 다만, 동일 수준의 보증이 가능한 다른 시스템이 있다면 대체할 수 있다.

⑥ 원자재 용기 및 시험기록서의 필수적인 기재 사항은 다음 각 호와 같다.

1. 원자재 공급자가 정한 제품명

2. 원자재 공급자명

3. 수령 일자

4. 공급자가 부여한 제조번호 또는 관리번호

제13조(보관관리)

① 원자재, 반제품 및 벌크 제품은 품질에 나쁜 영향을 미치지 아니하는 조건에서 보관하여야 하며 보관 기한을 설정하여야 한다.

② 원자재, 반제품 및 벌크 제품은 바닥과 벽에 닿지 아니하도록 보관하고, 선입선출에 의하여 출고할 수 있도록 보관하여야 한다.

③ 원자재, 시험 중인 제품 및 부적합품은 각각 구획된 장소에서 보관하여야 한다. 다만, 서로 혼동을 일으킬 우려가 없는 시스템에 의하여 보관되는 경우에는 그러하지 아니한다.

④ 설정된 보관 기한이 지나면 사용의 적절성을 결정하기 위해 재평가 시스템을 확립하여야 하며, 동 시스템을 통해 보관 기한이 경과한 경우 사용하지 않도록 규정하여야 한다.

제14조(물의 품질)

① 물의 품질 적합기준은 사용 목적에 맞게 규정하여야 한다.

② 물의 품질은 정기적으로 검사해야 하고 필요시 미생물학적 검사를 실시하여야 한다.

③ 물 공급 설비는 다음 각 호의 기준을 충족해야 한다.

1. 물의 정체와 오염을 피할 수 있도록 설치될 것

2. 물의 품질에 영향이 없을 것

3. 살균 처리가 가능할 것

제15조(기준서 등)

① 제조 및 품질관리의 적합성을 보장하는 기본 요건들을 충족하고 있음을 보증하기 위하여 다음 각 항에 따른 제품표준서, 제조관리기준서, 품질관리기준서 및 제조위생관리기준서를 작성하고 보관하여야 한다.

② 제품표준서는 품목별로 다음 각 호의 사항이 포함되어야 한다.

1. 제품명
2. 작성 연월일
3. 효능·효과(기능성화장품의 경우) 및 사용상의 주의사항
4. 원료명, 분량 및 제조단위당 기준량
5. 공정별 상세 작업 내용 및 제조 공정 흐름도
6. 공정별 이론 생산량 및 수율관리기준
7. 작업 중 주의사항
8. 원자재·반제품·완제품의 기준 및 시험 방법
9. 제조 및 품질관리에 필요한 시설 및 기기
10. 보관 조건
11. 사용 기한 또는 개봉 후 사용기간
12. 변경 이력
13. 다음 사항이 포함된 제조지시서

    가. 제품표준서의 번호

    나. 제품명

    다. 제조번호, 제조 연월일 또는 사용 기한(또는 개봉 후 사용 기간)

    라. 제조 단위

    마. 사용된 원료명, 분량, 시험번호 및 제조 단위당 실 사용량

    바. 제조 설비명

    사. 공정별 상세 작업 내용 및 주의사항

    아. 제조 지시자 및 지시 연월일

14. 그 밖에 필요한 사항

③ 제조관리기준서는 다음 각 호의 사항이 포함되어야 한다.

 1. 제조공정관리에 관한 사항

  가. 작업소의 출입 제한

  나. 공정검사의 방법

  다. 사용하려는 원자재의 적합 판정 여부를 확인하는 방법

  라. 재작업 방법

 2. 시설 및 기구 관리에 관한 사항

  가. 시설 및 주요 설비의 정기적인 점검 방법

  나. 작업 중인 시설 및 기기의 표시 방법

  다. 장비의 교정 및 성능 점검 방법

 3. 원자재 관리에 관한 사항

  가. 입고 시 품명, 규격, 수량 및 포장의 훼손 여부에 대한 확인 방법과 훼손
     되었을 경우 그 처리 방법

  나. 보관 장소 및 보관 방법

  다. 시험 결과 부적합품에 대한 처리 방법

  라. 취급 시의 혼동 및 오염 방지 대책

  마. 출고 시 선입선출 및 칭량된 용기의 표시 사항

  바. 재고관리

 4. 완제품 관리에 관한 사항

  가. 입·출하 시 승인 판정의 확인 방법

  나. 보관 장소 및 보관 방법

  다. 출하 시의 선입선출 방법

 5. 위탁 제조에 관한 사항

  가. 원자재의 공급, 반제품, 벌크 제품 또는 완제품의 운송 및 보관 방법

  나. 수탁자 제조 기록의 평가 방법

④ 품질관리기준서는 다음 각 호의 사항이 포함되어야 한다.

 1. 다음 사항이 포함된 시험지시서

가. 제품명, 제조번호 또는 관리번호, 제조 연월일

　　나. 시험 지시번호, 지시자 및 지시 연월일

　　다. 시험 항목 및 시험기준

　2. 시험검체 채취 방법 및 채취 시의 주의사항과 채취 시의 오염 방지 대책

　3. 시험시설 및 시험기구의 점검(장비의 교정 및 성능 점검 방법)

　4. 안정성시험

　5. 완제품 등 보관용 검체의 관리

　6. 표준품 및 시약의 관리

　7. 위탁시험 또는 위탁 제조하는 경우 검체의 송부 방법 및 시험 결과의 판정 방법

　8. 그 밖에 필요한 사항

⑤ 제조위생관리기준서는 다음 각 호의 사항이 포함되어야 한다.

　1. 작업원의 건강관리 및 건강 상태의 파악·조치 방법

　2. 작업원의 수세, 소독 방법 등 위생에 관한 사항

　3. 작업 복장의 규격, 세탁 방법 및 착용 규정

　4. 작업실 등의 청소(필요한 경우 소독을 포함한다. 이하 같다) 방법 및 청소
　　주기

　5. 청소 상태의 평가 방법

　6. 제조시설의 세척 및 평가

　　가. 책임자 지정

　　나. 세척 및 소독 계획

　　다. 세척 방법과 세척에 사용되는 약품 및 기구

　　라. 제조시설의 분해 및 조립 방법

　　마. 이전 작업 표시 제거 방법

　　바. 청소 상태 유지 방법

　　사. 작업 전 청소 상태 확인 방법

　7. 곤충, 해충이나 쥐를 막는 방법 및 점검 주기

　8. 그 밖에 필요한 사항

제17조(공정관리)

① 제조 공정 단계별로 적절한 관리기준이 규정되어야 하며 그에 미치지 못한 모든 결과는 보고되고 조치가 이루어져야 한다.

② 반제품은 품질이 변하지 아니하도록 적당한 용기에 넣어 지정된 장소에서 보관해야 하며 용기에 다음 사항을 표시해야 한다.

  1. 명칭 또는 확인 코드
  2. 제조번호
  3. 완료된 공정명
  4. 필요한 경우에는 보관 조건

③ 반제품의 최대 보관 기한은 설정하여야 하며, 최대 보관 기한이 가까워진 반제품은 완제품 제조하기 전에 품질 이상, 변질 여부 등을 확인하여야 한다.

【벌크의 재보관】

• 남은 벌크를 재보관하고 재사용할 수 있다.

• 절차

 - 밀폐한다.

 - 원래 보관 환경에서 보관한다.

 - 다음 제조 시에는 우선적으로 사용한다.

• 변질 및 오염의 우려가 있으므로 재보관은 신중하게 한다.

 - 변질되기 쉬운 벌크는 재사용하지 않는다.

 - 여러 번 재보관하는 벌크는 조금씩 나누어서 보관한다.

제18조(포장 작업)

① 포장 작업에 관한 문서화된 절차를 수립하고 유지하여야 한다.

② 포장 작업은 다음 각 호의 사항을 포함하고 있는 포장지시서에 의해 수행되어야 한다.

1. 제품명

2. 포장 설비명

3. 포장재 리스트

4. 상세한 포장 공정

5. 포장 생산 수량

③ 포장 작업을 시작하기 전에 포장 작업 관련 문서의 완비 여부, 포장 설비의 청결 및 작동 여부 등을 점검하여야 한다.

제19조(보관 및 출고)

① 완제품은 적절한 조건하의 정해진 장소에서 보관하여야 하며, 주기적으로 재고 점검을 수행해야 한다.

② 완제품은 시험 결과 적합으로 판정되고 품질보증부서 책임자가 출고 승인한 것만을 출고하여야 한다.

③ 출고는 선입선출 방식으로 하되, 타당한 사유가 있는 경우에는 그러지 아니할 수 있다.

④ 출고할 제품은 원자재, 부적합품 및 반품된 제품과 구획된 장소에서 보관하여야 한다. 다만 서로 혼동을 일으킬 우려가 없는 시스템에 의하여 보관되는 경우에는 그러하지 아니할 수 있다.

【제품의 입고, 보관, 출하】

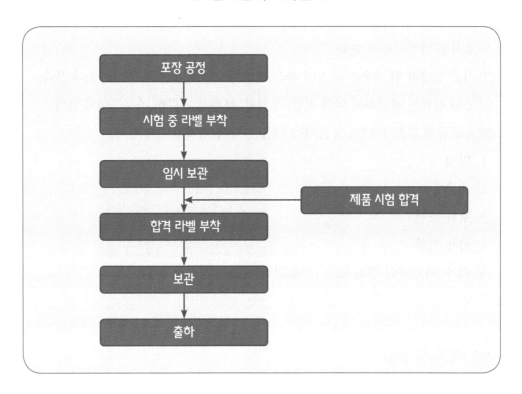

4) 품질관리

제20조(시험관리)

① 품질관리를 위한 시험 업무에 대해 문서화된 절차를 수립하고 유지하여야 한다.

② 원자재, 반제품 및 완제품에 대한 적합 기준을 마련하고 제조번호별로 시험 기록을 작성·유지하여야 한다.

③ 시험 결과 적합 또는 부적합인지 분명히 기록하여야 한다.

④ 원자재, 반제품 및 완제품은 적합 판정이 된 것만을 사용하거나 출고하여야 한다.

⑤ 정해진 보관 기간이 경과된 원자재 및 반제품은 재평가하여 품질기준에 적

합한 경우 제조에 사용할 수 있다.

⑥ 모든 시험이 적절하게 이루어졌는지 시험 기록은 검토한 후 적합, 부적합, 보류를 판정하여야 한다.

⑦ 기준 일탈이 된 경우는 규정에 따라 책임자에게 보고한 후 조사하여야 한다. 조사 결과는 책임자에 의해 일탈, 부적합, 보류를 명확히 판정하여야 한다.

⑧ 표준품과 주요 시약의 용기에는 다음 사항을 기재하여야 한다.

1. 명칭

2. 개봉일

3. 보관 조건

4. 사용 기한

5. 역가, 제조자의 성명 또는 서명(직접 제조한 경우에 한함)

제23조(위탁계약)

① 화장품 제조 및 품질관리에 있어 공정 또는 시험의 일부를 위탁하고자 할 때에는 문서화된 절차를 수립·유지하여야 한다.

② 제조 업무를 위탁하고자 하는 자는 제30조에 따라 식품의약품안전처장으로부터 우수화장품 제조 및 품질관리기준 적합 판정을 받은 업소에 위탁 제조하는 것을 권장한다.

③ 위탁업체는 수탁업체의 계약 수행 능력을 평가하고 그 업체가 계약을 수행하는데 필요한 시설 등을 갖추고 있는지 확인해야 한다.

④ 위탁업체는 수탁업체와 문서로 계약을 체결해야 하며 정확한 작업이 이루어질 수 있도록 수탁업체에 관련 정보를 전달해야 한다.

⑤ 위탁업체는 수탁업체에 대해 계약에서 규정한 감사를 실시해야 하며 수탁업체는 이를 수용하여야 한다.

⑥ 수탁업체에서 생성한 위·수탁 관련 자료는 유지되어 위탁업체에서 이용 가능해야 한다.

제24조(일탈관리)

제조 과정 중의 일탈에 대해 조사를 한 후 필요한 조치를 마련해야 한다.

【일탈 처리의 흐름】

일탈의 발견 및 초기평가	- 일탈 발견자는 의심되는 사항을 확인한다. - 발견자는 해당 책임자에게 통보하고 해당 책임자는 해당 일탈이 어떤 일탈에 해당되는지를 확인한다.
즉각적인 수정 조치	- 각 부서 책임자는 일탈에 의해 영향을 받은 모든 제품이 회사의 통제하에 있는지를 확인한다. - 해당 책임자는 의심 가는 제품, 원료 등을 격리하고 제품출하 담당에게 일탈 조사내용을 통보한다.
SOP에 따른 조사 원인분석 및 예방 조치	- 각 부서 책임자는 조사를 실시한다. - 각 부서는 일탈이 언제, 어디서, 어떻게 발생했는지를 파악한다. - 각 부서는 일탈의 원인을 분석하며 책임자는 가능성 있는 원인이 도출되었는지를 확인한다. - 각 부서는 일탈의 재발 방지를 위한 필요한 조치를 도출한다.
후속 조치/종결	- 각 부서 책임자는 실행사항에 대한 평가에 필요한 유효성 확인사항을 도출한다. - 각 부서 책임자는 조사, 원인 분석 및 예방 조치 등에 대해 검토하고 승인한다. - 각 부서 책임자는 예방 조치를 실시한다.
문서 작성/문서 추적 및 경향 분석	- 각 부서 및 QA 책임자는 관련된 문서를 검토하고 필요한 경우 지정된 절차에 따라 SOP를 보완한다. - 각 부서 및 QA 책임자는 해당 일탈의 트래킹 로그를 관리하고 경향을 분석한다.

제25조(불만 처리)

① 불만처리 담당자는 제품에 대한 모든 불만을 취합하고, 제기된 불만에 대해 신속하게 조사하고 그에 대한 적절한 조치를 취하여야 하며, 다음 각 호의 사항을 기록·유지하여야 한다.

1. 불만 접수 연월일
2. 불만 제기자의 이름과 연락처
3. 제품명, 제조번호 등을 포함한 불만 내용

4. 불만 조사 및 추적조사 내용, 처리 결과 및 향후 대책

5. 다른 제조번호의 제품에도 영향이 없는지 점검

② 불만은 제품 결함의 경향을 파악하기 위해 주기적으로 검토하여야 한다.

제26조(제품 회수)

① 제조업자는 제조한 화장품에서 「화장품법」 제7조, 제9조, 제15조 또는 제16조제1항을 위반하여 위해 우려가 있다는 사실을 알게 되면 지체 없이 회수에 필요한 조치를 하여야 한다.

② 다음 사항을 이행하는 회수 책임자를 두어야 한다.

1. 전체 회수 과정에 대한 제조판매업자와의 조정 역할

2. 결함 제품의 회수 및 관련 기록 보존

3. 소비자 안전에 영향을 주는 회수의 경우 회수가 원활히 진행될 수 있도록 필요한 조치 수행

4. 회수된 제품은 확인 후 제조소 내 격리보관 조치(필요시에 한함)

5. 회수 과정의 주기적인 평가(필요시에 한함)

제27조(변경관리)

제품의 품질에 영향을 미치는 원자재, 제조 공정 등을 변경할 경우에는 이를 문서화하고 품질보증 책임자에 의해 승인된 후 수행하여야 한다.

제28조(내부감사)

① 품질보증 체계가 계획된 사항에 부합하는지를 주기적으로 검증하기 위하여 내부감사를 실시하여야 하고, 내부감사 계획 및 실행에 관한 문서화된 절차를 수립하고 유지하여야 한다.

② 감사자는 감사 대상과는 독립적이어야 하며, 자신의 업무에 대하여 감사를 실시하여서는 아니 된다.

③ 감사 결과는 기록되어 경영 책임자 및 피감사 부서의 책임자에게 공유되어야 하고 감사 중에 발견된 결함에 대하여 시정조치하여야 한다.

④ 감사자는 시정조치에 대한 후속 감사활동을 행하고 이를 기록하여야 한다.

제29조(문서관리)

① 제조업자는 우수화장품 제조 및 품질보증에 대한 목표와 의지를 포함한 관리 방침을 문서화하며 전 작업원들이 실행하여야 한다.

② 모든 문서의 작성 및 개정·승인·배포·회수 또는 폐기 등 관리에 관한 사항이 포함된 문서관리 규정을 작성하고 유지하여야 한다.

③ 문서는 작업자가 알아보기 쉽도록 작성하여야 하며, 작성된 문서에는 권한을 가진 사람의 서명과 승인 연월일이 있어야 한다.

④ 문서의 작성자·검토자 및 승인자는 서명을 등록한 후 사용하여야 한다.

⑤ 문서를 개정할 때는 개정 사유 및 개정 연월일 등을 기재하고 권한을 가진 사람의 승인을 받아야 하며 개정 번호를 지정해야 한다.

⑥ 원본 문서는 품질보증부서에서 보관하여야 하며, 사본은 작업자가 접근하기 쉬운 장소에 비치·사용하여야 한다.

⑦ 문서의 인쇄본 또는 전자매체를 이용하여 안전하게 보관해야 한다.

⑧ 작업자는 작업과 동시에 문서에 기록하여야 하며 지울 수 없는 잉크로 작성하여야 한다.

⑨ 기록 문서를 수정하는 경우에는 수정하려는 글자 또는 문장 위에 선을 그어 수정 전 내용을 알아볼 수 있도록 하고 수정된 문서에는 수정 사유, 수정 연월일 및 수정자의 서명이 있어야 한다.

⑩ 모든 기록 문서는 적절한 보존 기간이 규정되어야 한다.

⑪ 기록의 훼손 또는 소실에 대비하기 위해 백업파일 등 자료를 유지하여야 한다.

5) 판정 및 감독

> **제30조(평가 및 판정)**
>
> ① 우수화장품 제조 및 품질관리기준 적합 판정을 받고자 하는 업소는 신청서에 다음 각 호의 서류를 첨부하여 식품의약품안전처장에게 제출하여야 한다. 다만, 일부 공정만을 행하는 업소는 해당 공정을 서식에 기재하여야 한다.
>
> 1. 삭제〈2012. 10. 16.〉
> 2. 우수화장품 제조 및 품질관리기준에 따라 3회 이상 적용·운영한 자체 평가표
> 3. 화장품 제조 및 품질관리기준 운영 조직
> 4. 제조소의 시설 내역
> 5. 제조관리 현황
> 6. 품질관리 현황
>
> ② 삭제〈2012. 10. 16.〉
> ③ 삭제〈2012. 10. 16.〉
> ④ 식품의약품안전처장은 제출된 자료를 평가하고 별표 2에 따른 실태조사를 실시하여 우수화장품 제조 및 품질관리기준 적합 판정한 경우에는 별지 제3호 서식에 따른 우수화장품 제조 및 품질관리기준 적합 업소 증명서를 발급하여야 한다. 다만, 일부 공정만을 행하는 업소는 해당 공정을 증명서 내에 기재하여야 한다.

① 우수화장품 제조 및 품질관리기준 적합 판정을 받고자 하는 업소는 별표 1에 따른 공정별 분류(일부 공정 제조업체만 해당)로 별지 제1호 서식에 따른 신청서(전자문서를 포함한다)에 각 호의 서류를 첨부하여 식품의약품안전처장에게 제출하여야 한다.

【구비 서류】

1. 우수화장품 제조 및 품질관리기준에 따른 3회 이상 적용·운영한 자체평
   가표
2. 화장품 제조 및 품질관리기준 운영 조직
   1) 화장품 제조 및 품질관리기준 조직 및 운영 현황
   2) 품질보증 책임자의 이력서
   3) 화장품 제조 및 품질관리기준 교육 규정과 실시 현황
3. 제조소의 시설 내역
   1) 제조소의 평면도(각 작업소, 시험실, 보관소, 그 밖에 제조 공정에 필요한
      부대시설의 명칭과 출입문 및 복도 등을 표시한 1/100 실측 평면도면)
   2) 공조 또는 환기시설 계통도
   3) 용수처리 계통도
   4) 제조시설 및 기구 내역(시설 및 기구명, 규격, 수량 등의 표시)
   5) 시험시설 및 기구 내역(시설 및 기구명, 규격, 수량 등의 표시)
4. 제조관리 현황
   1) 제조관리기준서 및 각종 규정 목록
   2) 위·수탁 제조 시 위·수탁 제조 계약서 및 관리 현황
   3) 작업소의 구분 및 출입에 관한 규정
   4) 작업소의 청소·소독 방법과 관리 현황
   5) 방충·방서관리 규정 및 실시 현황
5. 품질관리 현황
   1) 품질관리 시설 및 기구에 대한 교정 등 관리 규정과 실시 현황
   2) 제조용수관리 규정 및 시험 실시 사례
   3) 품질관리 기기 및 기구에 대한 점검 규정 및 기기대장
   4) 위·수탁시험 시 위·수탁시험 계약서 및 관리 현황

제31조(우대조치)

① 삭제 〈2012. 10. 16.〉

② 국제규격인증업체(CGMP, ISO9000) 또는 품질보증 능력이 있다고 인정되는 업체에서 제공된 원료·자재는 제공된 적합성에 대한 기록의 증거를 고려하여 검사의 방법과 시험 항목을 조정할 수 있다.

③ 식품의약품안전처장은 제30조에 따라 우수화장품 제조 및 품질관리기준 적합 판정을 받은 업소는 정기 수거 검정 및 정기 감시 대상에서 제외할 수 있다.

④ 제30조에 따라 우수화장품 제조 및 품질관리기준 적합 판정을 받은 업소는 별표 3에 따른 로고를 해당 제조업소와 그 업소에서 제조한 화장품에 표시하거나 그 사실을 광고할 수 있다.

제32조(사후관리)

① 식품의약품안전처장은 제30조에 따라 우수화장품 제조 및 품질관리기준 적합 판정을 받은 업소에 대해 별표 2의 우수화장품 제조 및 품질관리기준 실시 상황 평가표에 따라 3년에 1회 이상 실태조사를 실시하여야 한다.

② 식품의약품안전처장은 사후관리 결과 부적합 업소에 대하여 일정한 기간을 정하여 시정하도록 지시하거나, 우수화장품 제조 및 품질관리기준 적합 업소 판정을 취소할 수 있다.

③ 식품의약품안전처장은 제1항에도 불구하고 제조 및 품질관리에 문제가 있다고 판단되는 업소에 대하여 수시로 우수화장품 제조 및 품질관리기준 운영 실태조사를 할 수 있다.

① 화장품법 제3조제1항, 동법 시행규칙 제5조제1항제1호에 따라 변경 등록을 하여야 하는 경우는 다음과 같다.

【화장품법 제3조제1항(제조판매업의 등록 등)】

① 화장품의 전부 또는 일부(포장 또는 표시만의 공정을 포함한다)를 제조하려는 자(이하 "제조업자"라 한다)와 그 제조(위탁하여 제조하는 경우를 포함한다)한 화장품 또는 수입한 화장품을 유통·판매하거나 수입대행형 거래를 목적으로 알선·수여하려는 자(이하 "제조판매업자"라 한다)는 총리령으로 정하는 바에 따라 각각 식품의약품안전처장에게 등록하여야 한다. 등록한 사항 중 총리령으로 정하는 중요한 사항을 변경할 때에도 또한 같다.

【화장품법 시행규칙 제5조제1항제1호(제조업 등의 변경 등록)】

① 법 제3조제1항 후단에 따라 제조업자 또는 제조판매업자가 변경 등록을 하여야 하는 경우는 다음 각 호와 같다.
  1. 제조업자는 다음 각 목의 어느 하나에 해당하는 경우
  가. 제조업자의 변경(법인인 경우에는 대표자의 변경)
  나. 제조업자의 상호 변경(법인인 경우에는 법인의 명칭 변경)
  다. 제조소의 소재지 변경

화장품법 시행규칙 제5조제1항제1호 가목 및 나목에 따른 변경인 경우에는 「우수화장품 제조 및 품질관리기준 적합 업소 증명서」의 이면 기재로 변경 신청을 한다.

그 외, 신청 분류 및 제조소의 소재지 이전에 따른 변경인 경우 「우수화장품 제조 및 품질관리기준」에 따른 서류를 첨부하여 식품의약품안전처장에게 제출하여 평가를 받아야 한다.

제조소 내 설비, 실 변경 등 내부적인 변경일 경우에는 사내 변경관리 절차에 따른 자체적인 변경관리가 바람직하다.

[별표1] 화장품 공정별 분류

[공정별 분류]

연번	일부 공정
1	벌크 제조
2	충전·포장(1차 포장)

[별표2] 우수화장품 제조 및 품질관리기준 실시 상황 평가표

① 제조업소 현황

신 청 인	업 소 명			
	소 재 지			
	대 표 자		생년월일	
	품질보증책임자		연 락 처	
	신청 담당자		연 락 처	
제조소의 면적 (㎡)	제조 작업소		보 관 소	
	품질관리 시험실		기 타	
	합 계			
신청분	전 공정		일부 공정	
		벌크 제조	충전·포장(1차포장)	
작 업 인 원 (명)	제조관련부서		품질관리부서	
	기타 작업원		합 계	
수 탁 자	업 소 명		대 표 자	
	소 재 지		연 락 처	

② 우수화장품 제조 및 품질관리기준 실시 상황 평가표

항목 및 평가 내용	적부판정 (O/X)	비 고
제2장 인적자원		
제3조 조직의 구성		
가. 제조소별로 독립된 제조부서와 품질보증부서가 있는가?		
나. 조직 구조가 업무의 원활히 이해되도록 규정되고 회사의 규모와 제품의 다양성이 적절한가?		
다. 제조소에 제조 및 품질관리 업무를 적절히 수행할 수 있는 충분한 인원이 배치되어 있는가?		
제4조 직원의 책임		
나. 모든 직원이 다음 각호의 책임을 이행하고 있는가? 1) 조직 내에서 맡은 지위 및 역할의 인지 2) 문서접근 제한 및 개인위생 규정의 준수 3) 자신의 업무 범위 내에서 기준을 벗어난 행위나 부적합 발생 등에 대해 보고해야 할 의무 4) 정해진 책임과 활동을 위한 교육훈련		
다. 품질보증책임자가 다음 각호의 사항을 이행하고 있는가? 1) 품질에 관련된 모든 문서와 절차의 검토 및 승인 2) 품질 검사가 규정된 절차에 따라 진행되는지의 확인 3) 일탈이 있는 경우 이의 조사 및 기록 4) 적합 판정한 원자재 및 제품의 출고 여부 결정 5) 부적합품이 규정된 절차대로 처리되고 있는지의 확인 6) 불만 처리와 제품 회수에 관한 사항의 주관		
제5조 교육훈련		
가. 제조 및 품질관리 업무와 관련 있는 모든 직원들에게 각자의 직무와 책임에 적합한 교육훈련이 제공될 수 있도록 연간 계획을 수립하였는가?		
나. 연간 교육계획에 따라 모든 직원들이 정기적으로 교육을 받고 있는가?		
다. 교육훈련의 내용 및 평가가 포함된 교육 훈련 규정이 작성되어 있는가?		
라. 교육 후에 교육 결과를 평가하고 일정한 수준에 미달할 경우에 재교육을 실시하고 있는가?		
마. 새로 채용된 직원들이 업무를 적절히 수행할 수 있도록 기본 교육훈련 외에 추가 교육훈련이 실시되고 있고 이와 관련한 문서화된 절차가 마련되어 있는가?		

항목 및 평가 내용	적부판정 (O/X)	비 고
제6조 직원의 위생		
가. 적절한 위생관리 기준 및 절차가 마련되고, 이를 준수하고 있는가?		
나. 작업소 및 보관소 내의 모든 직원들은 화장품의 오염을 방지하기 위해 규정된 작업복을 착용하고 있는가?		
다. 제조 구역별 접근 권한이 없는 작업원 및 방문객은 가급적 출입을 제한한 규정과 질병에 걸린 직원이 작업에 참여하지 못하게 하는 규정이 있는가?		
제3장 제조		
제1절 시설기준		
제7조 건물		
가. 건물은 다음과 같이 위치, 설계, 건축 및 이용되고 있는가?		
1) 제품이 보호되도록 하고 있는가?		
2) 청소 등 위생관리와 유지관리를 하는가?		
3) 제품, 원료 및 포장재 등의 혼동의 우려가 없는가?		
나. 건물은 제품의 제형, 현재 상황 및 청소 등을 고려하여 설계되었는가?		
제8조 시설		
가. 제조 작업을 행하는 작업소가 있는가?		
1) 제조하는 화장품의 종류·제형에 따라 적절히 구획·구분되어 있어 교차 오염 우려가 없는가?		
2) 바닥, 벽, 천장은 청소하기 쉽게 매끄러운 표면을 지니고 소독제 등의 부식성에 저항력이 있는가?		
3) 환기가 잘 되고 청결한가?		
4) 외부와 연결된 창문은 가능하면 열리지 않도록 되어 있는가?		
5) 작업소 내의 외관 표면은 매끄럽게 설계되고, 청소, 소독제의 부식성에 저항력이 있는 것인가?		
6) 세척실과 화장실의 접근이 쉬우며 생산 구역과 분리되어 있는가?		
7) 작업소 전체에 적절한 조명이 설치되고 제품 보호를 위해 조명의 파손 시 방지대책이 있는가?		
8) 제품의 오염을 방지하고 적절한 온도 및 습도를 유지할 수 있는 공기조화시설 등 적절한 환기시설을 갖추고 있는가?		
9) 각 제조 구역별 청소 및 위생관리 절차에 따라 효능이 입증된 세척제 및 소독제를 사용하고 있는가?		
10) 제품의 품질에 영향을 주지 않는 소모품을 사용하고 있는가?		

항목 및 평가 내용	적부판정 (O/X)	비 고
나. 제조 및 품질관리에 필요한 설비 등은 다음에 적합한가?		
1) 사용목적에 적합하고, 청소가 가능하며, 필요시 위생관리 및 유지관리가 가능한가?		
2) 사용하지 않는 물품(연결호스, 부속품 등)은 청소 등 위생관리를 하며, 건조한 상태로 유지하고 오염으로부터 보호하고 있는가?		
3) 설비 등은 제품의 오염을 방지하고 배수가 용이하도록 설계, 설치되고 있으며, 제품 및 청소 소독제와 화학반응을 일으키지 않는가?		
4) 설비 등의 위치는 원자재나 직원의 이동으로 인하여 제품의 품질에 영향을 주지 않는가?		
5) 용기는 먼지나 수분으로부터 내용물을 보호할 수 있는가?		
6) 제품과 설비가 오염되지 않도록 배관 및 배수관은 설치하며, 배수관은 역류되지 않고, 청결을 유지하는가?		
7) 천정 주위의 대들보, 파이프, 덕트 등은 가급적 노출되지 않도록 설계하고, 파이프는 받침대 등으로 고정하고 벽에 닿지 않게 하여 청소가 용이하도록 설계하였는가?		
8) 시설 및 기구에 사용되는 소모품은 품질에 영향을 주지 않는 것을 사용하는가?		
제9조 작업소의 위생		
가. 곤충, 해충이나 쥐 등을 막을 수 있는 대책을 마련하고 정기적으로 점검·확인하고 있는가?		
나. 생산, 관리 및 보관 구역 내의 바닥, 벽, 천장 및 창문은 항상 청결하게 유지되고 있는가?		
다. 제조 시설이나 설비의 세척에 사용되는 세제 또는 소독제는 효능이 있으며 잔류하거나 적용하는 표면에 이상을 초래하지 않는가?		
라. 제조 시설이나 설비는 정기적으로 청소하고 필요시 위생관리 프로그램을 운영하고 있는가?		
제10조 유지관리		
가. 건물, 시설 및 주요 설비를 정기적으로 점검하여 화장품의 제조 및 품질관리에 지장이 없도록 유지·관리·기록하고 있는가?		
나. 결함 발생 및 정비 중인 설비는 적절한 방법으로 표시하고 고장 등 사용이 불가함을 표시하여 분리하고 있는가?		
다. 세척한 설비는 다음 사용 시까지 오염되지 않도록 관리하고 있는가?		
라. 모든 제조 관련 설비는 승인받은 자만이 접근·사용하고 있는가?		

항목 및 평가 내용	적부판정 (O/X)	비 고
마. 제품의 품질에 영향을 줄 수 있는 검사·측정·시험장비 및 자동화장치는 계획을 수립하여 정기적으로 교정 및 성능 점검을 하고 기록하고 있는가?		
바. 유지관리 작업이 제품에 영향을 주지 않도록 관리하는가?		
제2절 원자재의 관리		
제11조 입고관리		
가. 원자재 공급자에 대한 관리감독을 적절히 수행하여 입고관리가 철저히 이루어지고 있는가?		
나. 원자재 입고 시 구매요구서, 성적서 및 현품이 서로 일치하는지 확인하는 등 절차가 있는가?		
다. 원자재 용기에 제조번호 또는 관리번호를 부여하여 보관하는가?		
라. 원자재 입고 시 물품에 결함이 있는 경우 격리보관 또는 반송 등 조치방법이 있는가?		
마. 입고된 원자재는 상태(적합, 부적합, 검사중) 표시를 하고 있는가?		
바. 원자재 용기 및 시험기록서에 다음 사항들이 기재되어 있는가? 1) 원자재 공급자가 정한 제품명 2) 원자재 공급자명 3) 수령일자 4) 공급자가 부여한 제조번호 또는 관리번호		
제12조 출고관리		
가. 원자재 시험 결과 적합판정된 것만을 선입선출방식으로 출고하고 이를 확인할 수 있는 체계가 확립되어 있는가?		
제13조 보관관리		
가. 원자재 및 반제품은 품질에 나쁜 영향을 미치지 아니하는 조건에서 선입선출에 의하여 출고할 수 있도록 보관하고 있는가?		
나. 원자재 및 반제품은 바닥과 벽에 닿지 않도록 보관하고 선입선출에 의하여 출고할 수 있도록 보관하는가?		
다. 원자재, 시험 중인 제품 및 부적합품은 각각 구획된 장소에서 보관하고 있는가? (다만, 서로 혼동을 일으킬 우려가 없는 시스템에 의하여 보관되는 경우에는 그러하지 아니함)		
라. 원자재 및 반제품의 보관기간이 지나면 사용 여부에 대한 재평가하는 시스템이 확립되어 있고, 해당 기간 경과 후 사용하지 않도록 규정하고 있는가?		

항목 및 평가 내용	적부판정 (O/X)	비고
제14조 물의 품질		
가. 물의 품질적합기준이 사용 목적에 맞게 규정되어 있는가?		
나. 물의 품질을 정기적으로 검사하고 있는가?		
다. 물 공급 설비는 다음을 만족하는가?		
1) 물의 정체와 오염을 피할 수 있도록 설치될 것		
2) 물의 품질에 영향이 없을 것		
3) 살균처리가 가능할 것		
제3절 제조 관리		
제15조 기준서 등		
가. 제품표준서는 품목별로 다음 각호의 사항이 포함되어 작성하여 구비하고 있는가?		
1) 제품명		
2) 작성 연월일		
3) 효능·효과(기능성 화장품의 경우) 및 사용상의 주의사항		
4) 원료명, 분량 및 제조 단위당 기준량		
5) 공정별 상세 작업 내용 및 제조 공정 흐름도		
6) 공정별 이론 생산량 및 수율관리기준		
7) 작업 중 주의사항		
8) 원자재·반제품·완제품의 기준 및 시험방법		
9) 제조 및 품질관리에 필요한 시설 및 기기		
10) 보관 조건		
11) 사용기한 또는 개봉 후 사용기간		
12) 변경 이력		
13) 다음 사항이 포함된 제조관리지시서		
가) 제품표준서의 번호		
나) 제품명		
다) 제조번호, 제조연월일 또는 사용기한		
라) 제조단위		
마) 사용된 원료명, 분량, 시험번호 및 제조단위당 실 사용량		
바) 제조 설비명		
사) 공정별 상세 작업내용 및 주의사항		
아) 제조지시자 및 지시연월일		
14) 그 밖에 필요한 사항		

항목 및 평가 내용	적부판정 (O/X)	비 고
나. 다음 사항이 포함된 제조관리기준서를 작성하여 구비하고 있는가? 　1) 제조공정관리에 관한 사항 　　가) 작업소의 출입제한 　　나) 공정검사의 방법 　　다) 사용하려는 원자재의 적합판정 여부를 확인하는 방법 　　라) 재작업 방법 　2) 시설 및 기구 관리에 관한 사항 　　가) 시설 및 주요 설비의 정기적인 점검 방법 　　나) 작업 중인 시설 및 기기의 표시 방법 　　다) 계측장비의 교정 및 성능 점검 방법 　3) 원자재 관리에 관한 사항 　　가) 입고 시 품명, 규격, 수량 및 포장의 훼손 여부에 대한 확인 방법과 훼 　　　손되었을 경우 그 처리 방법 　　나) 보관 장소 및 보관 방법 　　다) 시험결과 부적합품에 대한 처리 방법 　　라) 취급 시의 혼동 및 오염 방지 대책 　　마) 출고 시 선입선출 및 칭량된 용기의 표시 사항 　　바) 재고관리 　4) 완제품 관리에 관한 사항 　　가) 입·출고 시 승인 판정의 확인 방법 　　나) 보관 장소 및 보관 방법 　　다) 출고 시의 선입선출방법 　5) 위탁제조에 관한 사항 　　가) 원자재의 공급, 반제품 또는 완제품의 운송 및 보관 방법 　　나) 수탁자 제조기록의 평가 방법		
다. 다음 사항이 포함된 품질관리기준서를 작성하여 구비하고 있는가? 　1) 다음 사항이 포함된 시험지시서 　　가) 제품명, 제조번호 또는 관리번호, 제조 연월일 　　나) 시험지시번호, 지시자 및 지시 연월일 　　다) 시험항목 및 시험기준 　2) 시험검체 채취방법 및 채취 시의 주의사항과 채취 시의 오염방지대책 　3) 시험시설 및 시험기구의 점검(장비의 교정 및 성능점검방법)		

항목 및 평가 내용	적부판정 (O/X)	비 고
4) 안정성시험		
5) 원료 및 완제품 등 보관용 검체의 관리		
6) 표준품 및 시약의 관리		
7) 위탁시험 또는 위탁제조하는 경우 검체의 송부방법 및 시험결과의 판정 방법		
8) 그 밖의 필요한 사항		

라. 다음 사항이 포함된 제조위생관리기준서를 작성하여 구비하고 있는가?
   1) 작업원의 건강관리 및 건강상태의 파악·조치방법
   2) 작업원의 수세, 소독방법 등 위생에 관한 사항
   3) 작업복장의 규격, 세탁 방법 및 착용 규정
   4) 작업실 등의 청소(필요한 경우 소독을 포함한다. 이하 같다) 방법 및 청
      소주기
   5) 청소 상태의 평가 방법
   6) 제조 시설의 세척 및 평가
    가) 책임자 지정
    나) 세척 및 소독 계획
    다) 세척 방법과 세척에 사용되는 약품 및 기구
    라) 제조 시설의 분해 및 조립 방법
    마) 이전 작업 표시 제거 방법
    바) 청소 상태 유지 방법
    사) 작업 전 청소 상태 확인 방법
   7) 곤충, 해충이나 쥐를 막는 방법 및 점검 주기
   8) 그 밖의 필요한 사항		

제16조 칭량		
가. 원료를 품질에 영향을 미치지 않는 용기나 설비에 정확하게 칭량하고 있 는가?		
제17조 공정관리		
가. 제조 공정 단계별로 적절한 관리기준이 규정되어 있고 그 기준에 미치지 못한 모든 결과는 보고되고 조치가 이루어지고 있는가?		
나. 반제품은 품질이 변하지 아니하도록 적당한 용기에 넣어 지정된 장소에 서 보관하고 있는가?		

항목 및 평가 내용	적부판정 (O/X)	비 고
다. 반제품의 용기에는 다음 사항이 표시되어 있는가? 　1) 명칭 또는 확인 코드 　2) 제조번호 　3) 완료된 공정명 　4) 필요한 경우에는 보관 조건		
라. 반제품의 최대 보관기간이 규정되어 있는가? 최대 보관기간이 가까워진 　반제품은 완제품 제조하기 전에 품질 이상, 변질 여부 등을 확인하는 절 　차가 있는가?		
제18조 포장 작업		
가. 포장 작업에 관한 문서화된 절차를 수립하여 유지하고 있는가?		
나. 다음 사항을 포함하고 있는 포장지시서에 의해 포장 작업이 수행되고 있 　는가? 　1) 제품명 　2) 포장 설비명 　3) 포장재 리스트 　4) 상세한 포장 공정 　5) 포장 생산 수량		
다. 포장 작업 시작 전 포장 관련 문서 완비 여부, 포장설비의 청결 및 작동 여 　부 등을 확인 점검하는 절차가 있는가?		
제19조 보관 및 출고		
가. 완제품은 적절한 조건하의 정해진 장소에서 보관되고 주기적으로 완제 　품의 재고 점검을 수행하고 있는가?		
나. 시험결과 적합으로 판정되고 품질보증 책임자가 출고 승인한 것만을 출 　고하고 있는가?		
다. 출고할 제품은 원자재, 부적합품 및 반품된 제품과 구획된 장소에서 보관 　하고 있는가?		
라. 출고는 선입선출방식으로 하고 있는가?		
제4장 품질 보증 **제20조 시험 관리**		
가. 품질관리를 위한 시험업무에 대해 문서화된 절차를 수립하고 유지하고 　있는가?		
나. 원자재, 반제품 및 완제품에 대한 적합 기준을 마련하고 제조번호별로 시 　험 기록을 작성·유지하고 있는가?		

항목 및 평가 내용	적부판정 (O/X)	비 고
다. 모든 시험은 적정하게 이루어졌는지 시험 기록은 검토되고 있으며, 적/부/보류 등을 명백히 결정하고 기록하고 있는가?		
라. 원자재, 반제품 및 완제품을 적합 판정된 것만 사용·출고하고 있는가?		
마. 정해진 보관기간이 경과된 원자재 및 반제품은 재평가하여 적합한 경우에만 제조에 사용하고 있는가?		
바. 기준일탈이 된 경우에 규정에 따라 책임자에게 보고한 후 조사하고 있는가? 조사 결과는 책임자에 의해 일탈, 부적합, 보류를 명확하게 판정하고 있는가?		
사. 표준품과 주요 시약의 용기에는 다음 사항이 기재되어 있는가? 1) 명칭 2) 개봉일 3) 보관조건 4) 유효기간 5) 역가, 제조자의 성명 또는 서명(직접 제조한 경우에 한함)		
제21조 검체의 채취 및 보관		
가. 시험용 검체를 채취한 후 원상태에 준하는 포장을 하고 검체가 채취되었음을 표시하고 있는가?		
나. 시험용 검체의 용기에 다음 사항이 기재되어 있는가? 1) 명칭 또는 확인 코드 2) 제조번호 3) 검체 채취 일자		
다. 완제품의 보관용 검체를 적절한 보관 조건 하에 지정된 구역 내에서 제조 단위별로 사용기한 경과 후 1년간 보관하고, 개봉 후 사용기한을 기재하는 경우에는 제조일로부터 3년간 보관하고 있는가?		
제22조 폐기 처리 등		
가. 품질에 문제가 있거나 회수·반품된 제품의 폐기 또는 재작업 여부가 품질보증 책임자의 승인에 의해 결정되고 있는가?		
나. 재작업의 그 대상이 다음의 사항을 포함하여 관리하고 있는가? 1) 변질·변패 또는 병원미생물에 오염되지 아니한 경우 2) 제조일로부터 1년이 경과하지 않았거나 사용기한이 1년 이상 남아있는 경우		
다. 재입고할 수 없는 제품의 폐기처리규정이 작성되어 있고, 폐기 대상은 따로 보관하고 규정에 따라 신속하게 폐기하고 있는가?		

항목 및 평가 내용	적부판정 (O/X)	비 고
제23조 위탁계약		
가. 화장품 제조 및 품질관리에 있어 공정 또는 시험의 일부 위탁과 관련한 문서화된 절차를 수립·유지하였는가?		
나. 제조 업무 위탁 시 우수화장품 제조 및 품질관리기준 적합 판정된 업소를 우선적으로 선택하여 위탁 제조하고 있는가?		
다. 위탁업체는 수탁업체의 계약 수행 능력을 평가하고 그 업체가 계약을 수행하는 데 필요한 시설 등을 갖추고 있는지 확인하였는가?		
라. 위탁업체는 수탁업체에 대해 문서로 계약을 체결하고 정확한 작업이 이뤄질 수 있도록 수탁업체에 관련 정보를 전달하고 있는가?		
마. 수탁업체에 대해 계약에서 규정한 감사를 실시하고 있는가?		
바. 수탁업체의 모든 데이터가 유지되어 위탁업체에서 이용가능한가?		
제24조 일탈관리		
가. 제조 과정 중의 일탈에 대해 조사한 후 필요한 조치를 마련하였는가?		
제25조 불만 처리		
가. 불만처리담당자는 제품에 대한 모든 불만을 취합하고, 제기된 불만에 대해 신속하게 조사·조치하며 다음 사항을 기록·유지하였는가? 1) 불만 접수 연월일 2) 불만 제기자의 이름과 연락처 3) 제품명, 제조번호 등을 포함한 불만 내용 4) 불만조사와 추적조사 내용, 처리결과 및 향후 대책 5) 다른 제조번호의 제품에도 영향이 없는지를 점검		
나. 불만은 제품 결함의 경향을 파악하기 위해 주기적으로 검토하고 있는가?		
제26조 제품 회수		
가. 화장품법 제15조에 해당하는 결함이 있는 사실을 알게 되었을 때 제조판매업자를 통하여 제품을 회수하거나 회수에 필요한 조치를 하였는가?		
나. 다음 사항을 이행하는 회수 책임자가 있는가? 1) 전체 회수 과정에 대한 제조판매업자와의 조 정역할 2) 결함 제품의 회수 및 관련 기록 보존 3) 소비자 안전에 영향을 주는 회수의 경우 제조판매업자를 통하여 즉시 식품의약품안전처장에게 보고 4) 회수된 제품은 확인 후 제조소 내 격리보관 조치(필요시에 한함) 5) 회수 과정의 주기적인 평가(필요시에 한함)		

항목 및 평가 내용	적부판정 (O/X)	비고
제27조 변경관리		
가. 품질보증책임자의 승인 하에 제품의 품질에 영향을 미치는 원자재, 제조 공정 등을 변경하고 이를 문서화 하였는가?		
제28조 내부감사		
가. 품질보증체계가 계획된 사항에 부합하는지를 주기적으로 검증하기 위한 내부감사를 실시하고 내부감사 계획 및 실행에 관한 문서화된 절차를 수립하여 유지하고 있는가?		
나. 감사자는 자신의 업무에 대하여 감사를 실시하지 않으며, 감사대상과 독립적인가?		
다. 감사 결과가 기록되어 경영책임자 및 피감사 부서의 책임자에게 공유되고 감사 중에 발견된 결함에 대하여 시정조치가 이뤄지고 있는가?		
라. 시정조치의 유효성을 검증하기 위한 후속 감사활동을 행하고 이를 기록하였는가?		
제29조 문서관리		
가. 제조업자가 우수화장품 제조 및 품질보증에 대한 목표와 의지를 포함한 관리방침을 정하고 문서화하여 조직의 모든 계층에서 이해되고 실행되도록 하고 있는가?		
나. 모든 문서의 작성·개정·배포·회수·폐기 등 관리에 관한 사항을 포함한 문서관리규정을 작성하고 유지하고 있는가?		
다. 작성된 문서에 권한을 가진 사람의 서명과 승인 연월일이 있는가?		
라. 문서의 작성자·검토자 및 승인자의 서명은 등록되어 있는가?		
마. 개정된 문서에 개정 사유, 개정 연월일, 권한을 가진 사람의 승인 및 개정번호가 있는가?		
바. 원본 문서는 품질보증부에서 보관하여야 하며, 사본은 작업자가 접근하기 쉬운 장소에 비치·사용하고 있는가?		
사. 문서는 인쇄본 또는 전자매체를 이용해서 안전하게 보관하고 있는가?		
아. 문서의 기록은 작업자가 작업과 동시에 지울 수 없는 잉크로 작성하였는가?		
자. 수정된 경우 수정하려는 글자 또는 문장 위에 선을 그어 수정 전 내용을 알아볼 수 있도록 하고 수정된 문서에는 수정 사유, 수정 연월일 및 수정자의 서명이 있는가?		
차. 모든 기록문서에 적절한 보존기간이 규정되어 있는가?		
카. 기록의 훼손 및 소실에 대비하기 위한 백업파일 등 자료를 유지하고 있는가?		

[별표3] 우수화장품 제조 및 품질관리기준 적합업소 로고

[우수화장품 제조 및 품질관리기준 적합업소 로고]

1. 표시 기준

　가. 로고 모형(전 공정)　　　　　　　나. 로고 모형(일부 공정)

2. 표시 방법

　가. 도안의 크기는 용도 및 포장재의 크기에 따라 동일 배율로 조정한다.

　나. 도안은 알아보기 쉽도록 인쇄 또는 각인 등의 방법으로 표시하여야 한다.

[별지 제3호서식] 우수화장품 제조 및 품질관리기준 적합업소 증명서

[별지 제3호서식]   (앞 쪽)

제   호

우수화장품 제조 및 품질관리기준 적합업소 증명서

업 소 명:

대 표 자:

소 재 지:

신청분류:

위의 화장품 제조업소는 「우수화장품 제조 및 품질관리기준」 제30조에 따라 우수화장품 제조 및 품질관리기준 적합업소로 판정되었음을 증명합니다.

년   월   일

식품의약품안전처장 [인]

190mm×268mm[보존용지(1종) 70g/㎡]

변경 및 처분사항	
연 월 일	내 용

6) 화장품 국제표준화기구 인증 (ISO 인증)

ISO(International Organization For Standardization) 인증의 정의

인증규격 국제표준화기구(ISO: Inter- national Organization For Standardization)에는 세계 공통적으로 제정한 품질과 환경 시스템 규격으로 ISO 9000(품질), ISO 14000(환경) 등이 있다. 우리나라 중소기업의 ISO 인증은 중소기업인증센터, 한국능률협회, 한국생산성본부 등 기관에서 1994년부터 시행하고 있다.

2.6 화장품 위해평가

1) 위해요소별 위해평가 유형

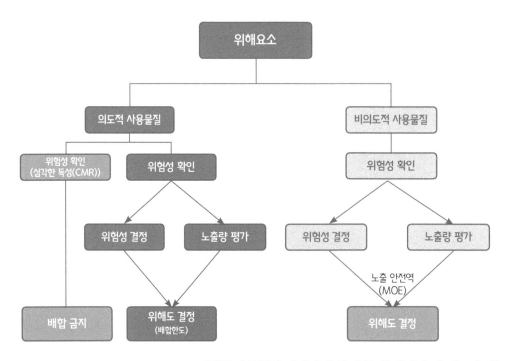

[식품의약품안전평가원 화장품 위해평가 가이드라인]

2) 노출평가·위해도 결정

(1) 노출평가

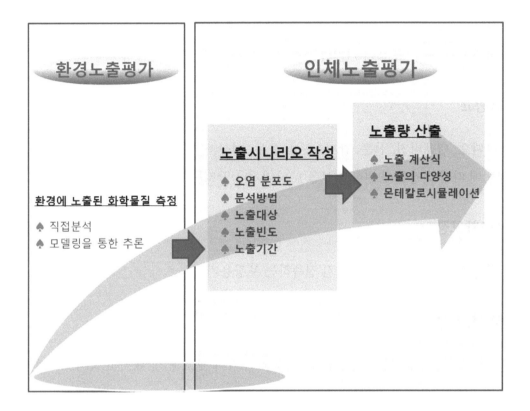

2.7 화장품 표시·광고

1) 용어 정의 및 법령 체계

(1) 화장품

인체를 청결·미화하여 매력을 더하고 용모를 밝게 변화시키거나 피부·모발의 건강을 유지 또는 증진하기 위하여 인체에 바르고 문지르거나 뿌리는 등 이와 유사한 방법으로 사용되는 물품으로써 인체에 대한 작용이 경미한 것을 말한다.

(2) 표시

화장품의 용기·포장에 기재하는 문자·숫자·도형 또는 그림 등

(3) 광고

라디오, 텔레비전, 신문, 잡지, 음성, 음향, 영상, 인터넷, 인쇄물, 간판, 그 밖의 방법에 따라 화장품에 대한 정보를 나타내거나 알리는 행위

(4) 1차 포장

화장품 제조 시 내용물과 직접 접촉하는 포장용기

(5) 2차 포장

1차 포장을 수용하는 1개 또는 그 이상의 포장과 보호재 및 표시의 목적으로 한 포장(첨부 문서 등을 포함한다)

(6) 천연화장품

동식물 및 그 유래 원료 등을 함유한 화장품으로서 식품의약품안전처장이 정하는 기준에 맞는 화장품을 말한다.

(7) 유기농화장품

유기농 원료, 동식물 및 그 유래 원료 등을 함유한 화장품으로서 식품의약품안전처장이 정하는 기준에 맞는 화장품을 말한다.

(8) 사용 기한

화장품이 제조된 날부터 적절한 보관 상태에서 제품이 고유의 특성을 간직한 채 소비자가 안정적으로 사용할 수 있는 최소한의 기한을 말한다.

2) 화장품의 표시·기재 사항 및 표시 방법

화장품의 1차 포장 또는 2차 포장에는 총리령으로 정하는 바에 따라 다음 각 호의 사항을 기재·표시하여야 한다. 다만, 내용량이 소량인 화장품의 포장 등 총리령으로 정하는 포장에는 화장품의 명칭, 화장품책임판매업자 및 맞춤형화장품판매업자의 상호, 가격, 제조번호와 사용 기한 또는 개봉 후 사용 기간(개봉 후 사용 기간을 기재할 경우에는 제조 연월일을 병행 표기하여야 한다)만을 기재·표시할 수 있다. 〈개정 2013. 3. 23., 2016. 2. 3., 2018. 3. 13.〉

① 화장품의 명칭

② 영업자의 상호 및 주소

③ 해당 화장품 제조에 사용된 모든 성분(인체에 무해한 소량 함유 성분 등 총리령으로 정하는 성분은 제외한다)

④ 내용물의 용량 또는 중량

⑤ 제조번호

⑥ 사용 기한 또는 개봉 후 사용 기간

⑦ 가격

⑧ 기능성화장품의 경우 "기능성화장품"이라는 글자 또는 기능성화장품을 나타내는 도안으로서 식품의약품안전처장이 정하는 도안

⑨ 사용할 때의 주의사항

⑩ 그밖에 총리령으로 정하는 사항

※ 반드시 1차 포장에 표기 되어야 하는 사항 ※

1. 화장품의 명칭
2. 영업자의 상호
3. 제조번호
4. 사용 기한 또는 개봉 후 사용 기간

제1항에 따른 기재 사항을 화장품의 용기 또는 포장에 표시할 때 제품의 명칭, 영업자의 상호는 시각장애인을 위한 점자 표시를 병행할 수 있다. 〈개정 2018. 3. 13.〉

화장품 안전 및
품질관리

화장품 품질관리

CHAPTER

3

화장품 안전 및 품질관리

3.1 유통화장품 안전관리 기준

< 화장품 안전기준 등에 관한 규정 >

제5조(유통화장품의 안전관리 기준)

유통화장품은 제1항부터 제4항까지의 안전관리 기준에 적합하여야하며, 유통화장품 유형별로 제5항부터 제7항까지의 안전관리 기준에 추가적으로 적합하여야 한다. 또한, 시험 방법은 별표 4에 따라 시험하되, 기타 과학적·합리적으로 타당성이 인정되는 경우 자사 기준으로 시험할 수 있다.

1) 검출허용한도

제5조(유통화장품의 안전관리 기준) ① 검출 허용 한도

화장품을 제조하면서 다음 각 호의 물질을 인위적으로 첨가하지 않았으나, 제조 또는 보관 과정 중 포장재로부터 이행되는 등 비의도적으로 유래된 사실이 객관적인 자료로 확인되고 기술적으로 완전한 제거가 불가능한 경우 해당 물질의 검출 허용 한도는 다음 각 호와 같다.

1. 납 : 점토를 원료로 사용한 분말 제품은 50㎍/g 이하, 그 밖의 제품은 20㎍/g 이하
2. 비소 : 10㎍/g 이하
3. 수은 : 1㎍/g 이하
4. 안티몬 : 10㎍/g 이하
5. 카드뮴 : 5㎍/g 이하
6. 디옥산 : 100㎍/g 이하
7. 메탄올 : 0.2(v/v)% 이하, 물휴지는 0.002(v/v)% 이하
8. 포름알데하이드 : 2000㎍/g 이하
9. 프탈레이트류(디부틸프탈레이트, 부틸벤질프탈레이트 및 디에칠헥실프탈레이트에 한함) : 총합으로서 100㎍/g 이하

2) 미생물한도

제5조(유통화장품의 안전관리 기준) ② 미생물한도

미생물한도는 다음 각 호와 같다.
1. 총호기성 생균수는 영 유아용 제품류 및 눈화장용 제품류의 경우 500개/g(mL) 이하
2. 물휴지의 경우 세균 및 진균수는 각각 100개/g(ml) 이하
3. 기타 화장품의 경우 1,000개/g(mL) 이하
4. 대장균(Escherichia Coli), 녹농균(Pseudomonas aeruginosa), 황색포도상구균(Staphylococcus aureus)은 불검출

3) 내용량

제5조(유통화장품의 안전관리 기준) ③ 내용량

내용량의 기준은 다음 각 호와 같다.
1. 제품 3개를 가지고 시험할 때 그 평균 내용량이 표기량에 대하여 97% 이상
2. 제1호의 기준치를 벗어날 경우 : 6개를 더 취하여 시험할 때 9개의 평균 내용량이 제1호의 기준치 이상
3. 그 밖의 특수한 제품 : 「대한민국약전」(식품의약품안전처 고시)을 따를 것

4) pH

제5조(유통화장품의 안전관리 기준) ④ pH

영유아용 제품류(영유아용 샴푸, 영유아용 린스, 영유아 인체 세정용 제품, 영유아 목욕용 제품 제외), 눈 화장용 제품류, 색조화장용 제품류, 두발용 제품류(샴푸, 린스 제외), 면도용 제품류(셰이빙크림, 셰이빙폼 제외), 기초화장용 제품류(클렌징워터, 클렌징오일, 클렌징로션, 클렌징크림 등 메이크업 리무버 제품 제외) 중 액, 로션, 크림 및 이와 유사한 제형의 액상 제품은 pH 기준이 3.0~9.0이어야 한다. 다만, 물을 포함하지 않는 제품과 사용한 후 곧바로 물로 씻어 내는 제품은 제외한다.

5) 기능성화장품 주원료의 함량

제5조(유통화장품의 안전관리 기준) ⑤ 기능성화장품 주원료의 함량

기능성화장품은 기능성을 나타나게 하는 주원료의 함량이 「화장품법」 제4조 및 같은 법 시행규칙 제9조 또는 제10조에 따라 심사 또는 보고한 기준에 적합하여야 한다.

[화장품법 제4조(기능성화장품의 심사 등)]

① 기능성화장품을 제조 또는 수입하여 판매하려는 제조판매업자는 품목별로 안전성 및 유효성에 관하여 식품의약품안전처장의 심사를 받거나 식품의약품안전처장에게 보고서를 제출하여야 한다. 심사받은 사항을 변경하고자 할 때에도 또한 같다.

② 제1항에 따른 유효성에 관한 심사는 제2조제2호 각 목에 규정된 효능·효과에 한하여 실시한다.

③ 제1항에 따른 심사를 받으려는 자는 총리령으로 정하는 바에 따라 그 심사에 필요한 자료를 식품의약품안전처장에게 제출하여야 한다.

④ 제1항 및 제2항에 따른 심사 또는 보고서 제출의 대상과 절차 등에 관하여 필요한 사항은 총리령으로 정한다.

[화장품법 시행규칙 제9조(기능성화장품의 심사)]

① 법 제4조제1항에 따라 기능성화장품(제10조에 따라 보고서를 제출해야 하는 기능성화장품은 제외한다. 이하 이 조에서 같다)을 제조 또는 수입하여 판매하려는 제조판매업자는 품목별로 별지 제7호 서식의 기능성화장품 심사의뢰서(전자문서로 된 심사의뢰서를 포함한다)에 다음 각 호의 서류(전자문서를 포함한다)를 첨부하여 식품의약품안전평가원장에게 심사를 받아야 한다. 다만, 식품의약품안전처장이 제품의 효능·효과를 나타내는 성분·함량을 고시한 품목의 경우에는 제1호부터 제4호까지의 자료 제출을, 기준 및 시험방법을 고시한 품목의 경우에는 제5호의 자료 제출을 각각 생략할 수 있다.

 1. 기원(起源) 및 개발 경위에 관한 자료

 2. 안전성에 관한 자료

  가. 단회 투여 독성시험 자료

  나. 1차 피부 자극시험 자료

다. 안(眼)점막 자극 또는 그 밖의 점막 자극시험 자료

라. 피부 감작성시험(感作性試驗) 자료

마. 광독성(光毒性) 및 광감작성시험 자료

바. 인체 첩포시험(貼布試驗) 자료

3. 유효성 또는 기능에 관한 자료

　가. 효력시험 자료

　나. 인체 적용시험 자료

4. 자외선 차단지수 및 자외선 A 차단등급 설정의 근거자료(자외선을 차단 또는 는 산란시켜 자외선으로부터 피부를 보호하는 기능을 가진 화장품의 경우만 해당한다)

5. 기준 및 시험 방법에 관한 자료[검체(檢體)를 포함한다]

① 제1항에도 불구하고 제조판매업자 간에 법 제4조제1항에 따라 심사를 받은 기능성화장품에 대한 권리를 양도·양수하여 제1항에 따른 심사를 받으려는 경우에는 제1항 각호의 첨부서류를 갈음하여 양도·양수계약서를 제출할 수 있다.

② 제1항에 따라 심사를 받은 사항을 변경하려는 자는 별지 제8호 서식의 기능성화장품 변경심사 의뢰서(전자문서로 된 의뢰서를 포함한다)에 다음 각 호의 서류(전자문서를 포함한다)를 첨부하여 식품의약품안전평가원장에게 제출하여야 한다.

1. 먼저 발급받은 기능성화장품 심사결과 통지서

2. 변경 사유를 증명할 수 있는 서류

③ 식품의약품안전평가원장은 제1항 또는 제3항에 따라 심사의뢰서나 변경심사의뢰서를 받은 경우에는 다음 각 호의 심사기준에 따라 심사하여야 한다.

1. 기능성화장품의 원료와 그 분량은 효능·효과 등에 관한 자료에 따라 합리적이고 타당하여야 하며, 각 성분의 배합의의(配合意義)가 인정되어야 할 것

2. 기능성화장품의 효능·효과는 법 제2조제2호 각 목에 적합할 것

3. 기능성화장품의 용법·용량은 오용될 여지가 없는 명확한 표현으로 적을 것

④ 식품의약품안전평가원장은 제1항부터 제4항까지의 규정에 따라 심사를 한 후 심사대장에 다음 각 호의 사항을 적고, 별지 제9호 서식의 기능성화장품 심사·변경심사 결과 통지서를 발급하여야 한다.

1. 심사번호 및 심사 연월일 또는 변경심사 연월일
2. 제조판매업자의 상호(법인인 경우에는 법인의 명칭) 및 소재지
3. 제품명
4. 효능·효과

⑤ 제1항부터 제4항까지의 규정에 따른 첨부자료의 범위·요건·작성 요령과 제출이 면제되는 범위 및 심사기준 등에 관한 세부사항은 식품의약품안전처장이 정하여 고시한다.

[화장품법 시행규칙 제10조(보고서 제출 대상 등)]

① 법 제4조제1항에 따라 기능성화장품의 심사를 받지 아니하고 식품의약품안전평가원장에게 보고서를 제출하여야 하는 대상은 다음 각 호와 같다.

1. 효능·효과가 나타나게 하는 성분의 종류·함량, 효능·효과, 용법·용량, 기준 및 시험 방법이 식품의약품안전처장이 고시한 품목과 같은 기능성화장품
2. 이미 심사를 받은 기능성화장품[제조판매업자가 같거나 제조업자(제조업자가 제품을 설계·개발·생산하는 방식으로 제조한 경우만 해당한다)가 같은 기능성화장품만 해당한다]과 다음 각 목의 사항이 모두 같은 품목. 다만, 제2조제1호부터 제3호까지의 기능성화장품은 이미 심사를 받은 품목이 대조군(對照群)(효능·효과가 나타나게 하는 성분을 제외한 것을 말한다)과의 비교 실험을 통하여 효능이 입증된 경우만 해당한다.

   가. 효능·효과가 나타나게 하는 원료의 종류·규격 및 함량(액체 상태인 경우에는 농도를 말한다)
   나. 효능·효과(제2조제4호 및 제5호의 기능성화장품의 경우 자외선 차단지수의 측정값이 마이너스 20퍼센트 이하의 범위에 있는 경우에는 같은 효능·효과로 본다)

다. 기준(pH에 관한 기준은 제외한다) 및 시험 방법

라. 용법·용량

마. 제형(劑形)[제2조제1호부터 제3호까지의 기능성화장품의 경우에는 액제(液劑)와 로션제를 같은 제형으로 본다]

② 제1항의 기능성화장품을 제조 또는 수입하여 판매하려는 제조판매업자는 품목별로 별지 제10호 서식의 기능성화장품 심사 제외 품목 보고서(전자문서로 된 보고서를 포함한다)를 식품의약품안전평가원장에게 제출해야 한다.

③ 제2항에 따라 보고서를 받은 식품의약품안전평가원장은 제1항에 따른 요건을 확인한 후 다음 각 호의 사항을 기능성화장품의 보고대장에 적어야 한다.

1. 보고번호 및 보고 연월일

2. 제조판매업자의 상호(법인인 경우에는 법인의 명칭) 및 소재지

3. 제품명

4. 효능·효과

6) 퍼머넌트웨이브용 및 헤어스트레이트너 제품

제5조(유통화장품의 안전관리 기준) ⑥ 퍼머넌트웨이브용 및 헤어스트레이트너 제품

퍼머넌트웨이브용 및 헤어스트레이트너 제품은 다음 각 호의 기준에 적합하여야 한다.

① 치오글라이콜릭애씨드 또는 그 염류를 주성분으로 하는 냉2욕식 치오글라이콜릭애씨드 또는 그 염류를 주성분으로 하는 제1제 및 산화제를 함유하는 제2제로 구성된다.

가. 제1제 : 이 제품은 치오글라이콜릭애씨드 또는 그 염류를 주성분으로 하고, 불휘발성 무기알칼리의 총량이 치오글라이 콜릭애씨드의 대응량 이하인 액제이다. 단, 산성에서 끓인 후의 환원성 물질의 함량이 7.0%를 초과하는 경우에는 초과분에 대하여 디치오디글라이콜릭애씨드 또는 그 염류를 디치오디글라이콜릭 애씨드로서 같은 양 이상 배합하여야 한다. 이 제

품에는 품질을 유지하거나 유용성을 높이기 위하여 적당한 알칼리제, 침투제, 습윤제, 착색제, 유화제, 향료 등을 첨가할 수 있다.

1. pH : 4.5~9.6
2. 알칼리 : 0.1N 염산의 소비량은 검체 1mL에 대하여 7.0mL 이하
3. 산성에서 끓인 후의 환원성 물질(치오글라이콜릭애씨드) : 산성에서 끓인 후의 환원성 물질의 함량(치오글라이콜릭애씨드로서)이 2.0~11.0%
4. 산성에서 끓인 후의 환원성 물질 이외의 환원성 물질(아황산염, 황화물 등) : 검체 1mL 중의 산성에서 끓인 후의 환원성 물질 이외의 환원성 물질에 대한 0.1N 요오드액의 소비량이 0.6mL 이하
5. 환원 후의 환원성 물질(디치오디글라이콜릭애씨드) : 환원 후의 환원성 물질의 함량은 4.0% 이하
6. 중금속 : 20㎍/g 이하
7. 비소 : 5㎍/g 이하
8. 철 : 2㎍/g 이하

나. 제2제

1. 브롬산나트륨 함유제제 : 브롬산나트륨에 그 품질을 유지하거나 유용성을 높이기 위하여 적당한 용해제, 침투제, 습윤제, 착색제, 유화제, 향료 등을 첨가한 것이다.

   가. 용해 상태 : 명확한 불용성 이물이 없을 것
   나. pH : 4.0~10.5
   다. 중금속 : 20㎍/g 이하
   라. 산화력 : 1인 1회 분량의 산화력이 3.5 이상

2. 과산화수소수 함유 제제 : 과산화수소수 또는 과산화수소수에 그 품질을 유지하거나 유용성을 높이기 위하여 적당한 침투제, 안정제, 습윤제, 착색제, 유화제, 향료 등을 첨가한 것이다.

   가. pH : 2.5~4.5
   나. 중금속 : 20㎍/g 이하

다. 산화력 : 1인 1회 분량의 산화력이 0.8~3.0

② 시스테인, 시스테인염류 또는 아세틸시스테인을 주성분으로 하는 냉2욕식 퍼머넌트웨이브용 제품 : 이 제품은 실온에서 사용하는 것으로서 시스테인, 시스테인염류 또는 아세틸시스테인을 주성분으로 하는 제1제 및 산화제를 함유하는 제2제로 구성된다.

가. 제1제 : 이 제품은 시스테인, 시스테인 염류 또는 아세틸시스테인을 주성분으로 하고 불휘발성 무기 알칼리를 함유하지 않은 액제이다. 이 제품에는 품질을 유지하거나 유용성을 높이기 위하여 적당한 알칼리제, 침투제, 습윤제, 착색제, 유화제, 향료 등을 첨가할 수 있다.

1. pH : 8.0~9.5

2. 알칼리 : 0.1N 염산의 소비량은 검체 1mL에 대하여 12mL 이하

3. 시스테인 : 3.0~7.5%

4. 환원 후의 환원성 물질(시스틴) : 0.65% 이하

5. 중금속 : 20μg/g 이하

6. 비소 : 5μg/g 이하

7. 철 : 2μg/g 이하

나. 제2제 기준 :

1. 치오글라이콜릭애씨드 또는 그 염류를 주성분으로 하는 냉2욕식 퍼머넌트 웨이브용 제품

2. 제2제의 기준에 따른다.

③ 치오글라이콜릭애씨드 또는 그 염류를 주성분으로 하는 냉2욕식 헤어스트레이트너용 제품 : 이 제품은 실온에서 사용하는 것으로서 치오글라이콜릭애씨드 또는 그 염류를 주성분으로 하는 제1제 및 산화제를 함유하는 제2제로 구성된다.

가. 제1제 : 이 제품은 치오글라이콜릭애씨드 또는 그 염류를 주성분으로 하고 불휘발성 무기 알칼리의 총량이 치오글라이콜릭애씨드의 대응량 이하인 제제이다. 단, 산성에서 끓인 후의 환원성 물질의 함량이 7.0%를 초과하는

경우, 초과분에 대해 디치오디글라이콜릭애씨드 또는 그 염류를 디치오디글라이콜릭애씨드로 같은 양 이상 배합하여야 한다. 이 제품에는 품질을 유지하거나 유용성을 높이기 위하여 적당한 알칼리제, 침투제, 착색제, 습윤제, 유화제, 증점제, 향료 등을 첨가할 수 있다.

1. pH : 4.5~9.6
2. 알칼리 : 0.1N 염산의 소비량은 검체 1mL에 대하여 7.0mL 이하
3. 산성에서 끓인 후의 환원성 물질(치오글라이콜릭애씨드) : 2.0~11.0%
4. 산성에서 끓인 후의 환원성 물질 이외의 환원성 물질(아황산, 황화물 등) : 검체 1mL 중의 산성에서 끓인 후의 환원성 물질 이외의 환원성 물질에 대한 0.1N 요오드액의 소비량은 0.6mL 이하
5. 환원 후의 환원성 물질(디치오디글리콜릭애씨드) : 4.0% 이하
6. 중금속 : 20μg/g 이하
7. 비소 : 5μg/g 이하
8. 철 : 2μg/g 이하

나. 제2제 기준 :

1. 치오글라이콜릭애씨드 또는 그 염류를 주성분으로 하는 냉2욕식 퍼머넌트 웨이브용 제품
2. 제2제의 기준에 따른다.

④ 치오글라이콜릭애씨드 또는 그 염류를 주성분으로 하는 가온2욕식 퍼머넌트웨이브용 제품 : 이 제품은 사용할 때 약 60℃ 이하로 가온 조작하여 사용하는 것으로서 치오글라이콜릭애씨드 또는 그 염류를 주성분으로 하는 제1제 및 산화제를 함유하는 제2제로 구성된다.

가. 제1제 : 이 제품은 치오글라이콜릭애씨드 또는 그 염류를 주성분으로 하고 불휘발성 무기 알칼리의 총량이 치오글라이콜릭애씨드의 대응량 이하인 액제이다. 이 제품에는 품질을 유지하거나 유용성을 높이기 위하여 적당한 알칼리제, 침투제, 습윤제, 착색제, 유화제, 향료 등을 첨가할 수 있다.

1. pH : 4.5~9.3

2. 알칼리 : 0.1N 염산의 소비량은 검체 1mL에 대하여 5mL 이하

3. 산성에서 끓인 후의 환원성 물질(치오글라이콜릭애씨드) : 1.0~5.0%

4. 산성에서 끓인 후의 환원성 물질 이외의 환원성 물질(아황산, 황화물 등) : 검체 1mL 중의 산성에서 끓인 후의 환원성 물질 이외의 환원성 물질에 대한 0.1N 요오드액의 소비량은 0.6mL 이하

5. 환원 후의 환원성 물질(디치오디글라이콜릭애씨드) : 4.0% 이하

6. 중금속 : $20\mu g/g$ 이하

7. 비소 : $5\mu g/g$ 이하

8. 철 : $2\mu g/g$ 이하

나. 제2제 기준 :

1. 치오글라이콜릭애씨드 또는 그 염류를 주성분으로 하는 냉2욕식 퍼머넌트웨이브용 제품

2. 제2제의 기준에 따른다.

⑤ 시스테인, 시스테인염류 또는 아세틸시스테인을 주성분으로 하는 가온 2욕식 퍼머넌트웨이브용 제품 : 이 제품은 사용 시 약 60℃ 이하로 가온 조작하여 사용하는 것으로써 시스테인, 시스테인염류, 또는 아세틸시스테인을 주성분으로 하는 제1제 및 산화제를 함유하는 제2제로 구성된다.

가. 제1제 : 이 제품은 시스테인, 시스테인 염류, 또는 아세틸시스테인을 주성분으로 하고 불휘발성 무기 알칼리를 함유하지 않는 액제로써 이 제품에는 품질을 유지하거나 유용성을 높이기 위해서 적당한 알칼리제, 침투제, 습윤제, 착색제, 유화제, 향료 등을 첨가할 수 있다.

1. pH : 4.0~9.5

2. 알칼리 : 0.1N 염산의 소비량은 검체 1mL에 대하여 9mL 이하

3. 시스테인 : 1.5~5.5%

4. 환원 후의 환원성 물질(시스틴) : 0.65% 이하

5. 중금속 : $20\mu g/g$ 이하

6. 비소 : $5\mu g/g$ 이하

7. 철 : $2\mu g/g$ 이하

나. 제2제 기준 :

1. 치오글라이콜릭애씨드 또는 그 염류를 주성분으로 하는 냉2욕식 퍼머넌트 웨이브용 제품

2. 제2제의 기준에 따른다.

⑥ 치오글라이콜릭애씨드 또는 그 염류를 주성분으로 하는 가온2욕식 헤어스 트레이트너 제품 : 이 제품은 시험할 때 약 60℃ 이하로 가온 조작하여 사용 하는 것으로서 치오글라이콜릭애씨드 또는 그 염류를 주성분으로 하는 제1 제 및 산화제를 함유하는 제2제로 구성된다.

가. 제1제 : 이 제품은 치오글라이콜릭애씨드 또는 그 염류를 주성분으로 하고 불휘발성 알칼리의 총량이 치오글라이콜릭애씨드의 대응량 이하인 제제 이다. 이 제품에는 품질을 유지하거나 유용성을 높이기 위하여 적당한 알 칼리제, 침투제, 습윤제, 유화제, 점증제, 향료 등을 첨가할 수 있다.

1. pH : 4.5~9.3

2. 알칼리 : 0.1N 염산의 소비량은 검체 1mL에 대하여 5.0mL 이하

3. 산성에서 끓인 후의 환원성 물질(치오글라이콜릭애씨드) : 1.0~5.0%

4. 산성에서 끓인 후의 환원성 물질 이외의 환원성 물질(아황산염, 황화물 등) : 검체 1mL 중의 산성에서 끓인 후의 환원성 물질 이외의 환원성 물질 에 대한 0.1N 요오드액의 소비량은 0.6mL 이하

5. 환원 후의 환원성 물질(디치오디글라이콜릭애씨드) : 4.0% 이하

6. 중금속 : 20㎍/g 이하

7. 비소 : 5㎍/g 이하

8. 철 : 2㎍/g 이하

나. 제2제 기준 :

1. 치오글라이콜릭애씨드 또는 그 염류를 주성분으로 하는 냉2욕식 퍼머넌트 웨이브용 제품

2. 제2제의 기준에 따른다.

⑦ 치오글라이콜릭애씨드 또는 그 염류를 주성분으로 하는 고온 정발용 열기구를

사용하는 가온2욕식 헤어스트레이트너 제품 : 이 제품은 시험할 때 약 60℃ 이하로 가온하여 제1제를 처리한 후 물로 충분히 세척하여 수분을 제거하고 고온정발용 열기구(180℃ 이하)를 사용하는 것으로써 치오글라이콜릭애씨드 또는 그 염류를 주성분으로 하는 제1제 및 산화제를 함유하는 제2제로 구성된다.

가. 제1제 : 이 제품은 치오글라이콜릭애씨드 또는 그 염류를 주성분으로 하고 불휘발성 알칼리의 총량이 치오글라이콜릭애씨드의 대응량 이하인 제제이다. 이 제품에는 품질을 유지하거나 유용성을 높이기 위하여 적당한 알칼리제, 침투제, 습윤제, 유화제, 점증제, 향료 등을 첨가할 수 있다.

1. pH : 4.5~9.3

2. 알칼리 : 0.1N 염산의 소비량은 검체 1mL에 대하여 5.0mL 이하

3. 산성에서 끓인 후의 환원성 물질(치오글라이콜릭애씨드) : 1.0~5.0%

4. 산성에서 끓인 후의 환원성 물질 이외의 환원성 물질(아황산염, 황화물 등) : 검체 1mL 중의 산성에서 끓인 후의 환원성 물질 이외의 환원성 물질에 대한 0.1N 요오드액의 소비량은 0.6mL 이하

5. 환원 후의 환원성 물질(디치오디글라이콜릭애씨드) : 4.0% 이하

6. 중금속 : 20μg/g 이하

7. 비소 : 5μg/g 이하

8. 철 : 2μg/g 이하

나. 제2제 기준 :

1. 치오글라이콜릭애씨드 또는 그 염류를 주성분으로 하는 냉2욕식 퍼머넌트 웨이브용 제품

2. 제2제의 기준에 따른다.

⑧ 치오글라이콜릭애씨드 또는 그 염류를 주성분으로 하는 냉1욕식 퍼머넌트 웨이브용 제품 : 이 제품은 실온에서 사용하는 것으로써 치오글라이콜릭애씨드 또는 그 염류를 주성분으로 하고 불휘발성 무기 알칼리의 총량이 치오글라이콜릭애씨드의 대응량 이하인 액제이다. 이 제품에는 품질을 유지하거나 유용성을 높이기 위하여 적당한 알칼리제, 침투제, 습윤제, 착색제, 유화

제, 향료 등을 첨가할 수 있다.

1. pH : 9.4~9.6

2. 알칼리 : 0.1N 염산의 소비량은 검체 1mL에 대하여 3.5~4.6mL

3. 산성에서 끓인 후의 환원성 물질(치오글라이콜릭애씨드) : 3.0~3.3%

4. 산성에서 끓인 후의 환원성 물질 이외의 환원성 물질(아황산염, 황화물 등) : 검체 1mL 중인 산성에서 끓인 후의 환원성 물질 이외의 환원성 물질에 대한 0.1N 요오드액의 소비량은 0.6m L 이하

5. 환원 후의 환원성 물질(디치오디글라이콜릭애씨드) : 0.5% 이하

6. 중금속 : 20㎍/g 이하

7. 비소 : 5㎍/g 이하

8. 철 : 2㎍/g 이하

⑨ 치오글라이콜릭애씨드 또는 그 염류를 주성분으로 하는 제1제 사용 시 조제하는 발열2욕식 퍼머넌트웨이브용 제품 : 이 제품은 치오글라이콜릭애씨드 또는 그 염류를 주성분으로 하는 제1제의 1과 제1제의 1중의 치오글라이콜릭애씨드 또는 그 염류의 대응량 이하의 과산화수소를 함유한 제1제의 2, 과산화수소를 산화제로 함유하는 제2제로 구성되며, 사용 시 제1제의 1 및 제1제의 2를 혼합하면 약 40℃로 발열되어 사용하는 것이다.

　가. 제1제의 1 : 이 제품은 치오글라이콜릭애씨드 또는 그 염류를 주성분으로 하는 액제로써 이 제품에는 품질을 유지하거나 유용성을 높이기 위하여 적당한 알칼리제, 침투제, 습윤제, 착색제, 유화제, 향료 등을 첨가할 수 있다.

1. pH : 4.5~9.5

2. 알칼리 : 0.1N 염산의 소비량은 검체 1mL에 대하여 10mL 이하

3. 산성에서 끓인 후의 환원성 물질(치오글라이콜릭애씨드) : 8.0~19.0%

4. 산성에서 끓인 후의 환원성 물질 이외의 환원성 물질(아황산염, 황화물 등) : 검체 1mL 중의 산성에서 끓인 후의 환원성 물질 이외의 환원성 물질에 대한 0.1N 요오드액의 소비량은 0.8mL 이하

5. 환원 후의 환원성 물질(디치오디글라이콜릭애씨드) : 0.5% 이하

6. 중금속 : 20㎍/g 이하

7. 비소 : 5㎍/g 이하

8. 철 : 2㎍/g 이하

나. 제1제의 2 : 이 제품은 제1제의 1중에 함유된 치오글라이콜릭애씨드 또는 그 염류의 대응량 이하의 과산화수소를 함유한 액제로써 이 제품에는 품질을 유지하거나 유용성을 높이기 위하여 적당한 침투제, pH 조정제, 안정제, 습윤제, 착색제, 유화제, 향료 등을 첨가할 수 있다.

1. pH : 2.5~4.5

2. 중금속 : 20㎍/g 이하

3. 과산화수소 : 2.7~3.0%

다. 제1제의 1 및 제1제의 2의 혼합물 : 이 제품은 제1제의 1 및 제1제의 2를 용량비 3 : 1로 혼합한 액제로써 치오글라이콜릭애씨드 또는 그 염류를 주성분으로 하고 불휘발성 무기 알칼리의 총량이 치오글라이콜릭애씨드의 대응량 이하인 것이다.

1. pH : 4.5~9.4

2. 알칼리 : 0.1N 염산의 소비량은 검체 1mL 에 대하여 7mL 이하

3. 산성에서 끓인 후의 환원성 물질(치오글라이콜릭애씨드) : 2.0~11.0%

4. 산성에서 끓인 후의 환원성 물질 이외의 환원성 물질(아황산염, 황화물 등) : 산성에서 끓인 후의 환원성 물질 이외의 환원성 물질에 대한 0.1N 요오드액의 소비량은 0.6mL 이하

5. 환원 후의 환원성 물질(디치오디글라이콜릭애씨드) : 3.2~4.0%

6. 온도 상승 : 온도의 차는 14~20℃

라. 제2제 :

1. 치오글라이콜릭애씨드 또는 그 염류를 주성분으로 하는 냉2욕식 퍼머넌트 웨이브용 제품

2. 제2제의 기준에 따른다.

퍼머넌트웨이브용 및 헤어스트레이트너 제품의 경우 화학 성분과 열을 이용해 모발 중의 디설파이드 결합(SS결합)의 환원 반응에 의한 결합 분리와 산화 반응에 의한 재결합을 통하여 머리에 변화를 부여하는 제품이다. 화학 성분과 열을 이용하기 때문에 보건위생상의 사고 또한 발생하고 있어 이들 제품의 품질 및 안전관리 기준이 필요하다.

1. pH 시험, 산, 알칼리

퍼머넌트웨이브용 및 헤어스트레이트너 제품의 산 또는 알칼리를 측정하는 시험으로 산성 물질 또는 알칼리성 물질이 단독 또는 다른 성분과 함께 피부나 모발에 특유의 기능을 발휘하므로 이런 제품의 특성을 확인하는 데 유용하다. 주성분이 치오글라이콜릭애씨드(염) 및 시스테인의 웨이브 효과는 알칼리성에서는 강하고 산성에서는 약하나, 알칼리성이 강하게 되면 모발에 손상이 크게 되며 피부에 대한 1차 자극도 커지게 되므로 pH 및 알칼리 함유량의 상한이 정해져 있다. 더불어 불순물이 섞여 있을 경우, 산 또는 알칼리의 작용을 방해할 수 있으므로 품질 및 안전성을 간단하게 확인할 수 있는 방법이다.

2. 산성에서 끓인 후의 환원성 물질(치오글라이콜릭애씨드)

환원제인 치오글라이콜릭애씨드의 함유량을 측정하는 시험법으로 실질적인 함량시험 기준이다.

3. 시스테인

환원제인 시스테인의 함유량을 측정하는 시험법으로서 실질적인 함량 시험 기준이다.

4. 산성에서 끓인 후의 환원성 물질 이외의 환원성 물질(아황산, 황화물 등)

환원제로서 사용되는 아황산염, 황화물 등이 얼마만큼 사용되고 있는지의 양을 측정하는 것이다.

5. 환원 후의 환원성 물질(디치오디글라이콜릭애씨드)

치오글라이콜릭애씨드를 주성분으로 하는 제품이 시중 유통 중에 산화 여부를 확인하기 위하여 실시한다. 산화가 되면 치오글라이콜릭애씨드 2분자가 결합되어 디치오디글라이콜릭애씨드로 변화되므로 그 양을 측정함으로써 산화 정도를 확인할 수 있다. 치오글라이콜릭애씨드가 산화되어 디치오디글라이콜릭애씨드가 되면 효력이 떨어진다.

6. 환원 후의 환원성 물질(시스틴)

시스테인을 주성분으로 하는 제품이 시중 유통 중에 산화 여부를 확인하기 위하여 실시한다. 산화가 되면 시스테인 2분자가 결합되어 시스틴으로 변화되므로 그 양을 측정함으로써 산화 정도를 확인할 수 있다. 시스테인이 산화되어 시스틴이 되면 효력이 떨어진다.

7. 철

반응기 등 제조 공정상 들어 갈 수 있는 철 성분에 대한 한도 시험이다. 철 성분은 제품 구성 성분에 촉매작용을 하여 안정도 및 물성을 변화시킨다. 그러므로 유효성에 영향을 미쳐 품질을 떨어뜨릴 수 있으므로 철의 함유량을 규정한다.

8. 산화력

제2제인 산화제의 산화 능력을 알아보는 것으로서, 시액 대비 0.1N 치오황산나트륨의 소비량으로 제품 1인 1회 분량의 브롬산나트륨 g수(소비량 × 0.278) 또는 과산화수소의 g수(소비량 × 0.0017007)를 나타낸 것으로, 이것을 산화력으로 한다.

[퍼머넌트웨이브용 및 헤어스트레이트너 제품]

국내에서 판매되는 퍼머넌트웨이브용 및 헤어스트레이트너 제품은 기준에 따라 주성분의 종류, 그 함량 및 시험 방법이 정해져 있으며, 9개로 나뉘고 대부분 2제식으로 구성된다. pH, 알칼리도, 주성분 분량을 고려하여 퍼머액 양, 처리 온도 및 처리 시간을 적절하게 조정하는 것이 필요하다.

치오글리콜산염 및 시스테인의 웨이브 효과는 알칼리성에서는 강하고 산성에서는 약하다. 알칼리성이 강하게 되면 모발의 손상이 크게 되고 피부에 대한 자극도 크기 때문에 최근 산성 퍼머도 개발되고 있다.

1. 제1제 : 환원제로서 치오글리콜산 또는 시스테인이 주성분으로 사용되며, 제1제는 강한 알칼리성을 띠는 것이 있으므로 사용할 때 주의가 필요하다. 오남용의 경우 자극성 피부염 또는 모발 손상의 원인이 될 수 있다.
2. 제2제 : 산화제로서 주성분으로 과산화수소와 브롬산염계가 사용되며, 과산화수소는 반응이 빨라 시간을 단축할 수 있으나 오남용의 경우 자극성 피부염 또는 모발 손상의 원인이 될 수 있고, 브롬산염계의 산화제로서 주로 브롬산나트륨을 사용하고 있다.

작용기전 : 모발 중의 디설파이드 결합(SS결합)의 환원 반응에 의한 결합 분리와 산화 반응에 의한 재결합

모발에 치올류를 함유한 제1제를 적용하여 SS결합을 환원 반응으로 분리(모발연화)시킨 다음 산화제를 함유한 제2제를 적용하여 산화 반응으로 결합시켜 고정한다.

3.2 기능성화장품 심사에 관한 규정

제1장 총 칙

제1조(목적)

이 규정은 「화장품법」 제4조 및 같은 법 시행규칙 제9조에 따라 기능성화장품을 심사받기 위한 제출 자료의 범위, 요건, 작성 요령, 제출이 면제되는 범위 및 심

사기준 등에 관한 세부사항을 정함으로써 기능성화장품의 심사 업무에 적정을 기함을 목적으로 한다.

제2조(정의)

① 이 규정에서 사용하는 용어의 정의는 다음 각 호와 같다.
  1. "기능성화장품"은 「화장품법」 제2조제2호 및 같은 법 시행규칙 제2조에 따른 화장품을 말한다.
  2. 삭제
② 이 규정에서 사용하는 용어 중 별도로 정하지 아니한 용어의 정의는 「의약품 등의 독성시험기준」(식품의약품안전처 고시)에 따른다.

제3조(심사 대상)

이 규정에 따라 심사를 받아야 하는 대상은 기능성화장품으로 한다. 또한, 이미 심사 완료된 결과에 대한 변경심사를 받고자 하는 경우에도 또한 같다.

제2장 심사자료

제4조(제출자료의 범위)

기능성화장품의 심사를 위하여 제출하여야 하는 자료의 종류는 다음 각 호와 같다. 다만, 제6조에 따라 자료가 면제되는 경우에는 그러하지 아니하다.
  1. 안전성, 유효성 또는 기능을 입증하는 자료
  가. 기원 및 개발 경위에 관한 자료
  나. 안전성에 관한 자료(다만, 과학적인 타당성이 인정되는 경우에는 구체적인 근거자료를 첨부하여 일부 자료를 생략할 수 있다)
    (1) 단회 투여 독성시험 자료

(2) 1차 피부자극시험 자료

(3) 안점막 자극 또는 기타 점막 자극시험 자료

(4) 피부 감작성시험 자료

(5) 광독성 및 광감작성시험 자료(자외선에서 흡수가 없음을 입증하는 흡광도 시험자료를 제출하는 경우에는 면제함)

(6) 인체첩포시험 자료

(7) 인체누적첩포시험 자료(인체 적용시험 자료에서 피부 이상 반응 발생 등 안전성 문제가 우려된다고 판단되는 경우에 한함)

다. 유효성 또는 기능에 관한 자료(다만, 화장품법 시행규칙 제2조제6호의 화장품은 (3)의 자료만 제출한다)

(1) 효력시험 자료

(2) 인체 적용시험 자료

(3) 염모효력시험 자료(화장품법 시행규칙 제2조제6호의 화장품에 한함)

라. 자외선 차단지수(SPF), 내수성 자외선 차단지수(SPF, 내수성 또는 지속내수성) 및 자외선A 차단등급(PA) 설정의 근거자료(화장품법 시행규칙 제2조제4호 및 제5호의 화장품에 한함)

2. 기준 및 시험 방법에 관한 자료(검체 포함)

제5조(제출자료의 요건)

제4조에 따른 기능성화장품의 심사 자료의 요건은 다음 각 호와 같다.

1. 안전성, 유효성 또는 기능을 입증하는 자료

가. 기원 및 개발 경위에 관한 자료

당해 기능성화장품에 대한 판단에 도움을 줄 수 있도록 명료하게 기재된 자료

나. 안전성에 관한 자료

(1) 일반사항

「비임상시험관리기준」(식품의약품안전처 고시)에 따라 시험한 자료. 다만, 인체첩포시험 및 인체누적첩포시험은 국내·외 대학 또는 전문 연구

기관에서 실시하여야 하며, 관련 분야 전문의사, 연구소 또는 병원 기타 관련 기관에서 5년 이상 해당 시험 경력을 가진 자의 지도 및 감독하에 수행·평가되어야 함.

(2) 시험 방법

(가) [별표 1] 독성시험법에 따르는 것을 원칙으로 하며 기타 독성시험법에 대해서는 「의약품 등의 독성시험기준」(식품의약품안전처 고시)을 따를 것.

(나) 다만 시험방법 및 평가기준 등이 과학적·합리적으로 타당성이 인정되거나 경제협력개발기구(Organization for Economic Cooperation and Development) 또는 식품의약품안전처가 인정하는 동물대체시험법인 경우에는 규정된 시험법을 적용하지 아니할 수 있음.

다. 유효성 또는 기능에 관한 자료

(1) 효력시험에 관한 자료

심사 대상 효능을 뒷받침하는 성분의 효력에 대한 비임상 시험자료로서 효과 발현의 작용기전이 포함되어야 하며, 다음 중 어느 하나에 해당할 것.

(가) 국내·외 대학 또는 전문 연구기관에서 시험한 것으로서 당해 기관의 장이 발급한 자료(시험시설 개요, 주요 설비, 연구인력의 구성, 시험자의 연구경력에 관한 사항이 포함될 것)

(나) 당해 기능성화장품이 개발국 정부에 제출되어 평가된 모든 효력시험자료로서 개발국 정부(허가 또는 등록기관)가 제출받았거나 승인하였음을 확인한 것 또는 이를 증명한 자료

(다) 과학논문인용색인(Science Citation Index 또는 Science Citation Index Expanded)에 등재된 전문학회지에 게재된 자료

(2) 인체 적용시험 자료

(가) 사람에게 적용 시 효능·효과 등 기능을 입증할 수 있는 자료로서 같은 호 다목(1) (가) 또는 (나)에 해당할 것

(나) 인체 적용시험의 실시기준 및 자료의 작성 방법 등에 관하여는 「화장품 표시·광고 실증에 관한 규정」(식품의약품안전처 고시)을 준용할 것

(3) 염모효력시험 자료

인체 모발을 대상으로 효능·효과에서 표시한 색상을 입증하는 자료

라. 자외선 차단지수(SPF), 내수성 자외선 차단지수(SPF), 자외선 A 차단등급
(PA) 설정의 근거 자료

(1) 자외선 차단지수(SPF) 설정 근거 자료

[별표 3] 자외선 차단 효과 측정 방법 및 기준·일본(JCIA)·미국(FDA)·유
럽(Cosmetics Europe) 또는 호주/뉴질랜드(AS/NZS) 등의 자외선 차단지
수 측정 방법에 의한 자료

(2) 내수성 자외선 차단지수(SPF) 설정 근거 자료

[별표 3] 자외선 차단 효과 측정 방법 및 기준·미국(FDA)·유럽
(Cosmetics Europe) 또는 호주/뉴질랜드(AS/NZS) 등의 내수성 자외선 차
단지수 측정방법에 의한 자료

(3) 자외선 A 차단등급(PA) 설정 근거 자료

[별표 3] 자외선 차단 효과 측정 방법 및 기준 또는 일본(JCIA) 등의 자외선
A 차단 효과 측정 방법에 의한 자료

2. 기준 및 시험 방법에 관한 자료

품질관리에 적정을 기할 수 있는 시험 항목과 각 시험 항목에 대한 시험 방법
의 밸리데이션, 기준치 설정의 근거가 되는 자료. 이 경우 시험 방법은 공정
서, 국제표준화기구(ISO) 등의 공인된 방법에 의해 검증되어야 한다.

제6조(제출 자료의 면제 등)

① 「기능성화장품 기준 및 시험 방법」(식품의약품안전처 고시), 국제화장품원료
집(ICID) 및 「식품의 기준 및 규격」(식품의약품안전처 고시)에서 정하는 원료
로 제조되거나 제조되어 수입된 기능성화장품의 경우 제4조제1호 나목의 자
료 제출을 면제한다. 다만, 유효성 또는 기능 입증 자료 중 인체 적용시험 자료
에서 피부 이상 반응 발생 등 안전성 문제가 우려된다고 식품의약품안전처장
이 인정하는 경우에는 그러하지 아니하다.

② 제4조제1호 다목에서 정하는 유효성 또는 기능에 관한 자료 중 인체 적용시험 자료를 제출하는 경우 효력 시험 자료 제출을 면제할 수 있다. 다만, 이 경우에는 효력 시험 자료의 제출을 면제받은 성분에 대해서는 효능·효과를 기재·표시할 수 없다.

③ [별표 4] 자료 제출이 생략되는 기능성화장품의 종류에서 성분·함량을 고시한 품목의 경우에는 제4조제1호 가목부터 다목까지의 자료 제출을 면제한다.

④ 이미 심사를 받은 기능성화장품[화장품책임판매업자가 같거나 화장품제조업자(화장품제조업자가 제품을 설계·개발·생산하는 방식으로 제조한 경우만 해당한다)가 같은 기능성화장품만 해당한다]과 그 효능·효과를 나타내게 하는 원료의 종류, 규격 및 분량(액상인 경우 농도), 용법·용량이 동일하고, 각 호 어느 하나에 해당하는 경우 제4조제1호의 자료 제출을 면제한다.

 1. 효능·효과를 나타나게 하는 성분을 제외한 대조군과의 비교 실험으로서 효능을 입증한 경우

 2. 착색제, 착향제, 현탁화제, 유화제, 용해보조제, 안정제, 등장제, pH 조절제, 점도 조절제, 용제만 다른 품목의 경우. 다만, 「화장품법 시행규칙」 제2조제10호 및 제11호에 해당하는 기능성화장품은 착향제, 보존제만 다른 경우에 한한다.

⑤ 자외선 차단지수(SPF) 10 이하 제품의 경우에는 제4조제1호 라목의 자료 제출을 면제한다.

⑥ 자외선을 차단 또는 산란시켜 자외선으로부터 피부를 보호하는 기능을 가진 제품의 경우 이미 심사를 받은 기능성화장품[화장품책임판매업자가 같거나 화장품제조업자(화장품제조업자가 제품을 설계·개발·생산하는 방식으로 제조한 경우만 해당한다)가 같은 기능성화장품만 해당한다]과 그 효능·효과를 나타내게 하는 원료의 종류, 규격 및 분량(액상의 경우 농도), 용법·용량 및 제형이 동일한 경우에는 제4조제1호의 자료 제출을 면제한다. 다만, 내수성 제품은 이미 심사를 받은 기능성화장품[제조판매업자가 같거나 제조업자(제조업자가 제품을 설계·개발·생산하는 방식으로 제조한 경우만 해당한다)가 같은 기능성화

장품만 해당한다]과 착향제, 보존제를 제외한 모든 원료의 종류, 규격 및 분량, 용법·용량 및 제형이 동일한 경우에 제4조제1호의 자료 제출을 면제한다.

⑦ 삭제

⑧ 별표 4 제4호의 2제형 산화염모제에 해당하나 제1제를 두 가지로 분리하여 제1제 두 가지를 각각 2제와 섞어 순차적으로 사용하거나, 또는 제1제를 먼저 혼합한 후 제2제를 섞는 것으로 용법·용량을 신청하는 품목(단, 용법·용량 이외의 사항은 별표 4 제4호에 적합하여야 한다)은 제4조제1호의 자료 제출을 면제한다.

제7조(자료의 작성 등)

① 제출 자료는 제5조에 따른 요건에 적합하여야 하며 품목별로 각각 기재된 순서에 따라 목록과 자료별 색인번호 및 쪽을 표시하여야 하며, 식품의약품안전평가원장이 정한 전용 프로그램으로 작성된 전자적 기록 매체(CD·디스켓 등)와 함께 제출하여야 한다. 다만, 각 조에 따라 제출 자료가 면제 또는 생략되는 경우에는 그 사유를 구체적으로 기재하여야 한다.

② 외국의 자료는 원칙적으로 한글 요약문(주요 사항 발췌) 및 원문을 제출하여야 하며, 필요한 경우에 한하여 전체 번역문(화장품 전문지식을 갖춘 번역자 및 확인자 날인)을 제출하게 할 수 있다.

제8조(자료의 보완 등)

식품의약품안전평가원장은 제출된 자료가 제4조부터 제6조까지의 규정에서 정하는 자료의 제출 범위 및 요건에 적합하지 않거나 제3장의 심사기준을 벗어나는 경우 그 내용을 구체적으로 명시하여 자료 제출자에게 보완 요구할 수 있다.

제3장 심사기준

제9조(제품명)

  제품명은 이미 심사를 받은 기능성화장품의 명칭과 동일하지 아니하여야 한다. 다만, 수입 품목의 경우 서로 다른 화장품책임판매업자가 제조소(원)가 같은 동일 품목을 수입하는 경우에는 화장품책임판매업자명을 병기하여 구분하여야 한다.

제10조(원료 및 그 분량)

① 기능성화장품의 원료 및 그 분량은 효능·효과 등에 관한 자료에 따라 합리적이고 타당하여야 하고, 각 성분의 배합의의가 인정되어야 하며, 다음 각 호에 적합하여야 한다.

  1. 기능성화장품의 원료 성분 및 그 분량은 제제의 특성을 고려하여 각 성분마다 배합 목적, 성분명, 규격, 분량(중량, 용량)을 기재하여야 한다. 다만, 「화장품 안전기준 등에 관한 규정」에 사용 한도가 지정되어 있지 않은 착색제, 착향제, 현탁화제, 유화제, 용해보조제, 안정제, 등장제, pH 조절제, 점도 조절제, 용제 등의 경우에는 적량으로 기재할 수 있고, 착색제 중 식품의약품안전처장이 지정하는 색소(황색4호 제외)를 배합하는 경우에는 성분명을 "식약처장 지정색소"라고 기재할 수 있다.

  2. 원료 및 그 분량은 "100밀리리터 중" 또는 "100그램 중"으로 그 분량을 기재함을 원칙으로 하며, 분사제는 "100그램 중"(원액과 분사제의 양 구분 표기)의 함량으로 기재한다.

  3. 각 원료의 성분명과 규격은 다음 각 호에 적합하여야 한다.

    가. 성분명은 제6조제1항의 규정에 해당하는 원료집에서 정하는 명칭 [국제화장품원료집의 경우 INCI(International Nomenclature Cosmetic Ingredient) 명칭]을, 별첨 규격의 경우 일반명 또는 그 성분의 본질을 대표하는 표준화된 명칭을 각각 한글로 기재한다.

나. 규격은 다음과 같이 기재하고, 그 근거 자료를 첨부하여야 한다.

(1) 효능·효과를 나타나게 하는 성분

「기능성화장품 기준 및 시험 방법」(식품의약품안전처 고시)에서 정하는 규격기준의 원료인 경우 그 규격으로 하고, 그 이외에는 "별첨 규격" 또는 "별규"로 기재하며 [별표 2]의 작성 요령에 따라 작성할 것

(2) 효능·효과를 나타나게 하는 성분 이외의 성분 제6조제1항의 규정에 해당하는 원료집에서 정하는 원료인 경우 그 수재 원료집의 명칭(예 : ICID)으로, 「화장품 색소 종류와 기준 및 시험 방법」(식품의약품안전처 고시)에서 정하는 원료인 경우 "화장품색소고시"로 하고, 그 이외에는 "별첨 규격" 또는 "별규"로 기재하며 [별표 2]의 작성 요령에 따라 작성할 것

② 삭제

③ 삭제

제11조(제형)

제형은 「기능성화장품 기준 및 시험 방법」(식품의약품안전처 고시) 통칙에서 정하고 있는 제형으로 표기한다. 다만, 이를 정하고 있지 않은 경우 제형을 간결하게 표현할 수 있다.

제12조 삭제

제13조(효능·효과)

① 기능성화장품의 효능·효과는 「화장품법」 제2조제2호 각 목에 적합하여야 한다.

② 자외선으로부터 피부를 보호하는 데 도움을 주는 제품에 자외선 차단지수(SPF) 또는 자외선 A 차단등급(PA)을 표시하는 때에는 다음 각 호의 기준에 따라 표시한다.

1. 자외선 차단지수(SPF)는 측정 결과에 근거하여 평균값(소수점 이하 절사)으로부터 -20% 이하 범위 내 정수(예 : SPF 평균값이 '23'일 경우 19~23 범위

정수)로 표시하되, SPF 50 이상은 "SPF50+"로 표시한다.

2. 자외선 A 차단등급(PA)은 측정 결과에 근거하여 [별표 3] 자외선 차단 효과 측정 방법 및 기준에 따라 표시한다.

제14조(용법·용량)

기능성화장품의 용법·용량은 오용될 여지가 없는 명확한 표현으로 기재하여야 한다.

제15조(사용 시의 주의사항)

「화장품법 시행규칙」 [별표 3] 화장품 유형과 사용 시의 주의사항의 2. 사용 시의 주의사항 및 「화장품 사용 시의 주의사항 표시에 관한 규정」(식품의약품안전처 고시)을 기재하되, 별도의 주의사항이 필요한 경우에는 근거 자료를 첨부하여 추가로 기재할 수 있다.

제16조 삭제

제17조(기준 및 시험 방법)

기준 및 시험 방법에 관한 자료는 [별표 2] 기준 및 시험 방법 작성 요령에 적합하여야 한다.

제4장 보칙

제18조(자문 등)

식품의약품안전처장은 이 규정에 의한 기능성화장품의 심사 등을 위해 필요한 경우에는 관련 분야의 전문가로부터 자문을 받을 수 있다.

제19조(규제의 재검토)

「행정규제기본법」제8조 및 「훈령·예규 등의 발령 및 관리에 관한 규정」에 따라 2014년 1월 1일을 기준으로 매 3년이 되는 시점(매 3년째의 12월 31일까지를 말한다)마다 그 타당성을 검토하여 개선 등의 조치를 하여야 한다.

3.3 기준 및 시험 방법 작성 요령

① 일반적으로 다음 각 호의 사항에 유의하여 작성한다.

1. 기준 및 시험 방법의 기재 형식, 용어, 단위, 기호 등은 원칙적으로 「기능성화장품 기준 및 시험 방법」(식품의약품안전처 고시)에 따른다.
2. 기준 및 시험 방법에 기재할 항목은 원칙적으로 다음과 같으며, 원료 및 제형에 따라 불필요한 항목은 생략할 수 있다.

번호	기 재 항 목	원 료	제 제
1	명 칭	○	×
2	구조식 또는 시성식	△	×
3	분자식 및 분자량	○	×
4	기 원	△	△
5	함량 기준	○	○
6	성 상	○	○
7	확인 시험	○	○
8	시 성 치	△	△
9	순도 시험	○	△
10	건조 감량, 강열 감량 또는 수분	○	△
11	강열잔분, 회분 또는 산불용성회분	△	×
12	기능성 시험	△	△

13	기타 시험	△	△
14	정량법(제제는 함량시험)	○	○
15	표준품 및 시약·시액	△	△

※ 주 ○ 원칙적으로 기재

　　△ 필요에 따라 기재

　　× 원칙적으로는 기재할 필요가 없음

3. 시험 방법의 기재

기준 및 시험 방법에는 「기능성화장품 기준 및 시험방법」(식품의약품안전처 고시)의 통칙, 일반시험법, 표준품, 시약·시액 등에 따르는 것을 원칙으로 하고 아래 "시험방법 기재의 생략" 경우 이외의 시험방법은 상세하게 기재한다.

4. 시험 방법 기재의 생략

식품의약품안전처 고시(예 : 「기능성화장품 기준 및 시험 방법」, 「화장품 안전기준 등에 관한 규정」등), 「의약품의 품목허가·신고·심사규정」(식품의약품안전처 고시) 별표 1의2의 공정서 및 의약품집에 수재된 시험방법의 전부 또는 그 일부의 기재를 생략할 수 있다. 다만, 식품의약품안전처 고시 및 공정서는 최신판을 말하며 최신판에서 삭제된 품목은 그 직전판까지를 인정한다.

5. 「기능성화장품 기준 및 시험방법」(식품의약품안전처 고시) 및 공정서에 수재되지 아니한 시약·시액, 기구, 기기, 표준품, 상용표준품 또는 정량용원료를 사용하는 경우, 시약·시액은 순도, 농도 및 그 제조방법을, 기구는 그 형태 등을 표시하고 그 사용법을 기재하며, 표준품, 상용표준품 또는 정량용원료(이하 "표준품"이라 한다)는 규격 등을 기재한다.

② 기준 및 시험 방법의 작성 요령은 다음 각 호와 같다.

1. 원료 성분의 기재항목 작성 요령

다음의 기재 형식에 따라 각목의 기준 및 시험 방법을 설정한다.

가. 명칭

원칙적으로 일반 명칭을 기재하며 원료 성분 및 그 분량란의 명칭과 일치되도록 하고 될 수 있는 대로 영명, 화학명, 별명 등도 기재한다.

나. 구조식 또는 시성식

「기능성화장품 기준 및 시험 방법」(식품의약품안전처 고시)의 구조식 또는 시성식의 표기 방법에 따른다.

다. 분자식 및 분자량

「기능성화장품 기준 및 시험 방법」(식품의약품안전처 고시)의 분자식 및 분자량의 표기 방법에 따른다.

라. 기원

합성 성분으로 화학구조가 결정되어 있는 것은 기원을 기재할 필요가 없으며, 천연추출물, 효소 등은 그 원료 성분의 기원을 기재한다. 다만, 고분자 화합물 등 그 구조가 유사한 2가지 이상의 화합물을 함유하고 있어 분리·정제가 곤란하거나 그 조작이 불필요한 것은 그 비율을 기재한다.

마. 함량 기준

(1) 원칙적으로 함량은 백분율(%)로 표시하고 ( ) 안에 분자식을 기재한다. 다만, 함량을 백분율(%)로 표시하기가 부적당한 것은 역가 또는 질소 함량 그 외의 적당한 방법으로 표시하며, 함량을 표시할 수 없는 것은 그 화학적 순물질의 함량으로 표시할 수 있다.

(2) 불안정한 원료 성분인 경우는 그 분해물의 안전성에 관한 정보에 따라 기준치의 폭을 설정한다.

(3) 함량 기준 설정이 불가능한 이유가 명백한 때에는 생략할 수 있다. 다만, 그 이유를 구체적으로 기재한다.

바. 성상

색, 형상, 냄새, 맛, 용해성 등을 구체적으로 기재한다.

사. 확인 시험

(1) 원료 성분을 확인할 수 있는 화학적 시험 방법을 기재한다. 다만, 자외부, 가시부 및 적외부 흡수 스펙트럼 측정법 또는 크로마토그래프법으로도 기재할 수 있다.

(2) 확인 시험 이외의 시험 항목으로도 원료 성분의 확인이 가능한 경우에는

이를 확인 시험으로 설정할 수 있다. 예를 들면 정량법으로 특이성이 높은 크로마토그래프법을 사용하는 경우에는 중복되는 내용을 기재하지 않고 이를 인용할 수 있다.

아. 시성치

(1) 원료 성분의 본질 및 순도를 나타내기 위하여 필요한 항목을 설정한다.

(2) 시성치란 검화가, 굴절률, 비선광도, 비점, 비중, 산가, 수산기가, 알코올수, 에스텔가, 요오드가, 융점, 응고점, 점도, pH, 흡광도 등 물리·화학적 방법으로 측정되는 정수를 말한다.

(3) 시성치의 측정은 「기능성화장품 기준 및 시험 방법」(식품의약품안전처 고시) [별표10] 일반 시험법에 따르고, 그 이외의 경우에는 시험 방법을 기재한다.

자. 순도 시험

(1) 색, 냄새, 용해 상태, 액성, 산, 알칼리, 염화물, 황산염, 중금속, 비소, 황산에 대한 정색물, 동, 석, 수은, 아연, 알루미늄, 철, 알칼리 토류금속, 일반 이물, 유연물질 및 분해 생성물, 잔류 용매 중 필요한 항목을 설정한다. 이 경우 일반 이물이란 제조 공정으로부터 혼입, 잔류, 생성 또는 첨가될 수 있는 불순물을 말한다.

(2) 용해 상태는 그 원료 성분의 순도를 파악할 수 있는 경우에 설정한다.

차. 건조 감량, 강열 감량 또는 수분

「기능성화장품 기준 및 시험 방법」(식품의약품안전처 고시) [별표10] 일반 시험법의 각 해당 시험법에 따라 설정한다.

카. 강열잔분

「기능성화장품 기준 및 시험 방법」(식품의약품안전처 고시) [별표10] 일반 시험법의 Ⅰ. 원료 3. 강열잔분시험법에 따라 설정한다.

타. 기능성 시험

필요한 경우 원료에 대한 기능성 시험 방법 등을 설정한다.

파. 기타 시험

위의 시험 항목 이외에 품질평가 및 안전성·유효성 확보와 직접 관련이 되는 시험 항목이 있는 경우에 설정한다.

하. 정량법

정량법은 그 물질의 함량, 함유단위 등을 물리적 또는 화학적 방법에 의하여 측정하는 시험법으로 정확도, 정밀도 및 특이성이 높은 시험법을 설정한다. 다만, 순도시험항에서 혼재물의 한도가 규제되어 있는 경우에는 특이성이 낮은 시험법이라도 인정한다.

거. 표준품 및 시약·시액

(1) 「기능성화장품 기준 및 시험 방법」(식품의약품안전처 고시)에 수재되지 아니한 표준품은 사용 목적에 맞는 규격을 설정하며, 「기능성화장품 기준 및 시험 방법」(식품의약품안전처 고시) 또는 「의약품의 품목허가·신고·심사규정」(식품의약품안전처 고시) 별표1의2의 공정서 및 의약품집에 수재되지 아니한 시약·시액은 그 조제법을 기재한다.

(2) 표준품은 필요에 따라 정제법(해당 원료성분 이외의 물질로 구입하기 어려운 경우에는 제조 방법을 포함한다)을 기재한다.

(3) 정량용 표준품은 원칙적으로 순도 시험에 따라 불순물을 규제한 절대량을 측정할 수 있는 시험 방법으로 함량을 측정한다.

(4) 표준품의 함량은 99.0% 이상으로 한다. 다만 99.0% 이상인 것을 얻을 수 없는 경우에는 정량법에 따라 환산하여 보정한다.

2. 제제의 기재 항목 작성 요령

다음의 기재 형식에 따라 각 목의 기준 및 시험 방법을 설정한다.

가. 제형

형상 및 제형 등에 대해서 기재한다.

나. 확인 시험

원칙적으로 모든 주성분에 대하여 주로 화학적 시험을 중심으로 하여 기재하며, 자외부·가시부·적외부 흡수 스펙트럼 측정법, 크로마토그래프법 등을 기재할 수 있다. 다만, 확인 시험 설정이 불가능한 이유가 명백할 때에는 생략할 수 있으며 이 경우 그 이유를 구체적으로 기재한다.

다. 시성치

원료 성분의 시성치 항목 중 제제의 품질평가, 안정성 및 안전성·유효성과 직접 관련이 있는 항목을 설정한다. (예 : pH)

라. 순도 시험

(1) 제제 중에 혼재할 가능성이 있는 유연물질(원료, 중간체, 부생성물, 분해생성물), 시약, 촉매, 무기염, 용매 등 필요한 항목을 설정한다.

(2) 제제화 과정 또는 보존 중에 변화가 예상되는 경우에는 필요에 따라 설정한다.

마. 기능성 시험

필요한 경우 자외선 차단제 함량 시험 대체 시험법, 미백 측정법, 주름 개선효과 측정법, 염모력 시험법 등을 설정한다.

바. 함량 시험

(1) 다른 배합 성분의 영향을 받지 않는 특이성이 있고 정확도 및 정밀도가 높은 시험 방법을 설정한다.

(2) 정량하고자 하는 성분이 2성분 이상일 때에는 중요한 것부터 순서대로 기재한다.

사. 기타 시험

「화장품 안전기준 등에 관한 규정」(식품의약품안전처 고시)에 따른다.

아. 표준품 및 시약·시액

원료 성분의 기재 항목 작성 요령의 해당 항에 따른다.

3. 기준

가. 함량 기준

원료 성분 및 제제의 함량 또는 역가의 기준은 표시량 또는 표시역가에 대하여 다음 각 사항에 해당하는 함량을 함유한다. 다만, 제조국 또는 원개발국에서 허가된 기준이 있거나 타당한 근거가 있는 경우에는 따로 설정할 수 있다.

(1) 원료 성분 : 95.0% 이상

(2) 제제 : 90.0% 이상. 다만, 화장품법 시행규칙 제2조제7호의 화장품 중 치오글리콜산은 90.0~110.0%로 한다.

(3) 기타 주성분의 함량 시험이 불가능하거나 필요하지 않아 함량기준을 설정할 수 없는 경우에는 기능성 시험으로 대체할 수 있다.

나. 기타 시험기준

품질관리에 필요한 기준은 다음과 같다. 다만, 근거가 있는 경우에는 따로 설정할 수 있다. 근거 자료가 없어 자가시험성적으로 기준을 설정할 경우 3롯트당 3회 이상 시험한 시험성적의 평균값(이하"실측치"라 한다.)에 대하여 기준을 정할 수 있다.

(1) pH

원칙적으로 실측치에 대하여 ±1.0으로 한다.

(2) 〈삭 제〉

(3) 〈삭 제〉

(4) 염모력 시험

효능·효과에 기재된 색상으로 한다.

3.4 자외선 차단 효과 측정 방법 및 기준

제1장 통칙

1. 이 기준은 「화장품법」 제4조의 규정에 의하여 피부를 곱게 태워주거나 자외선으로부터 피부를 보호하는데 도움을 주는 기능성화장품의 자외선 차단지수와 자외선 A 차단 효과의 측정 방법 및 기준을 정한 것이다.

2. 자외선의 분류

자외선은 200~290nm의 파장을 가진 자외선 C(이하 UVC라 한다)와 290~320nm의 파장을 가진 자외선 B(이하 UVB라 한다) 및 320~400㎚의 파장을 가진 자외선 A(이하 UVA라 한다)로 나눈다.

3. 용어의 정의

이 기준에서 사용하는 용어의 정의는 다음과 같다.

가. "자외선 차단지수(Sun Protection Factor, SPF)"라 함은 UVB를 차단하는 제품의 차단 효과를 나타내는 지수로서 자외선 차단 제품을 도포하여 얻은 최소 홍반량을 자외선 차단 제품을 도포하지 않고 얻은 최소 홍반량으로 나눈 값이다.

나. "최소 홍반량 (Minimum Erythema Dose, MED)"이라 함은 UVB를 사람의 피부에 조사한 후 16~24시간의 범위 내에, 조사 영역의 전 영역에 홍반을 나타낼 수 있는 최소한의 자외선 조사량을 말한다.

다. "최소 지속형 즉시 흑화량(Minimal Persistent Pigment darkening Dose, MPPD)"이라 함은 UVA를 사람의 피부에 조사한 후 2~24시간의 범위 내에 조사 영역의 전 영역에 희미한 흑화가 인식되는 최소 자외선 조사량을 말한다.

라. "자외선 A 차단지수(Protection Factor of UVA, PFA)"라 함은 UVA를 차단하는 제품의 차단 효과를 나타내는 지수로 자외선 A 차단 제품을 도포하여 얻은 최소 지속형 즉시 흑화량을 자외선 A 차단 제품을 도포하지 않고 얻은 최소 지속형 즉시 흑화량으로 나눈 값이다.

마. 자외선 A 차단등급(Protection grade of UVA)"이라 함은 UVA 차단 효과의 정도를 나타내며 약칭은 피·에이(PA)라 한다.

제2장 자외선 차단지수(SPF) 측정 방법

4. 피험자 선정

피험자는 피험자 선정 기준에 따라 제품당 10명 이상을 선정한다.

5. 시험 부위

시험은 피험자의 등에 한다. 시험 부위는 피부 손상, 과도한 털, 또는 색조에 특별히 차이가 있는 부분을 피하여 선택하여야 하고, 깨끗하고 마른 상태이어야 한다.

6. 시험 전 최소 홍반량 측정

피험자의 피부 유형은 설문을 통하여 조사하고, 이를 바탕으로 예상되는 최소 홍반량을 결정한다. 피험자의 등에 시험 부위를 구획한 후 피험자가 편안한 자세를 취하도록 하여 자외선을 조사한다. 자외선을 조사하는 동안에 피험자가 움직이지 않도록 한다. 조사가 끝난 후 16~24시간 범위 내의 일정 시간에 피험자의 홍반 상태를 판정한다. 홍반은 충분히 밝은 광원 하에서 두 명이상의 숙련된 사람이 판정한다. 전면에 홍반이 나타난 부위에 조사한 UVB의 광량 중 최소량을 최소 홍반량으로 한다.

7. 제품 무도포 및 도포 부위의 최소 홍반량 측정

피험자의 등에 무도포 부위, 표준시료 도포 부위와 제품 도포 부위를 구획한다. 손가락에 고무 재질의 골무를 끼고 표준시료와 제품을 해당량만큼 도포한다. 상온에서 15분간 방치하여 건조한 다음 제품 무도포 부위의 최소 홍반량 측정과 동일하게 측정한다. 홍반 판정은 제품 무도포 부위의 최소 홍반량 측정과 같은 날에 동일인이 판정한다.

8. 광원 선정

광원은 다음 사항을 충족하는 인공 광원을 사용하며, 아래의 조건이 항상 만족되도록 유지, 점검한다.

가. 태양광과 유사한 연속적인 방사 스펙트럼을 갖고, 특정 피크를 나타내지 않는 제논 아크 램프(Xenon arc lamp)를 장착한 인공태양광조사기(solar simulator) 또는 이와 유사한 광원을 사용한다.

나. 이때 290㎚ 이하의 파장은 적절한 필터를 이용하여 제거한다.

다. 광원은 시험 시간 동안 일정한 광량을 유지해야 한다.

9. 표준시료

낮은 자외선 차단지수(SPF20 미만)의 표준시료는 [부표 2]의 표준시료를 사용하고, 그 자외선 차단지수는 4.47±1.28이다. 높은 자외선 차단지수(SPF20 이상)의 표준시료는 [부표 3]의 표준시료를 사용하고, 그 자외선 차단지수는 15.5±3.0이다

10. 제품 도포량

도포량은 $2.0mg/cm^2$으로 한다.

11. 제품 도포 면적 및 조사 부위의 구획

제품 도포 면적을 $24cm^2$ 이상으로 하여 $0.5cm^2$ 이상의 면적을 갖는 5개 이상의 조사 부위를 구획한다. 구획 방법의 예는 아래 그림과 같다.

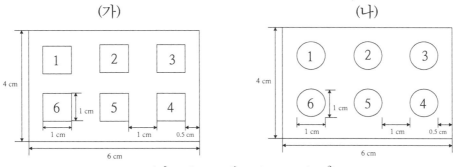

(가)   (나)

(가로 6cm × 세로 4cm = $24cm^2$)

12. 광량 증가

각 조사 부위의 광량은 최소 홍반이 예상되는 부위가 중간(예 : 3 또는 4 위치)이 되도록 조절하고 그에 따라 등비적[예상 자외선 차단지수(SPF)가 20 미만인 경우 25% 이하, 20 이상 30 미만인 경우 15% 이하, 30 이상인 경우 10% 이하] 간격으로 광량을 증가시킨다. 예를 들어, 예상 자외선 차단지수(SPF)가 25인 제품의 경우 최소 홍반이 예상되는 광량이 X라면 순차적으로 15%씩 광량을 증가시켜 0.76X, 0.87X, 1.00X, 1.15X, 1.32X, 1.52X가 되도록 광량을 증가시킨다.

13. 자외선 차단지수 계산

자외선 차단지수(SPF)는 제품 무도포 부위의 최소 홍반량(MEDu)과 제품 도포 부위의 최소 홍반량(MEDp)를 구하고 다음 계산식에 따라 각 피험자의 자외선 차단지수(SPFi)를 계산하여 그 산술평균값으로 한다. 자외선 차단지수의 95% 신뢰구간은 자외선 차단지수(SPF)의 ± 20% 이내이어야 한다. 다만 이 조건에 적합하지 않으면 표본 수를 늘리거나 시험 조건을 재설정하여 다시 시험한다.

- 각 피험자의 자외선 차단지수$(SPFi) = \dfrac{제품 도포부위의 최소홍반량(MEDp)}{제품 무도포부위의 최소홍반량(MEDu)}$

- 자외선 차단지수$(SPF) = \dfrac{\sum SPFi}{n}$ (n: 표본 수)

- 95% 신뢰구간 $= (SPF - C) \sim (SPF + C)$

- $C = t$ 값 $\times \dfrac{S}{\sqrt{n}}$

표. t 값

n	10	11	12	13	14	15	16	17	18	19	20
t값	2.262	2.228	2.201	2.179	2.160	2.145	2.131	2.120	2.110	2.101	2.093

14. 자외선 차단지수 표시 방법

자외선 차단 화장품의 자외선 차단지수(SPF)는 자외선 차단지수 계산 방법에 따라 얻어진 자외선 차단지수(SPF) 값의 소수점 이하는 버리고 정수로 표시한다(예: SPF30).

제3장 내수성 자외선 차단지수(SPF) 측정 방법

1. 시험 조건

가. 시험은 시험에 영향을 줄 수 있는 직사광선을 차단할 수 있는 실내에서 이루어져야 한다.

나. 욕조가 있는 실내와 물의 온도를 기록하여야 한다.

다. 실내 습도를 기록하여야 한다.

라. 물은 다음 사항을 만족하여야 한다.

  1) 수도법 수질기준에 적합하여야 한다.

  2) 물의 온도는 23~32℃ 이어야 한다.

마. 욕조는 다음 사항을 만족하는 크기여야 한다.

  1) 피험자의 시험 부위가 완전히 물에 잠길 수 있어야 한다.

  2) 피험자의 등이 욕조 벽에 닿지 않으며 편하게 앉을 수 있어야 한다.

  3) 물의 순환이나 공기의 분출 시 직접 피험자의 등에 닿지 않아야 한다.

  4) 피험자의 적당한 움직임에 방해를 주지 않아야 한다.

바. 물의 순환 또는 공기 분출 : 물의 순환이나 공기 분출을 통하여 전단력을 부여하여야 한다.

2. 시험 방법 : 시험 예시

내수성 시험 방법에 따른 자외선 차단지수 및 내수성 자외선 차단지수는 동일 실험실에서 동일 피험자를 대상으로 동일 기기를 사용하여 동일한 시험 조건에서 측정되어야 한다.

가. [별표 3] 자외선 차단 효과 측정 방법 및 기준의 제2장 자외선차단지수 (SPF) 측정 방법에 따라 시험한다. 다만, 제품 도포 후 건조 및 침수 방법은 아래와 같다.

나. 제품 도포 후 건조 : 제품을 도포한 후 제품에 기재된 건조시간만큼 자연 상태에서 건조한다. 따로, 건조 시간이 제품에 명기되어 있지 않는 경우에는 최소 15분 이상 자연 상태에서 건조한다.

다. 침수 방법은 다음과 같이 실시한다. 다만, 입수할 때 제품의 도포 부위가 물에 완전히 잠기도록 하고, 피험자의 등이 욕조 벽에 닿지 않으며 편하게 앉을 수 있어야 한다. 또한, 물의 순환이나 공기의 분출 시 직접 피험자의 등에 닿지 않아야 한다.

1) 내수성 제품

㉮ 20분간 입수한다.

㉯ 20분간 물 밖에 나와 쉰다. 이때 자연 건조되도록 하고 제품의 도포 부위에 타월 사용은 금지한다.

㉰ 20분간 입수한다.

㉱ 물 밖에 나와 완전히 마를 때까지 15분 이상 자연 건조한다.

2) 지속 내수성 제품

㉮ 20분간 입수한다.

㉯ 20분간 물 밖에 나와 쉰다. 이때 자연 건조되도록 하고 제품의 도포 부위에 타월 사용은 금지한다.

㉰ 20분간 입수한다.

㉱ 20분간 물 밖에 나와 쉰다. 이때 자연 건조되도록 하고 제품의 도포 부위에 타월 사용은 금지한다.

㉲ 20분간 입수한다.

㉳ 20분간 물 밖에 나와 쉰다. 이때 자연 건조되도록 하고 제품의 도포 부위에 타월 사용은 금지한다.

㉴ 20분간 입수한다.

ⓐ 물 밖에 나와 완전히 마를 때까지 15분 이상 자연 건조한다.

라. 이후 [별표 3] 자외선 차단효과 측정 방법 및 기준의 제2장 자외선 차단지수(SPF) 측정 방법에 따라 최소 홍반량 측정시험을 실시한다.

마. 계산

1) 제2장 자외선 차단지수(SPF) 측정 방법의 자외선 차단지수 계산에 따라 자외선 차단지수 및 내수성 자외선 차단지수를 구한다.

2) 피험자 내수성 비 (%)

- 피험자 내수성 비 $(\%) = \dfrac{(SPF_\text{내} - 1)}{(SPF - 1)} \times 100$
- $SPF_\text{내}$: 각 피험자의 내수성 자외선 차단지수
- SPF : 각 피험자의 자외선 차단지수

3) 평균 내수성비

평균 내수성비는 피험자 개개의 내수성비의 평균이다.

4) 내수성비 신뢰구간

평균 내수성비 신뢰구간은 편 방향 95% 신뢰구간으로 표시하며 계산은 다음과 같다.

- 내수성비 신뢰구간$(\%)$ = 평균 내수성비$(\%) - (t$값$\times \dfrac{S}{\sqrt{n}})$

  (S: 표준편차, n: 피시험자 수, t값: 자유도)

표. t 값

n	10	11	12	13	14	15	16	17	18	19	20
t값	1.833	1.812	1.796	1.782	1.771	1.761	1.753	1.746	1.740	1.734	1.729

바. 시험의 적합성 및 판정

1) 시험의 적합성

자외선 차단지수의 95% 신뢰구간은 자외선 차단지수(SPF)의 ±20% 이내이어야 한다. 다만 이 조건에 적합하지 않으면 표본 수를 늘리거나 시험 조건을 재설정하여 다시 시험한다.

2) 판정

내수성비 신뢰구간이 50% 이상일 때 내수성을 표방할 수 있다.

3. 내수성 자외선 차단지수 표시 방법 : 내수성, 지속 내수성

제4장 자외선 A 차단지수 측정 방법

1. 피험자 선정

피험자는 피험자 선정 기준에 따라 제품당 10명 이상을 선정한다.

2. 시험 부위

시험은 피험자의 등에 한다. 시험 부위는 피부 손상, 과도한 털, 또는 색조에 특별히 차이가 있는 부분을 피하여 선택하여야 하고, 깨끗하고 마른 상태여야 한다.

3. 시험 전 최소 지속형 즉시 흑화량 측정

피험자의 피부 유형은 설문을 통하여 조사하고, 피험자의 등에 시험 부위를 구획한 후 피험자가 편안한 자세를 취하도록 하여 자외선을 조사한다. 자외선을 조사하는 동안에 피험자가 움직이지 않도록 한다. 조사가 끝난 후 2~24시간 범위 내의 일정 시간에 피험자의 흑화 상태를 판정한다. 충분히 밝은 광원 하에서 두 명 이상의 숙련된 사람이 판정한다. 전면에 흑화가 나타난 부위에 조사한 자외선A의 광량 중 최소량을 최소 지속형 즉시 흑화량으로 한다.

4. 제품 무도포 및 도포부 위의 최소 지속형 즉시 흑화량 측정

피험자 등에 표준시료 도포 부위와 제품 도포 부위를 구획한다. 손가락에 고무재질의 골무를 끼고 표준시료 및 제품을 해당 양만큼 도포한다. 상온에서

15분간 방치하여 건조한 다음 제품 무도포 부위의 최소 지속형 즉시 흑화량 (MPPD) 측정과 동일하게 측정한다. 판정은 제품 무도포 부위의 최소 지속형 즉시 흑화량 측정과 같은 날에 동일인이 판정한다.

5. 광원의 선정

광원은 다음 사항을 충족하는 인공광원을 사용하며, 아래의 조건이 항상 만족되도록 유지, 점검한다.

가. UVA 범위에서 자외선은 태양광과 유사한 연속적인 스펙트럼을 가져야 한다. 또, UVA I(340~400 nm)와 UVA II(320~340 nm)의 비율은 태양광의 비율(자외선A II/ 총 자외선A = 8~20 %)과 유사해야 한다.

나. 과도한 썬번(sun burn)을 피하기 위하여 파장 320nm 이하의 자외선은 적절한 필터를 이용하여 제거한다.

6. 표준시료의 선정

자외선 A 차단지수의 낮은 표준시료(S1)는 제품의 자외선 A 차단지수가 12 미만일 것으로 예상될 때만 사용하고, 그 자외선 A 차단지수는 4.4±0.6이다. 자외선 A 차단지수의 높은 표준시료(S2)는 제품의 자외선 A 차단지수에 대한 모든 예상 수치에서 사용할 수 있으며, 그 자외선 A 차단지수는 12.7±2.0이다.

7. 제품 도포량

도포량은 $2mg/cm^2$으로 한다.

8. 제품 도포 면적 및 조사 부위의 구획

제품 도포 면적을 $24cm^2$ 이상으로 하여 $0.5cm^2$ 이상의 면적을 갖는 5개 이상의 조사 부위를 구획한다. 구획 방법은 자외선 차단지수 측정 방법과 같다.

9. 광량 증가

각 조사 부위의 광량은 최소 지속형 즉시 흑화가 예상되는 부위가 중간(예: 3 또는 4 위치)이 되도록 조절하고 그에 따라 등비적 간격으로 광량을 증가시킨다. 증가 비율은 최대 25%로 한다. 예를 들어, 최소 지속형 즉시 흑화가 예상되는 광량이 X라면 순차적으로 25%씩 광량을 증가시켜 0.64X, 0.80X, 1.00X, 1.25X, 1.56X, 1.95X가 되도록 광량을 증가시킨다.

10. 자외선 A 차단지수 계산

자외선 A 차단지수(PFA)는 제품 무도포 부위의 최소 지속형 즉시 흑화량(MPPDu)과 제품 도포부위의 최소 지속형 즉시 흑화량(MPPDp)을 구하고, 다음 계산식에 따라 각 피험자의 자외선 A 차단지수(PFAi)를 계산하여 그 산술평균값으로 한다. 이때 자외선 A 차단지수의 95% 신뢰구간은 자외선 A 차단지수(PFA) 값의 ±17% 이내이어야 한다. 다만, 이 조건에 적합하지 않으면 표본수를 늘리거나 시험 조건을 재설정하여 다시 시험한다.

- 각 피험자의 자외선A차단지수$(PFAi) = \dfrac{\text{제품 도포부위의 최소지속형즉시흑화량(MPPDp)}}{\text{제품 무도포부위의 최소지속형즉시흑화량(MPPDu)}}$

- 자외선A차단지수$(PFA) = \dfrac{\sum PFA_i}{n}$ (n: 표본수)

- 95% 신뢰구간 = (PFA − C) ∼ (PFA + C)

- $C = t$값 $\times \dfrac{S}{\sqrt{n}}$ (S: 표준편차, t값: 자유도)

11. 자외선 A 차단등급 표시 방법

자외선 차단 화장품의 자외선 A 차단지수는 자외선 A 차단지수 계산 방법에 따라 얻어진 자외선 A 차단지수(PFA) 값의 소수점 이하는 버리고 정수로 표시한다. 그 값이 2 이상이면 다음 표와 같이 자외선 A 차단등급을 표시한다. 표시 기재는 자외선 차단지수와 병행하여 표시할 수 있다(예: SPF30, PA+).

표. 자외선 A 차단등급 분류

자외선 A 차단지수 (PFA)	자외선 A 차단등급 (PA)	자외선 A 차단효과
2 이상 4 미만	PA+	낮음
4 이상 8 미만	PA++	보통
8 이상 16 미만	PA+++	높음
16 이상	PA++++	매우 높음

3.5 자료 제출이 생략되는 기능성화장품의 종류

1. 피부를 곱게 태워 주거나 자외선으로부터 피부를 보호하는 데 도움을 주는 제품의 성분 및 함량(화장품법 시행규칙 별표3) Ⅰ. 화장품의 유형(의약외품은 제외한다) 중 영·유아용 제품류 중 로션, 크림 및 오일, 기초화장용 제품류, 색조화장용 제품류에 한함)

연번	성분명	최대 함량
1	<삭 제>	<삭 제>
2	드로메트리졸	1%
3	디갈로일트리올리에이트	5%
4	4-메칠벤질리덴캠퍼	4%
5	멘틸안트라닐레이트	5%
6	벤조페논-3	5%
7	벤조페논-4	5%
8	벤조페논-8	3%
9	부틸메톡시디벤조일메탄	5%
10	시녹세이트	5%

11	에칠헥실트리아존	5%
12	옥토크릴렌	10%
13	에칠헥실디메칠파바	8%
14	에칠헥실메톡시신나메이트	7.5%
15	에칠헥실살리실레이트	5%
16	<삭 제>	<삭 제>
17	페닐벤즈이미다졸설포닉애씨드	4%
18	호모살레이트	10%
19	징크옥사이드	25%(자외선 차단 성분으로서)
20	티타늄디옥사이드	25%(자외선 차단 성분으로서)
21	이소아밀p-메톡시신나메이트	10%
22	비스-에칠헥실옥시페놀메톡시페닐트리아진	10%
23	디소듐페닐디벤즈이미다졸테트라설포네이트	산으로 10%
24	드로메트리졸트리실록산	15%
25	디에칠헥실부타미도트리아존	10%
26	폴리실리콘-15(디메치코디에칠벤잘말로네이트)	10%
27	메칠렌비스-벤조트리아졸릴테트라메칠부틸페놀	10%
28	테레프탈릴리덴디캠퍼설포닉애씨드 및 그 염류	산으로 10%
29	디에칠아미노하이드록시벤조일헥실벤조에이트	10%

2. 피부의 미백에 도움을 주는 제품의 성분 및 함량

제형은 로션제, 액제, 크림제 및 침적 마스크에 한하며, 제품의 효능·효과는 "피부의 미백에 도움을 준다"로, 용법·용량은 "본품 적당량을 취해 피부에 골고루 펴 바른다. 또는 본품을 피부에 붙이고 10~20분 후 지지체를 제거한 다음 남은 제품을 골고루 펴 바른다(침적 마스크에 한함)"로 제한함.

연번	성분명	함량
1	닥나무추출물	2%
2	알부틴	2~5%

3	에칠아스코빌에텔	1~2%
4	유용성감초추출물	0.05%
5	아스코빌글루코사이드	2%
6	마그네슘아스코빌포스페이트	3%
7	나이아신아마이드	2~5%
8	알파-비사보롤	0.5%
9	아스코빌테트라이소팔미테이트	2%

3. 피부의 주름 개선에 도움을 주는 제품의 성분 및 함량

제형은 로션제, 액제, 크림제 및 침적 마스크에 한하며, 제품의 효능·효과는 "피부의 주름 개선에 도움을 준다"로, 용법·용량은 "본품 적당량을 취해 피부에 골고루 펴 바른다. 또는 본품을 피부에 붙이고 10~20분 후 지지체를 제거한 다음 남은 제품을 골고루 펴 바른다(침적 마스크에 한함)"로 제한함.

연번	성분명	함량
1	레티놀	2,500IU/g
2	레티닐팔미테이트	10,000IU/g
3	아데노신	0.04%
4	폴리에톡실레이티드레틴아마이드	0.05~0.2%

4. 모발의 색상을 변화(탈염·탈색 포함)시키는 기능을 가진 제품의 성분 및 함량

(제형은 분말제, 액제, 크림제, 로션제, 에어로졸제, 겔제에 한하며, 제품의 효능·효과는 다음 중 어느 하나로 제한함)

① 염모제 : 모발의 염모(색상) 예) 모발의 염모(노랑)

② 탈색·탈염제 : 모발의 탈색

③ 염모제의 산화제

④ 염모제의 산화제 또는 탈색제·탈염제의 산화제

⑤ 염모제의 산화보조제

⑥ 염모제의 산화보조제 또는 탈색제·탈염제의 산화보조제

용법·용량은 품목에 따라 다음과 같이 제한

(1) 3제형 산화염모제

제1제 ○g(mL)에 대하여 제2제 ○g(mL)와 제3제 ○g(mL)의 비율로 (필요한 경우 혼합 순서를 기재한다) 사용 직전에 잘 섞은 후 모발에 균등히 바른다. ○분 후에 미지근한 물로 잘 헹군 후 비누나 샴푸로 깨끗이 씻고 마지막에 따뜻한 물로 충분히 헹군다. 용량은 모발의 양에 따라 적절히 증감한다.

(2) 2제형 산화염모제

제1제 ○g(mL)에 대하여 제2제 ○g(mL)의 비율로 사용 직전에 잘 섞은 후 모발에 균등히 바른다. 단, 일체형 에어로졸제의 경우에는 "(사용 직전에 충분히 흔들어) 제1제 ○g(mL)에 대하여 제2제 ○g(mL)의 비율로 섞여 나오는 내용물을 적당량 취해 모발에 균등히 바른다"로 한다) ○분 후에 미지근한 물로 잘 헹군 후 비누나 샴푸로 깨끗이 씻고 마지막에 따뜻한 물로 충분히 헹군다. 용량은 모발의 양에 따라 적절히 증감한다.

* 일체형 에어로졸제 : 1품목으로 신청하는 2제형 산화염모제 또는 2제형 탈색·탈염제 중 제1제와 제2제가 칸막이로 나뉘어져 있는 일체형 용기에 서로 섞이지 않게 각각 분리·충전되어 있다가 사용 시 하나의 배출구(노즐)로 배출되면서 기계적(자동)으로 섞이는 제품

(3) 2제형 비산화염모제

먼저 제1제를 필요한 양만큼 취하여 (탈지면에 묻혀) 모발에 충분히 반복하여

바른 다음 가볍게 비벼준다. 자연 상태에서 ○분 후 염색이 조금 되어갈 때 제2제를 (필요 시 잘 흔들어 섞어) 충분한 양을 취해 반복해서 균등히 바르고 때때로 빗질을 해준다. 제2제를 바른 후 ○분 후에 미지근한 물로 잘 헹군 후 비누나 샴푸로 깨끗이 씻고 마지막에 따뜻한 물로 충분히 헹군다. 용량은 모발의 양에 따라 적절히 증감한다.

(4) 3제형 탈색·탈염제

제1제 ○g(mL)에 대하여 제2제 ○g(mL)와 제3제 ○g(mL)의 비율로 (필요한 경우 혼합 순서를 기재한다) 사용 직전에 잘 섞은 후 모발에 균등하게 바른다. ○분 후에 미지근한 물로 잘 헹군 후 비누나 샴푸로 깨끗이 씻고 마지막에 따뜻한 물로 충분히 헹군다. 용량은 모발의 양에 따라 적절히 증감한다.

(5) 2제형 탈색 · 탈염제

제1제 ○g(mL)에 대하여 제2제 ○g(mL)의 비율로 사용 직전에 잘 섞은 후 모발에 균등하게 바른다. (단, 일체형 에어로졸제의 경우에는 "사용 직전에 충분히 흔들어 제1제 ○g(mL)에 대하여 제2제 ○g(mL)의 비율로 섞여 나오는 내용물을 적당량 취해 모발에 균등히 바른다"로 한다) ○분 후에 미지근한 물로 잘 헹군 후 비누나 샴푸로 깨끗이 씻는다. 용량은 모발의 양에 따라 적절히 증감한다.

(6) 1제형(분말제, 액제 등) 신청의 경우

① "이 제품 ○g을 두발에 바른다. 약 ○분 후 미지근한 물로 잘 헹군 후 비누나 샴푸로 깨끗이 씻는다" 또는 "이 제품 ○g을 물 ○mL에 용해하고 두발에 바른다. 약 ○분 후 미지근한 물로 잘 헹군 후 비누나 샴푸로 깨끗이 씻는다"

② 1제형 산화염모제, 1제형 비산화염모제, 1제형 탈색·탈염제는 1제형(분말제, 액제 등)의 예에 따라 기재한다.

(7) 분리 신청의 경우

① 산화염모제의 경우 : 이 제품과 산화제(H2O2 ○w/w% 함유)를 ○ : ○의 비율로 혼합하고 두발에 바른다. 약 ○분 후 미지근한 물로 잘 헹군 후 비누나 샴푸로 깨끗이 씻는다. 1인 1회분의 사용량 ○ ~ ○g(mL)

② 탈색·탈염제의 경우: 이 제품과 산화제(H2O2 ○w/w% 함유)를 ○ : ○의 비율로 혼합하고 두발에 바른다. 약 ○분 후 미지근한 물로 잘 헹군 후 비누나 샴푸로 깨끗이 씻는다. 1인 1회분의 사용량 ○ ~ ○g(mL)

③ 산화염모제의 산화제인 경우 : 염모제의 산화제로서 사용한다.

④ 탈색·탈염제의 산화제인 경우 : 탈색·탈염제의 산화제로서 사용한다.

⑤ 산화염모제, 탈색·탈염제의 산화제인 경우 : 염모제, 탈색·탈염제의 산화제로서 사용한다.

⑥ 산화염모제의 산화보조제인 경우 : 염모제의 산화보조제로서 사용한다.

⑦ 탈색·탈염제의 산화보조제인 경우 : 탈색·탈염제의 산화보조제로서 사용한다.

⑧ 산화염모제, 탈색·탈염제의 산화보조제인 경우 : 염모제, 탈색·탈염제의 산화보조제로서 사용한다.

구분	성분명	사용할 때 농도 상한(%)
	p-니트로-o-페닐렌디아민	1.5
	니트로-p-페닐렌디아민	3.0
	2-메칠-5-히드록시에칠아미노페놀	0.5
	2-아미노-4-니트로페놀	2.5
	2-아미노-5-니트로페놀	1.5
	2-아미노-3-히드록시피리딘	1.0
Ⅰ	5-아미노-o-크레솔	1.0
	m-아미노페놀	2.0
	o-아미노페놀	3.0

p-아미노페놀	0.9
염산 2,4-디아미노페녹시에탄올	0.5
염산 톨루엔-2,5-디아민	3.2
염산 m-페닐렌디아민	0.5
염산 p-페닐렌디아민	3.3
염산 히드록시프로필비스(N-히드록시에칠-p-페닐렌디아민)	0.4
톨루엔-2,5-디아민	2.0
m-페닐렌디아민	1.0
p-페닐렌디아민	2.0
N-페닐-p-페닐렌디아민	2.0
피크라민산	0.6
황산 p-니트로-o-페닐렌디아민	2.0
황산 p-메칠아미노페놀	0.68
황산 5-아미노-o-크레솔	4.5
황산 m-아미노페놀	2.0
황산 o-아미노페놀	3.0
황산 p-아미노페놀	1.3
황산 톨루엔-2,5-디아민	3.6
황산 m-페닐렌디아민	3.0
황산 p-페닐렌디아민	3.8
황산 N,N-비스(2-히드록시에칠)-p-페닐렌디아민	2.9
2,6-디아미노피리딘	0.15
염산 2,4-디아미노페놀	0.5
1,5-디히드록시나프탈렌	0.5
피크라민산 나트륨	0.6
황산 2-아미노-5-니트로페놀	1.5
황산 o-클로로-p-페닐렌디아민	1.5
황산 1-히드록시에칠-4,5-디아미노피라졸	3.0
히드록시벤조모르포린	1.0
6-히드록시인돌	0.5

II		α-나프톨	2.0
		레조시놀	2.0
		2-메칠레조시놀	0.5
		몰식자산	4.0
		카테콜	1.5
		피로갈롤	2.0
III	A	과붕산나트륨 과붕산나트륨일수화물 과산화수소수 과탄산나트륨	
	B	강암모니아수 모노에탄올아민 수산화나트륨	
IV		과황산암모늄 과황산칼륨 과황산나트륨	
V	A	황산철	
	B	피로갈롤	

※ I란에 있는 유효 성분 중 염이 다른 동일 성분은 1종만을 배합한다.

※ 유효 성분 중 사용 시 농도 상한이 같은 란에 설정되어 있는 것은 제품 중의 최대 배합량이 사용 시 농도로 환산하여 같은 농도 상한을 초과하지 않아야 한다.

※ I란에 기재된 유효 성분을 2종 이상 배합하는 경우에는 각 성분의 사용 시 농도(%)의 합계치가 5.0%를 넘지 않아야 한다.

※ IIIA란에 기재된 것 중 과산화수소수는 과산화수소로서 제품 중 농도가 12.0% 이하여야 한다.

※ 제품에 따른 유효 성분의 사용 구분은 아래와 같다.

(1) 산화염모제

① 2제형 1품목 신청의 경우

I란 및 IIIA란에 기재된 유효성 분을 각각 1종 이상 배합하고 필요에 따라 같은 표 II란 및 IV란에 기재된 유효 성분을 배합한다.

② 1제형 (분말제, 액제 등) 신청의 경우

I란에 기재된 유효 성분을 1종류 이상 배합하고 필요에 따라 같은 표 II란, IIIA란 및 IV란에 기재된 유효성분을 배합할 수 있다.

③ 2제형 제1제 분리 신청의 경우

Ⅰ란에 기재된 유효 성분을 1종류 이상 배합하고 필요에 따라 같은 표 Ⅱ란 및 Ⅳ란에 기재된 유효 성분을 배합할 수 있다.

(2) 비산화염모제

VA란 및 VB란에 기재된 유효 성분을 각각 1종 이상 배합하고 필요에 따라 같은 표 ⅢB란에 기재된 유효 성분을 배합한다.

(3) 탈색 · 탈염제

① 2제형 1품목 신청, 1제형 신청의 경우

ⅢA란에 기재된 유효 성분을 1종류 이상 배합하고 필요에 따라서 같은 표 ⅢB란 및 Ⅳ란에 기재된 유효 성분을 배합한다.

② 2제형 제1제 분리 신청의 경우

ⅢA란, ⅢB란 또는 Ⅳ란에 기재된 유효 성분을 1종류 이상 배합한다.

(4) 산화염모제의 산화제 또는 탈색 · 탈염제의 산화제

ⅢA란에 기재된 유효 성분을 1종류 이상 배합하고 필요에 따라 같은 표 Ⅳ란에 기재된 유효 성분을 배합한다.

(5) 산화염모제의 산화보조제 또는 탈색 · 탈염제의 산화보조제

Ⅳ란에 기재된 유효 성분을 1종류 이상 배합한다.

효능 · 효과		신청 방식	제 형		Ⅰ란	Ⅱ란	Ⅲ란 A	Ⅲ란 B	Ⅳ란	Ⅴ란 A	Ⅴ란 B
염모제	산화염모	1품목 신청	1제형(1)		○	(○)	○		(○)		
			1제형(2)		○	(○)					
			2제형	제1제	○	(○)			(○)		
				제2제				○			
			3제형	제1제	○	(○)			(○)		
				제2제				○			
				제3제					(○)		
		분리신청	2제형		○	(○)			(○)		
	비산화염모	1품목 신청	1제형							○	○
			2제형	제1제				(○)			○
				제2제						○	

탈색·탈염제									
탈색·탈염제	1품목 신청	1제형 (1)					ㅇ	ㅇ	(ㅇ)
		1제형 (2)						ㅇ	(ㅇ)
		2제형(1)	제1제					ㅇ	(ㅇ)
			제2제				ㅇ		(ㅇ)
		2제형(2)	제1제						ㅇ
			제2제				ㅇ		
		3제형	제1제					ㅇ	(ㅇ)
			제2제				ㅇ		(ㅇ)
			제3제						(ㅇ)
	분리 신청	2제형(1)	제1제					ㅇ	ㅇ
		2제형(2)	제1제				ㅇ	(ㅇ)	
		2제형(3)	제1제						ㅇ
산화염모제의 산화제로 사용			분리 신청					ㅇ	(ㅇ)
탈색·탈염제의 산화제로 사용								ㅇ	(ㅇ)
산화염모제, 탈색·탈염제의 산화제로 사용								ㅇ	(ㅇ)
산화염모제의 산화보조제로 사용									ㅇ
탈색·탈염제의 산화보조제로서 사용									ㅇ
산화염모제, 탈색·탈염제의 산화보조제로 사용									ㅇ

※ ㅇ : 반드시 배합해야 할 유효 성분

 (ㅇ) : 필요에 따라 배합하는 유효 성분

※ 다만, 3제형 산화염모제 및 3제형 탈색·탈염제의 경우에는 제3제가 희석제 등으로 구성되어 유효 성분을 포함하지 않을 수 있다.

※ 다만, 2제형 산화염모제에서 제2제의 유효 성분인 ⅢA란의 성분이 제1제에 배합되고 제2제가 희석제 등으로 구성되어 유효 성분을 포함하지 않는 경우에도 제2제를 1개 품목으로 신청할 수 있다.

5. 체모를 제거하는 기능을 가진 제품의 성분 및 함량

제형은 액제, 크림제, 로션제, 에어로졸제에 한하며, 제품의 효능·효과는 "제모(체모의 제거)"로, 용법·용량은 "사용 전 제모할 부위를 씻고 건조시킨 후 이 제품을 제모할 부위의 털이 완전히 덮이도록 충분히 바른다. 문지르지 말고 5~10분간 그대로 두었다가 일부분을 손가락으로 문질러 보아 털이 쉽게 제거되면 젖은 수건[(제품에 따라서는) 또는 동봉된 부직포 등]으로 닦아 내거나 물로 씻어낸다. 면도한 부위의 짧고 거친 털을 완전히 제거하기 위해서는 한 번 이상(수일 간격) 사용하는 것이 좋다"로 제한함.

연번	성분명	함량
1	치오글리콜산 80%	치오글리콜산으로서 3.0~4.5 %

※ pH 범위는 7.0 이상 12.7 미만이어야 한다.

6. 여드름성 피부를 완화하는 데 도움을 주는 제품의 성분 및 함량

제형은 액제, 로션제, 크림제에 한함(부직포 등에 침적된 상태는 제외함) 제품의 효능·효과는 "여드름성 피부를 완화하는 데 도움을 준다"로, 용법·용량은 "본품 적당량을 취해 피부에 사용한 후 물로 바로 깨끗이 씻어낸다"로 제한함.

연번	성분명	함량
1	살리실릭애씨드	0.5 %

CHAPTER
4

화장품 품질관리 실습

화장품 품질관리

CHAPTER
4

화장품 품질관리 실습

4.1 시험실 관리 및 보고서 작성법

1) 실험실 안전보건 수칙

(1) 실험실 안전보건관리 수칙

① 실험실에서 안전사고 및 화재를 예방하기 위하여 실험실별로 특성에 맞는 안전보건관리 규정을 작성하고, 이를 이행하여야 한다.

② 실험대, 실험 부스, 안전통로 등은 항상 깨끗하게 유지하여야 한다.

③ 실험실의 전반적인 구조를 숙지하고 있어야 하며, 특히 출입구는 비상시 항상 피난이 가능한 상태로 유지하여야 한다.

④ 사고 시 연락 및 대피를 위해 출입구 벽면 등 눈에 잘 띄는 곳에 비상연락망 및 대피 경로를 부착하여 놓아야 한다.

⑤ 소화기는 눈에 잘 띄는 위치에 비치하고, 소화기 사용법을 숙지하여야 한다.

⑥ 실험에 필요한 시약만 실험대에 놓아두고, 또한 실험실 내에는 일일 사용에 필요한 최소량만 보관하여야 한다.

⑦ 시약병은 깨끗하게 유지하고, 라벨(Label)에는 물질명, 뚜껑을 개봉한 날짜를 기록해 두어야 한다.

⑧ 유해물질이 누출되었을 경우, 싱크대나 일반 쓰레기통에 버리지 말고 폐액 수거 용기에 안전하게 버려야 한다.

⑨ 실험실의 안전 점검표를 작성하여 월 1회 이상 정기적으로 실험실 내 실험장치, 시약 보관 상태, 소방 설비 등을 점검하여야 한다.

⑩ 취급하고 있는 유해물질에 대한 물질안전보건자료(MSDS Material safety data sheet)를 게시하고 이를 숙지하여야 한다. (1단계)

⑪ 실험실 내에는 금지 표지, 경고 표지, 지시 표지 및 안내 표지 등 필요한 안전보건 표지를 부착하여야 한다.

(2) 실험실 종사자 안전보건 수칙

① 유해물질, 방사성물질 등 취급하는 실험실에서는 실험복, 보안경을 착용하고 실험을 하여야 한다. 일반인이 실험실에 방문할 때에는 보안경 등 필요한 보호장비를 착용하여야 한다.

② 유해물질 등 시약은 절대로 입에 대거나 냄새를 맡지 말아야 한다.

③ 유해물질을 취급하는 실험을 할 때에는 부스(Booth)에서 실시하여야 한다.

④ 절대로 입으로 피펫(Pipet)을 빨면 안 된다.

⑤ 하절기에도 실험실 내에서 긴 바지를 착용하여야 한다.

⑥ 음식물을 실험실 내 시약 저장 냉장고에 보관하지 말고, 또한 실험실 내에서 음식물을 먹지 말아야 한다.

⑦ 실험실에서 나갈 때에는 비누로 손을 씻어야 한다.

⑧ 실험장비는 사용법을 확실히 숙지한 상태에서 작동하여야 한다.

(3) 다른 실험 종사자의 안전에 대한 고려

① 주위 사람들의 안전에 대해서도 고려하여야 한다.

② 불안전한 행동을 하는 사람이 있을 경우 안전한 행동을 하도록 주지시켜야
한다.

③ 실험에 참가한 모든 실험 종사자는 필요한 보호구를 착용하여야 한다.

④ 화재 또는 사고 시에 주위 사람에게 알린다.

(4) 사고 시 행동 요령

① 사고를 대비하여 비상연락, 진화, 대피 및 응급조치 요령을 파악한다.

② 사고가 발생하였을 때에는 정확하고 빠르게 대응하여야 한다.

③ 실험실 내 샤워 장치, 세안 장치, 완강기, 소화전, 소화기, 화재경보기 등 안
전장비 및 비상 구에 대하여 잘 알고 있어야 한다.

* 사고가 발생하면 다음 각 호와 같이 행동하도록 한다.
  - 긴급 조치 후 신속히 큰소리로 다른 실험 종사자에게 알리고 즉시 안전관리
    책임자에게 보고하고, 관련 부서에 도움을 요청하도록 한다.
  - 화재나 사고를 가능한 한 초기에 신속히 진압하고, 필요시 응급조치를 취한다.
  - 초기 진압이 어려운 경우에는 진압을 포기하고 건물 외부로 대피하도록 한다.
  - 소방서, 경찰서, 병원 등에 긴급전화를 하여 도움을 요청한다.
  - 필요시 구급요원 등에게 사고 진행 상황에 대하여 상세히 알리도록 한다.

※ 사고보고서 양식

■ 식품의약품안전처 소속기관 실험실 안전관리규정 [별지 제3호 서식]

사 고 보 고 서

1. 사고 일시

2. 사고 장소

3. 사고 경위(6하 원칙에 의거 기술)

4. 피해 및 사고자 인적사항

소 속	직 급	성 명	생년월일 입원일자	피해내용 및 정도	조치

5. 피해사항

피 해 물	손 해 량	손해액(추산)	비 고

6. 사고원인

7. 실험실책임자 의견

부서 :   실험실책임자 :   (인)

(5) 안전보건 표지의 종류와 형태

① 금지 표시

바탕 : 흰색, 기본 모형 : 빨간색, 관련 부호 및 그림 : 검은색

② 경고 표시

바탕 : 노란색, 기본 모형, 관련 부호 및 그림 : 검은색

③ 지시 표시

바탕 : 파란색, 관련 그림 : 흰색

④ 안내 표시

바탕 : 녹색, 관련 부호 및 그림 : 흰색

안전제일 바탕 : 흰색, 기본 모형 및 관련 부호 : 녹색

(6) 실험실 일상 점검

■ 식품의약품안전처 소속기관 실험실 안전관리규정 [별지 제2호 서식]

실험실 일상점검표						
기관명			**결재**	실험실책임자		
실험실명						

구분			점검 결과		
			양호	불량	미해당
일반 안전	실험실 정리정돈 및 청결 상태				
	실험실 내 흡연 및 음식물 섭취 여부				
	안전수칙, 안전표지, 개인보호구, 구급약품 등 실험장비(흄후드 등) 관리 상태				
	사전유해인자위험분석 보고서 게시				
기계 기구	기계 및 공구의 조임부 또는 연결부 이상 여부				
	위험설비 부위에 방호장치(보호 덮개) 설치 상태				
	기계기구 회전반경, 작동반경 위험지역 출입금지 방호설비 설치 상태				
전기 안전	사용하지 않는 전기기구의 전원투입 상태 확인 및 무분별한 문어발식 콘센트 사용 여부				
	접지형 콘센트를 사용, 전기배선의 절연피복 손상 및 배선정리 상태				
	기기의 외함접지 또는 정전기 장애방지를 위한 접지 실시 상태				
	전기 분전반 주변 이물질 적재금지 상태 여부				
화공 안전	유해인자 취급 및 관리대장, MSDS의 비치				
	화학물질의 성상별 분류 및 시약장 등 안전한 장소에 보관 여부				
	소량을 덜어서 사용하는 통, 화학물질의 보관함·보관용기에 경고표시 부착 여부				
	실험폐액 및 폐기물 관리상태(폐액분류표시, 적정용기 사용, 폐액용기덮개체결상태 등)				
	발암물질, 독성물질 등 유해화학물질의 격리보관 및 시건장치 사용 여부				
소방 안전	소화기 표지, 적정소화기 비치 및 정기적인 소화기 점검 상태				
	비상구, 피난통로 확보 및 통로상 장애물 적재 여부				
	소화전, 소화기 주변 이물질 적재금지 상태 여부				
가스 안전	가스 용기의 옥외 지정장소보관, 전도방지 및 환기 상태				
	가스용기 외관의 부식, 변형, 노즐잠금 상태 및 가스용기 충전기한 초과 여부				
	가스누설검지경보장치, 역류/역화 방지장치, 중화제독장치 설치 및 작동상태 확인				
	배관 표시사항 부착, 가스사용시설 경계/경고표시 부착, 조정기 및 밸브 등 작동 상태				
	주변화기와의 이격거리 유지 등 취급 여부				
생물 안전	생물체(LMO 포함) 및 조직, 세포, 혈액 등의 보관 관리상태(보관용기 상태, 보관기록 유지, 보관 장소의 생물재해(Biohazard) 표시 부착 여부 등)				
	손 소독기 등 세척시설 및 고압멸균기 등 살균 장비의 관리 상태				
	생물체(LMO 포함) 취급 연구시설의 관리·운영대장 기록 작성 여부				
	생물체 취급기구(주사기, 핀셋 등), 의료폐기물 등의 별도 폐기 여부 및 폐기용기 덮개설치 상태				
※ 지시(특이) 사항 :					
상기 내용을 성실히 점검하여 기록함.					
점검자(실험실종사자) :				(서명)	

※ 소속기관의 실험실 상황에 맞도록 일부 수정(양식, 내용 등)하여 사용 가능함

2) 실험실 관리 수칙(GLP, Good Laboratory Practice)

　실험이 고도의 윤리적, 과학적 기준에 따라 수행되도록 정한 규정. 이 수칙에 따라 연구자는 연구 기록에 따라 실험이 재현될 수 있으며 데이터의 정확성과 정직성을 보증할 수 있는 양식으로 보고하도록 의무화하고 있다. 주로 사람, 동물과 환경에 대한 화학 물질의 안전에 대한 임상 연구에 적용하나, 최근에는 분석을 수행하는 화학 실험실에도 이 제도를 적용하고 있다.

3) 실험실 관리대장(Laboratory's management ledger)

　학교 및 회사의 실험실을 관리하기 위해 작성하는 문서

　실험실은 실험을 하기 위하여 필요한 장치와 설비를 갖춘 방을 말하며 실험실 관리대장은 설치되어 있는 실험실을 문제 없이 사용할 수 있도록 관리한 내용을 기록할 수 있는 서식이다.

　실험실의 현재 상태를 파악하여 보수나 보강 등이 필요할 경우, 그에 맞는 적절한 조치를 취하여 문제 없이 시설을 다시 사용할 수 있도록 도와준다. 안전한 시설 사용을 위해 필요한 양식이라고 할 수 있다. 또한, 실험실 사용을 하는 학생 혹은 교수들의 내용을 작성하여 실험실 관리를 쉽게 할 수 있도록 한다.

(1) 서식 구성 항목

　작성일, 대학, 학부(과), 실험실명, 동/호수, 실험실 코드, 담당 교수(성명, 연락처, E-mail), 점검자(성명, 연락처, E-mail), 실험실 분류, 실험실 안전지수, 위험물질 사용 여부, 위험 물질명, 실험실 특성, 현재 실험 내용, 실험실 사용자(순번, 성명, 학과, 학년, 실험실 근무 시작일, 비고) 등

(2) 실험실 관리대장 양식 예시

실험실 현황

작성일 : 년 월 일

대학		학부(과)		실험실명	
동/호수		실험실코드			
담당교수	성 명		연락처	E-mail	
점검자	성 명		연락처	E-mail	
실험실분류	□ 미생물·동물 □ 화학 □ 기계 □전자 □ 설계·컴퓨터				
실험실 안전지수					
위험물질 사용여부	□ 유 □ 무	위험물질명			
실험실 특성					
실험내용					

실험실 사용자					
순번	성 명	학 과	학 년	실험실 근무시 작일	비 고

(3) 작성 주의사항

① 실험실을 사용하기 위해 대여에 관한 항목들을 빠짐없이 기재하도록 한다.
② 시설이 파손되었거나 손상되었다면 해당 내용에 대하여 간결하게 작성하여야 한다.
③ 실험실의 관리 주체, 소유자, 보관자의 성명을 적고 소유자의 전화번호는 혹시 모를 상황에 대비하여 기재한다.

4) 실습실 관리대장(Laboratory management ledger)

학교의 실습실을 관리하기 위해서 작성하는 문서

실습실 관리대장은 실습실을 사용하는 사람들과 실습실 시설 및 실습 자재들을 관리하기 위해 작성하는 서식이다. 실습실 관리대장은 실습실의 상태를 파악하고 수리가 필요할 경우, 그에 맞는 적절한 조치를 취해 문제 없이 시설을 다시 사용할 수 있도록 도와준다. 안전한 실습 자재 및 실습실 사용을 위해 필요한 양식이라고 할 수 있다.

(1) 서식 구성 항목

작성 일자, 대학, 학부(과), 실습실명, 동/호수, 실습실 코드, 담당 교수(성명, 연락처, E-mail), 점검자(성명, 연락처, E-mail), 실습실 분류, 실습실 특성, 현재 실습 내용, 실습실 사용자(순번, 성명, 학과, 학년, 실습실 근무 시작일, 비고) 등

(2) 실습실 관리대장 양식 예시

실험실습실 사용일지

실험실습과목			결 제			
담 당 교 수	(인)					
담 당 조 교	(인)					
출 석 인 원	명					
실 험 일 지	년 월 일					
실험실습제목						
사용된 소모품	품 명	사 용 량		품 명	사 용 량	
파손기구 및 실험시 문제점						
조교 보충 의견						
실험실 청결상태						
비 고						

(3) 작성 주의사항

① 실습실을 사용하기 위해 대여에 관한 항목들을 빠짐없이 기재하도록 한다.

② 시설이 파손되었거나 손상되었다면 해당 내용에 대하여 간결하게 작성하여
  야 한다.

③ 실습실의 관리 주체, 소유자, 보관자의 성명을 적고 소유자의 전화번호는 혹
  시 모를 상황에 대비하여 기재한다.

4.2 화장품 품질검사 항목

1) 화장품 내용량 측정

■ 내용량

(가) 표기량이 150g(mL, mm) 이하인 경우 : 제품 3개를 가지고 시험할 때 그 평
  균 내용량은 표기량에 대하여 97% 이상이어야 한다.

(나) 표기량이 150g(mL, mm)이 넘는 경우 : 제품 3개를 가지고 시험할 때 그 평
  균 내용량은 표기량에 대하여 100% 이상이어야 한다.

(다) (가) 및 (나)항의 기준치를 벗어날 경우에는 6개를 더 취하여 시험할 때 9개
  의 평균 내용량은 상기 가) 및 나)항의 기준치 이상이어야 한다.

(라) 그 밖의 특수한 제품은 「대한약전 외 일반시험법」(식품의약품안전청 고시)
  으로 정한 바에 따른다.

■ 시험 방법

(1) 용량으로 표시된 제품

내용물이 들어 있는 용기에 뷰렛으로부터 물을 적가하여 용기를 가득 채웠을
때의 소비량을 정확하게 측정한 다음 용기의 내용물을 완전히 제거하고 물 또는
기타 적당한 유기용매로 용기의 내부를 깨끗이 씻어 말린 다음 뷰렛으로부터 물
을 적가하여 용기를 가득 채워 소비량을 정확히 측정하고 전후의 용량차를 내용
량으로 한다. 다만, 150mL 이상의 제품에 대하여는 메스실린더를 써서 측정한다.

② 질량으로 표시된 제품

내용물이 들어 있는 용기의 외면을 깨끗이 닦고 무게를 정밀하게 단 다음 내용물
을 완전히 제거하고 물 또는 적당한 유기용매로 용기의 내부를 깨끗이 씻어 말린
다음 용기만의 무게를 정밀히 달아 전후의 무게 차를 내용량으로 한다.

(3) 길이로 표시된 제품

길이를 측정하고 연필류는 연필심지에 대하여 그 지름과 길이를 측정한다.

(4) 그 밖의 특수한 제품

「대한약전 외 일반 시험법」(식품의약품안전청 고시)으로 정한 바에 따른다.

〈내용량 시험〉

본 시험의 목적은 화장품 제제의 용량이나 중량을 측정하는 것으로써 용량이나 중량이 표시량 이상 함유되어 있는지를 시험하는 것이다. 간혹 크림류 등에 중량이 부족한 경우가 있는데, 이것은 수분이 증발되었기 때문이다.

2) 화장품 용기 시험

(1) 감량 시험 방법

1. 적용 범위

   이 규격은 화장품 용기에 충전된 내용물의 건조 감량을 측정하기 위한 시험 방법에 대하여 규정한다.

   (비고)

   내용물이 충전된 용기에 마개를 닫은 상태에서 용기 재질 또는 용기와 마개의 밀폐력에 따라 건조할 때 내용물의 중량이 감소되는 것을 확인한다.

   마스카라, 아이라이너 또는 내용물의 일부가 쉽게 휘발되어 화장품의 품질 저하가 우려되는 제품에 적용한다.

2. 인용 규격

   다음 나타난 규격은 이 규격에 인용됨으로써 이 규격의 규정 일부를 구성한다. 이러한 인용 규격은 그 최신판을 적용한다.

ASTM D2684 : Permeability of Thermoplastic Containers to Packaged
Reagents of Profucts

3. 기구

3.1 전자저울 : 시료 무게의 0.01%까지 달 수 있는 저울

3.2 항온기 100 ℃ 내외의 규정된 온도를 유지할 수 있는 항온기

3.3 데시케이터 실리카 겔 건조제를 담고 있는 것

4. 시험 방법

4.1 시료

4.1.1 빈 용기 및 마개를 깨끗이 닦아 마개를 닫지 않은 상태로 따로 규정한
온도 또는 (50±2)℃에 도달한 항온기에 넣고 15분간 건조한 다음 실온의 데
시케이터에서 식히고 그 무게를 정밀하게 담아 용기 및 마개의 무게로 한다.

(비 고)

시료의 식별 및 시험 개시일을 기재하기 위하여 용기에 라벨을 붙이거나 표
시하는 것은 용기를 깨끗이 닦은 다음 항온기에 넣기 전에 한다.

4.1.2 용기에 규정된 양의 내용물을 충전하고 마개를 닫는다. 스크류 캡을
사용하는 용기의 경우 소비자가 실제로 사용할 때의 사용성을 고려하여 캡
핑하고, 토크미터를 이용하여 캡핑할 수도 있다.

4.2 조작

4.2.1 용기에 내용물을 충전하여 마개를 닫은 시료의 무게를 정밀하게 단다.

4.2.2 시료를 따로 규정한 온도 또는 (50±2)℃에 도달한 항온기에 정립 상
태로 넣고 건조한다.

4.2.3 건조 1일 및 7일 후 항온기에서 시료를 꺼내어 곧 데시케이터에 넣고
실온에서 2시간 방치한 다음 시료의 무게를 정밀하게 단다.

(비고)

건조 1일은 항온기에 넣고 24시간 후를 말하며, 이후 시료의 무게를 측정

하기 위하여 항온기에서 시료를 꺼내는 시간은 최초 항온기에 넣은 시간과 동일한 시간으로 한다.

4.2.4 따로 규정한 시험 기간 동안 또는 필요하면 14일, 21일 혹은 28일까지 시험기간을 연장하여 시료의 무게를 측정한다.

5. 계산

5.1 내용물의 감량은 다음 식에 따라 산출한다.

$$A = \frac{W_1 - W_2}{W_1 - W_3} \times 100$$

A : 내용물의 감량(%)
W_1 : 건조 전 시료(용기, 마개, 내용물)의 무게(g)
W_2 : 건조 후 시료(용기, 마개, 내용물)의 무게(g)
W_3 : 용기와 마개의 무게(g)

5.2 일평균 중량 변화율은 다음 식에 따라 산출한다. 필요하면 시간에 따른 중량별 확률 그래프로 그린다.

$$B = \frac{W_n - W_m}{(W_1 - W_3) \times (m-n)} \times 100$$

B : 일평균 중량변화율(%)
W_n : 건조 n일 후 시료(용기, 마개, 내용물)의 무게(g)
W_m : 건조 m일 후 시료(용기, 마개, 내용물)의 무게(g)
W_1 : 건조 전 시료(용기, 마개, 내용물)의 무게(g)
W_3 : 용기와 마개의 무게(g)

(비고)

건조 후 일정 시간 이후 감량의 변화를 일평균 값으로 산출한 것으로, m〉n이어야 하며, 감량의 변화를 확실하게 인지할 수 있도록 충분한 간격을 유지하여야 한다.

(2) 감압 누설 시험 방법

1. 적용 범위

    이 규격은 액상의 내용물을 담는 용기의 마개, 펌프, 팩킹 등의 밀폐성을 시험하는 방법에 대하여 규정한다.

(비고)

    스킨, 로션 및 오일과 같은 액상 제품을 담는 용기에서 액의 누설 여부를 시험하기 위하여 진공도를 조절하여 판정한다.

2. 인용 규격

    다음에 나타내는 규격은 이 규격에 일부 인용됨으로써 이 규격의 규정 일부를 구성한다. 이러한 인용 규격은 그 최신판을 적용한다.

    ASTM D5094 : Gross Leakage of Liquids from containers with Threaded or Lug-Style Closures

3. 시험 개요

    정상 조립 상태에서 용기, 마개, 펌프, 팩킹 등 접촉 부위의 밀착 상태 또는 균열 등을 감압 시 액의 누설 여부로 확인한다.

4. 기구

  4.1 토크메타

    기기의 측정 범위 안에 측정할 토크 범위가 들어가는 것

  4.2 진공 오븐

    진공 압력 0~100kPa(0~750mmHg)를 유지할 수 있는 것

5. 시험 방법

  5.1 시료

    용기 및 마개 등은 규격에 적합한 것으로서 사용하지 않은 것을 시료로 한다.

5.2 시험 방법

5.2.1 시료에 제품 내용물 또는 대용시험액을 약 1/3 정도 충전한다.

(비고)

1. 충전하는 액으로 제품 내용물 대신 제품 내용물과 유사한 조성의 액을 대용 시험액으로 사용할 수 있다.

2. 액의 누설 및 균열 부분을 확인하는 데 필요하면 색소를 첨가한다.

5.2.2 용기에 마개를 닫는다. 팩킹이 있을 경우 용기에 팩킹을 끼우고 리드 실을 제거한다. 스크류캡을 사용하는 용기의 경우 소비자가 실제로 사용할 때의 사용성을 고려하여 캡핑하고, 토크미터를 이용하여 캡핑할 수도 있다. 딥튜브형 펌프일 경우 딥튜브를 제거하고 용기에 체결한다.

5.2.3 시료를 비이커 또는 적당한 장치에 거꾸로 세워 놓는다.

(비고)

액의 누설을 확인하기 위하여 누설이 가능한 부분에 충전한 액이 충분히 닿을 수 있도록 시료의 세우는 방향을 적절히 정한다.

에어리스 펌프와 같이 밑면에서도 액의 누설이 우려되는 용기의 경우 역 립 상태뿐만 아니라 정립 상태 모두 감압 누설 시험을 실시한다.

5.2.4 진공 오븐에 넣고 따로 규정이 없는 한 30초에서 1분 사이에 약 33.7kPa (250mmHg)에 도달하도록 천천히 진공도를 올린 다음 10분간 유지한다.

5.2.5 다시 30 초에서 1분 동안 진공을 푼다.

5.2.6 시료를 꺼내어 액의 누설, 용기의 균열 또는 다른 손상 부분이 없는지 확인한다.

6. 판정 방법 및 기준

6.1 액의 누설 또는 용기의 손상의 유무를 확인한다.

6.2 용기에 따라서 따로 규정한 경우에는 그 기준에 적합하여야 한다. 이때 진공 압력 및 진공 유지 시간 등이 규정되어야 한다.

(3) 내용물에 의한 용기 마찰 시험 방법

1. 적용 범위

이 규격은 용기 표면의 인쇄문자, 핫스탬핑, 증착 및 코팅막 등의 내용물에 의한 용기 마찰 시험 방법에 대하여 규정한다.

(비고)

화장품을 사용할 때 내용물과 용기가 쉽게 접촉할 수 있으므로 이 시험 방법을 이용하여 내용물로 인한 용기 표면의 인쇄문자, 핫스탬핑, 증착 및 코팅막의 변형, 박리, 용출 및 묻어남 등을 확인한다.

2. 인용 규격

다음에 나타내는 규격은 이 규격에 일부 인용됨으로써 이 규격의 규정 일부를 구성한다. 이러한 인용 규격은 그 최신판을 적용한다.

ASTM D4333-05 : Standard Test Method for the Compatibility of Mechanical Pump Dispenser Components

ASTM D3090 : Storage Testing of Aerosol Products

3. 기구

3.1 유리조 시료가 제품 내용물에 완전히 잠길 수 있을 정도의 적당한 크기로 덮개가 있는 것

3.2 항온기 (시험 온도±2) ℃로 유지할 수 있는 것

3.3 거즈

4. 시험 방법

4.1 유리조에 시료를 넣고 시료가 완전히 잠기도록 제품의 내용물을 넣는다.

4.2 적당한 덮개로 덮은 다음 (45±3)℃의 항온기에 넣는다.

4.3 7일 후 시료를 꺼내 조심스럽게 내용물을 닦고 내용물을 묻힌 거즈를 사용하여 가볍게 40회 왕복 마찰시킨 다음 육안으로 관찰한다.

(비고)

따로 규정한 온도 또는 침적 시간이 있는 경우 그 조건을 결과에 기재한다.

별도의 덮개가 없는 경우 랩 등을 이용할 수 있다.

5. 판정 방법 및 기준

시료의 표면을 육안으로 관찰하여 인쇄 문자, 핫스템핑, 증착 및 코팅막의 표면 변화(흐려짐, 지워짐), 박리 및 색상 등의 용출, 묻어남 등의 유무를 확인한다.

(4) 내용물에 의한 용기 변형 시험 방법

1. 적용 범위

이 규격은 내용물에 의한 용기의 변형을 측정하는 시험 방법에 대하여 규정한다.

(비고)

용기와 내용물의 장시간 접촉에 의하여 발생할 수 있는 용기의 팽창, 수축, 변질, 탈색, 연화, 발포, 균열 또는 용해 등을 확인한다.

사용 중 내용물과 접촉하는 시료를 내용물에 침적시켜 시료 용기의 물성 저하 혹은 변화 상태, 내용물과 용기 간의 색상 전이 등을 확인한다.

2. 인용 규격

다음에 나타내는 규격은 이 규격에 인용됨으로써 이 규격의 규정 일부를 구성한다. 이러한 인용 규격은 그 최신판을 적용한다.

ASTMD4333-05 : Standard Test Method for the Compatibility of Mechanical Pump Dispenser Components

ASTM D3090 : Storage Testing of Aerosol Products

3. 기구

3.1 유리조 시료가 제품 내용물에 완전히 잠길 수 있을 정도의 적당한 크기로 덮개가 있는 것

3.2 항온기 (시험 온도±2)℃ 로 유지할 수 있는 것

3.3 전자저울 1mg까지 측정할 수 있는 것

3.4 마이크로미터(또는 캘리퍼스) 0.025mm까지 측정할 수 있는 것

4. 시험 방법

4.1 시료

4.1.1 각 시험 조건에 따라 3개 이상의 시료를 준비한다.

4.1.2 각 시험 조건에 따라 3개 이상의 대조 시료를 준비한다.

4.1.3 시료는 사용하지 않은 깨끗한 용기로써 마개, 펌프 등의 조립하지 않은 부속품을 포함한다.

4.2 조작

4.2.1 제1법 : 무게의 변화를 측정하는 방법

a) 시료의 무게를 달아 W1으로 한다.

b) 대조 시료는 제품 내용물에 침적하지 않고 시료와 같은 항온조에 동일한 시간 동안 보관한다.

c) 시료를 유리조에 넣고 완전히 잠기도록 제품 내용물을 넣은 다음 덮개를 덮어 (45±3)℃의 항온기에 넣는다.

d) 7일 후 유리조를 (23±3)℃의 실온으로 옮겨 4시간 이상 정치하여 식힌 다음 시료를 조심스럽게 유리조에서 꺼내어 내용물을 제거하고 말린다.

e) 시료의 무게를 달아 W2로 한다.

f) 다시 시료를 제품 내용물에 침적 시켜 항온기에 넣고 21일간 보관한다.

g) 총 28일 후 4.2.1의 d)와 같은 방법으로 조작하고 시료의 무게를 W3을 구한다.

4.2.2 제2법 : 크기의 변화를 측정하는 방법

  a) 시료의 각 부품별로 두께, 길이, 필요하면 지름 등을 0.025mm까지 측정하여 산출한 부품별 각 평균값을 초기 치수 D1으로 한다.

  b) 4.2.1의 b), c) 및 d)와 같은 방법으로 조작하고 4.2.2의 a)와 같은 방법으로 부품의 치수를 측정하여 D2로 한다.

  c) 다시 시료를 제품 내용물에 침적시켜 항온기에 넣고 21일간 보관한다.

  d) 총 28일 후 4.2.1의 d와 같은 방법으로 조작하고 4.2.2의 a)와 같은 방법으로 부품의 치수를 측정하여 D3로 한다.

4.2.3 외관 검사 4.2.1의 e) 및 g)에서 W2 및 W3의 무게 측정 시료(4.2.2의 b) 및 d)에서 D2 및 D3의 크기 측정 시료와 동일)를 가지고 4.2.1의 b)의 대조 시료와 외관을 비교하여 광택 감소, 결 발생, 변질, 탈색, 균열, 발포, 녹아서 진득해지거나 딱딱해짐 등을 관찰한다.

(비고)

  내용물 시험을 간이적으로 시행할 때 무게 변화 또는 크기 변화 측정을 따로 시험하지 않고 외관 검사로 대신하여 시험할 수 있다.

5. 계산

5.1 처음 7일간의 무게 변화율은 다음 식에 따라 산출한다.

$$A_7 = \frac{W_2 - W_1}{W_1} \times 100$$

  A_7 : 처음 7일간의 무게 변화율(%)
  W_1 ; 시험 전 시료의 무게(g)
  W_2 : 시험 7일 후 시료의 무게(g)

5.2 시험 28일간의 무게 변화율은 다음 식에 따라 산출한다.

$$A_{28} = \frac{W_3 - W_1}{W_1} \times 100$$

  A_{28} : 시험 28일간의 무게 변화율(%)
  W_1 : 시험 전 시료의 무게(g)
  W_3 : 시험 28일 후 시료의 무게(g)

5.3 처음 7일간의 크기 변화율은 다음 식에 따라 산출한다.

$$B_7 = \frac{D_2 - D_1}{D_1} \times 100$$

B_7 : 처음 7일간의 크기 변화율(%)

D_1 : 시험 전 시료의 크기(mm)

D_2 : 시험 7일 후 시료의 크기(mm)

5.4 시험 28일간의 크기 변화율은 다음 식에 따라 산출된다.

$$B_{28} = \frac{D_3 - D_1}{D_1} \times 100$$

B_{28} : 시험 28일간의 크기 변화율(%)

D_1 : 시험 전 시료의 크기(mm)

D_3 : 시험 28일 후 시료의 크기(mm)

6. 판정 방법 및 기준

6.1 5.1, 5.2, 5.3 및 5.4에서 산출된 무게 및 크기 변화율이 양(+)의 값이면 시료가 팽창된 것이며, 음(-)의 값이면 시료가 수축된 것을 나타낸다.

6.2 시료가 내용물과 장시간 접촉되었을 때 팽창, 수축, 광택 감소, 결 발생, 변질, 탈색, 팽창, 균열, 발포, 녹아서 진득해지거나 딱딱해짐 등의 변화의 유무를 확인한다.

(5) 접착력 시험 방법

1. 적용 범위

이 규격은 화장품 용기에 표시된 인쇄문자, 코팅막 및 라미네이팅의 밀착성을 측정하기 위한 시험 방법에 대하여 규정한다.

(비고)

용기 겉표면에 인쇄된 문자, 코팅막 및 라미네이팅 된 필름이 점착성을 갖는 점착테이프에 의해 박리되는지를 확인하는 데 적용한다.

2. 인용 규격

다음에 나타내는 규격은 이 규격에 인용됨으로써 이 규격의 규정 일부를 구성한다. 이러한 인용 규격은 그 최신판을 적용한다.

KS A 1106 점착테이프 및 점착 시트의 용어

KS A 1514 포장용 폴리프로필렌 점착 테이프

KS A 1107 점착테이프 및 점착 시트의 시험 방법

3. 기구 및 장치

3.1 점착테이프 #610 셀로판 테이프(3M사)와 동등한 물성을 지닌 제품

3.2 압착 장치는 KS A 1107의 10.2.4(압착 장치)의 것을 사용한다.

4. 시험 방법

4.1 시료는 표면에 수분, 기름 또는 먼지 따위가 부착되지 않은 것으로 한다. 시료에 수분, 기름 또는 먼지 따위가 부착되어 있는 경우에는 알코올 등을 사용하여 거즈로 가볍게 닦아 준다.

4.2 시료에 길이 약 5cm, 너비 약 2cm의 점착테이프를 시료 표면과의 사이에 공기가 들어가지 않도록 붙인 다음 점착테이프 위를 압착 장치로 약 5mm/s의 압착 속도로 1회 왕복하여 시료 표면에 압착시킨다.

4.3 압착 후 5분 이상 정치한 다음 점착테이프를 손으로 시료 표면에서 180° 당겨 벗긴다.

5. 판정 방법 및 기준

5.1 점착테이프가 붙었던 시료 표면의 상태를 관찰할 때 인쇄 문자 또는 코팅막의 박리 유무를 확인한다.

5.2 라미네이팅의 경우는 라미네이팅 필름의 찢어짐 및 분리 유무를 확인한다.

(6) 유리병 표면 알칼리 용출량 시험 방법

1. 적용 범위

이 규격은 화장품 용기의 유리병 표면 알칼리 용출량 시험 방법에 대하여 규정한다.

(비고)

유리병은 체병 후 또는 고온 고습에서 장기 방치 시 표면이 변화하여 알칼리화할 수 있다. 유리병 표면 알칼리 용출량 시험 방법은 유리병 용기 내부에 존재하는 알칼리를 황산과의 중화반응 원리를 이용하여 측정한다.

분쇄한 시료를 시험하는 것 대신 화장품 용기 형태 그대로 시험할 수 있도록 간략히 하여 적용하기 쉽게 하였다.

2. 인용 규격

다음에 나타내는 규격은 이 규격에 인용됨으로써 이 규격의 규정 일부를 구성한다. 이러한 인용 규격은 그 최신판을 적용한다.

KS L2501 : 유리병

대한약전 : 주사제용 유리용기 시험법

3. 기구

3.1 메스실린더 5mL의 눈금이 있는 것으로 전체 용량 200mL의 것

3.2 비커 또는 시계접시

3.3 항온수조

3.4 가열기

3.5 삼각 플라스크 전체 용량 250mL의 것

3.6 스포이드

3.7 뷰렛 0.1mL의 눈금이 있는 것으로 전체 용량 1mL의 것

4. 시약 및 시액

4.1 증류수

4.2 0.02 N 황산

쓸 때 0.1 N 황산에 물을 넣어 정확하게 5배 용량으로 한다.

4.2.1 0.1 N 황산

황산 3mL를 물 1L 중에 저어 섞으면서 천천히 넣어 식혀 다음과 같이 * 표정한다.

* 표정 : 탄산나트륨(표준시약)을 (500~650)℃에서 1시간 가열한 다음 데시케이터(실리카겔)에서 식혀 약 0.15g을 정밀하게 달아 물 30mL를 넣어 녹여 지시약 3방울을 넣어 미리 만든 황산으로 적정하여 규정도계수를 계산한다. 다만 적정의 종말점은 액을 조심하면서 끓여서 가볍게 마개를 하고 식힐 때 지속하는 등색~등적색을 나타낼 때로 한다.

$$0.1 \ N \ 황산 \ 1 \ mL = 5.299 \ mg \ Na_2CO_3$$

4.3 지시약

메칠레드 0.1g에 에탄올 100mL를 넣어 녹인다. 필요하면 여과한다.

5. 시험 방법

5.1 용기 실용적의 90%에 해당하는 용량의 증류수를 시료 용기에 담아 비커 또는 시계접시로 뚜껑을 한다.

5.2 항온수조에서 2시간 동안 끓인 다음 20~30분 동안 식혀 상온으로 한 액을 시험액으로 한다.

5.3 시험액 50mL를 삼각 플라스크에 취하여 지시약 2~3방울을 넣어 0.02 N 황산으로 적정한다.

5.4 따로 물 100mL를 정확하게 취하여 삼각 플라스크에 넣고 이하 같은 방법으로 적정하여 공시험을 하고 보정할 때 0.02 N 황산의 소비량은 0.10mL 이하이다.

$$0.02\ N\ 황산\ 소비량\ (mL) = a - b$$
$$a : 시험액에서의\ 0.02\ N\ 황산\ 소비량\ (mL)$$
$$b : 공시험에서의\ 0.02\ N\ 황산\ 소비량\ (mL)$$

6. 판정 방법 및 기준

6.1 판정 방법

적정의 종말점은 액의 색이 노란색이 될 때로 한다.

6.2 판정 기준

판정	기 준
합 격	0.02 N 황산 소비량 1mL 이하
불합격	0.02 N 황산 소비량 1mL 초과 또는 적정의 종말점이 주황색 또는 다홍색인 경우

(7) 유리병의 내부 내압 시험 방법

1. 적용 범위

이 규격은 화장품 용기의 유리병 내부 압력 시험 방법에 대하여 규정한다.

(비고)

가스가 함유된 탄산음료 유리병에 적용하는 시험 방법이지만, 디자인이 화려하고 독특한 화장품 용기는 내부 압력에 취약한 특성이 있어 파손 사고를 예방하기 위하여 시험한다.

유리병에 물을 채운 다음 유리병이 파손될 때까지 미리 정한 일정 속도로 증압하여 유리병의 내압(耐壓) 강도를 측정한다.

유리병의 내압(耐壓) 강도는 병의 형상과 관계가 있어 중량과 두께가 동일할 때 원형보다 타원형이 그리고 모서리가 예리할수록 내압(耐壓) 강도가 낮다.

2. 인용 규격

다음에 나타내는 규격은 이 규격에 인용됨으로써 이 규격의 규정 일부를 구성한다. 이러한 인용 규격은 그 최신판을 적용한다.

KS L 2412 : 탄산음료용 유리병의 내부 내압력 시험 방법

KS L 2501 : 유리병

ASTM C 147 : Standard Test Methods for Internal Pressure Strength of Glass Containers

3. 기구

3.1 유리병 내압시험기

유리병이 파손에 이를 때까지, 또는 미리 정한 수준에 이를 때까지 (1 ± 0.2) MPa $\cdot$ s^{-1}{(10 ± 2) bar $\cdot$ s^{-1}}의 속도로 유압을 증압할 수 있는 장치로 압력 증가율은 2%까지 재현성이 있어야 한다.

3.2 온도계

4. 시약 및 시험액

4.1 증류수

5. 시험 방법

5.1 안전창을 열고 유리병을 클램프 하단에 고정시키고 클램핑한다.

5.2 유리병이 주위 온도에 달하도록 하고 주위 온도 $\pm5℃$ 일 때 물을 가득 채운다.

5.3 씰링디바이스를 이용하여 유리병 입구를 밀봉한다.

(비고)

시험 중에 압축 매체의 존속을 위해 봉인된 상부와 밑봉 표면 사이에는 탄성 있는 봉인이 있어야 한다.

5.4 시험기기를 작동시켜 유리병이 파손될 때까지 내부 시험 압력을 일정 속

도로 증가시킨다.

5.5 유리병이 파괴되면 기기 작동을 멈추고 파열 압력계에 표시된 최고 압력 수치를 읽고 기록한다.

5.6 씰링디바이스와 클램프 순서대로 해체한다.

6. 판정 방법 및 기준

시험에 사용한 유리병 가운데 처음 파손이 일어난 압력이 다음 기준 이상이어야 한다.

종류	최고 내부 압력
각형 유리병	4 MPa 이상
원형 유리병	8 MPa 이상

(비고)

KS L 2501 규격에서 화장품병(5종) 중 내압력(耐壓力)을 요하는 유리병의 내압력 기준은 12.0 MPa이다. 여기서 내압력을 요하는 병이란 탄산가스가 용해된 내용물을 주입하는 병을 말한다. 따라서 소비자의 화장품 용기 사용성 및 유리병 제조업체의 여건을 고려하여 유리병 종류별로 판정 기준을 위와 같이 완화하였다. 이 기준은 유희병의 내부 압력에 대한 최소 기준이므로 개별 용기의 특성과 각 사의 기준에 준하여 규격의 판정 기준을 택하는 것이 바람직할 것이다.

(8) 유리병의 열 충격 시험 방법

1. 적용 범위

이 규격은 화장품 용기 유리병의 급격한 온도 변화에 대한 내구력을 측정하는 방법에 대하여 규정한다.

(비고)

유리병 제조 시 열처리 과정에서 불량이 생길 수 있고, 유통 중 온도에 따라 파손되는 것을 예방하기 위하여 시험한다.

유리병을 온수조 침적 후 냉수조로 이동 침적 시 급격한 온도차에 의해 발생되는 유리병의 수축 팽창에 의한 파손 또는 균열 상태를 확인한다.

2. 인용 규격

다음에 나타내는 규격은 이 규격에 인용됨으로써 이 규격의 규정 일부를 구성한다. 이러한 인용 규격은 그 최신판을 적용한다.

KS L 2501 : 유리병
KS L 2503 : 유리 용기의 열 충격 시험 방법
ASTM C 149 : Standard Test Methos for Thermel Shock Resistance of Glass Containers

3. 기구

3.1 온수조
소정 온도를 ±1℃ 내에서 균일하게 조절할 수 있는 것

3.2 냉수조
소정 온도를 ±1℃ 내에서 균일하게 조절할 수 있는 것

3.3 온도계
(0~100)℃의 온도를 측정할 수 있는 것

3.4 초시계

4. 시험 방법

4.1 온수조와 냉수조를 규정된 온도로 준비한다.
4.1.1 냉수조 온도 : (20±1)℃
4.1.2 온수조 온도 : (냉수온도+50)℃
(비고)
각 수조의 온도는 화장품 유통과 보관 조건에 맞게 범위를 설정하였다.

수조의 용량은 유리병 100g당 1L 이상이 되어야 한다.

4.2 처음 유리병과 온수조의 온도차가 25℃ 이내인 상태에서 유리병이 전부 물에 잠기도록 온수조에 넣고 5 분 ±10초간 유지한다.

4.3 다음에 유리병을 꺼내어 (30±1.5)초 사이에 냉수조로 옮기고, 30초 후에 꺼내어 파손 또는 균열 상태를 본다.

(비고)

이 조작은 통풍이 심한 곳에서 해서는 안 된다. 또 온수조에서 냉수조로 옮길 때에는 유리병 속에 들어 있는 물을 가능한 한 모두 쏟아낸다.

5. 판정 기준

유리병은 파손 또는 균열의 유무를 확인한다.

(9) 펌프 누름 강도 시험 방법

1. 적용 범위

이 규격은 펌프 용기의 화장품을 펌핑 시 펌프 버튼의 누름 강도를 측정하는 시험 방법을 규정한다.

(비고)

펌프의 구조 및 내용물의 점성에 따라 달라지는 펌프 누름 강도를 압축시험기를 이용하여 측정한다.

누름 강도를 측정하여 소비자가 펌프 제품을 편리하게 사용할 수 있도록 하는 데 목적이 있다.

2. 인용 규격

다음에 나타내는 규격은 이 규격에 인용됨으로써 이 규격의 규정 일부를 구성한다. 이러한 인용 규격은 그 최신판을 적용한다.

ASTM D6534 : Determining the Peak Force-to-Actuate a Mechanical Pump

Dispenser

(비고)

ASTM 규격을 일부 인용하였으나, 국내 화장품 제조업자 및 용기·포장 업자의 자료를 토대로 그 규정을 화장품 용기의 특성에 부합하도록 간략히 하였기에 본 규정의 관련 규격에 대한 항목 비교는 의미가 없다.

3. 기구

3.1 압축 시험기 : 일정한 속도로 Stroke 길이를 조절하여 펌프를 작동할 수 있어야 한다. (Guage, Actuator)

3.2 압축 시험기에 연결하여 펌핑 결과 누름 강도를 뉴튼(N) 단위로 표시할 수 있는 기기 (0.1의 정확도)

3.3 시험 동안 펌프 용기를 단단하게 지지할 수 있는 장치

4. 시험 방법

4.1 시료

4.1.1 시험하고자 하는 사용하지 않은 건조한 펌프 용기를 준비한다. 정확성을 위해 10회 이상의 시험이 권장되나, 최소 3회 이상 측정. 시험 횟수만큼의 펌프 용기를 준비

4.1.2 시험용 펌프 용기는 생산되는 방식대로 조립한 새것이어야 한다.

4.1.3 가능하면 펌프 용기는 (23±2)℃에서 4시간 이상 컨디셔닝하도록 하고, 조립 후 24시간 이후에 시험한다.

4.2 조작

4.2.1 시험용 펌프 용기에 해당 내용물을 충진하고 펌프를 체결한 후 내용물이 토출될 때까지 4~5회 펌핑한다.

4.2.2 이것을 압축 시험기의 게이지 픽스처(guage fixture) 하단에 위치시킨다.

4.2.3 액추에이션 픽스처(actuation fixture)의 높이를 펌프 용기 바로 위(1mm 이내)에 오도록 맞춘다.

4.2.4 펌프 용기의 액추에이터(actuator)를 게이지 픽스처(guage fixture)의 반대로 눌러서 펌프가 완전히 압축되도록 한다.

4.2.5 액추에이터(actuator)를 게이지 픽스처(guage fixture)에 대하여 고정되어 있는 동안 펌프 용기의 base가 lower compression plate와 살짝 닿을 때까지 압축 시험기의 ram을 서서히 낮춘다.

(비고)

　finger pump에서 stroke length는 7mm 또는 그 이상, actuation 속도는 35~75mm/sec가 되도록 한다.

4.2.6 lower limit travel switch를 고정한다.

4.2.7 ram을 upper limit로 재위치시킨 후 ram의 속도를 세팅한다.

4.2.8 시험기가 적절하게 세팅되지 않았으면 4.2.4~7까지 반복한다.

4.2.9 각각의 시험 용기에 대해 시험을 실시한다.

4.2.10 각각의 시험 용기에 대해 누름 강도, actuation rate, stroke length를 기록한다.

5. 판정 방법 및 기준

　5.1 압축 시험기에 표시된 누름 강도 최댓값을 읽는다.

　5.2 내용물 제형, 펌프 구조, 용기 형태 및 사용 방법에 따라 누름 강도 기준을 설정한다. 일반적으로 펌프 버튼 누름 강도가 29.4 N 이내여야 한다.

(10) 펌프 분사 형태 시험 방법

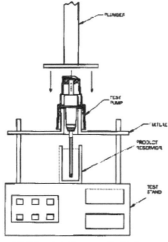

FIG. 1 Example of a Compression Test Machine

1. 적용 범위

이 규격은 스프레이 펌프의 분사 형태를 측정하기 위한 참고 시험 방법을 규정한다.

(비고)

스프레이 펌프의 분사 형태는 액추에이터 디자인과 내용물 성질에 따라 매우 다양하다.

종이에 분사된 염료 용액의 반경과 분사 거리를 이용하여 분사 형태와 분사 각을 확인한다.

2. 인용 규격

다음에 나타내는 규격은 이 규격에 인용됨으로써 이 규격의 규정 일부를 구성한다. 이러한 인용 규격은 그 최신판을 적용한다.

ASTM D 4041 : Determining Spray Patterns of Manually Operated Pump Dispensers

(비고)

ASTM 규격을 일부 인용하였으나, 국내 화장품 제조업자 및 용기·포장업자의 자료를 토대로 그 규정을 화장품 용기의 특성에 부합하도록 간략히 하였기에 본 규정의 관련 규격에 대한 항목 비교는 의미가 없다.

3. 기구 및 시약

3.1 타깃 용지 지지대 (Target support stand)

3.2 펌프 용기 지지대 (Container support stand)

3.3 길이를 잴 수 있는 도구 (자) (Measuring rule)

3.4 알코올 반응 타깃 용지 (Alcohol-sensitive paper) 알코올 함유 내용물 시험 시 타깃 용지로 사용

3.5 일반 배지 (Plain while paper) 타깃 용지로 사용 시 내용물은 염료를 포함

해야 함.

3.6 염료 (dye) Water-based product용 수성 염료 및 petroleum-based product

용 유성 염료

4. 시험 방법

4.1 시료

(11) 낙하 시험 방법

1. 적용 범위

이 규격은 플라스틱 성형품, 조립 캡, 조립 용기, 거울, 명판 등의 조립 및 접

착에 의해 만들어진 화장품 용기의 낙하 시험 방법에 대하여 규정한다.

(비고)

이 방법은 다양한 형태의 조립 포장 재료가 부착된 화장품 용기의 운송, 취급

및 사용 과정에서 낙하 충격에 의해 발생하는 파손, 분리 및 작동 불량에 대

한 시험이다.

이 방법은 자유 낙하 시험에 한한다.

2. 인용 규격

다음에 나타내는 규격은 이 규격에 인용됨으로써 이 규격의 규정 일부를 구

성한다. 이러한 인용 규격은 그 최신판을 적용한다.

KS A 1011 : 포장 화물의 낙하 시험 방법

(비 고)

KS 규격의 자유 낙하 시험 방법 일부를 인용하였으나, 그 규정을 화장품 용기

의 특성에 부합하도록 간략히 하였기에 본 규정의 관련 규격에 대한 항목 비

교는 의미가 없다.

3. 기구

3.1 낙하 장치 시료를 임의의 자세로 유지할 수 있어야 하며 낙하 높이는 (1.00 ± 0.02)m의 범위를 벗어나지 않아야 한다.

(비고)

낙하 높이는 시료의 최저점과 낙하면의 최단 거리를 뜻함.

3.2 낙하면 낙하면은 다음과 같아야 한다.

3.2.1 낙하면을 구성하는 부재의 무게는 시료 무게의 50배 이상인 것

3.2.2 표면의 어느 두 점에서도 수평 차가 2mm 이하일 것

3.2.3 시료가 완전히 낙하할 수 있는 충분한 크기일 것

3.2.4 바닥은 콘크리트로 구축할 것

4. 시험 방법

4.1 시료

4.1.1 조립 및 접착에 의해 만들어진 화장품의 용기 및 용기 재료를 시험 대상으로 한다. 이때 용기는 단상자를 포함하지 않는 상태로 완제품에서 내용물을 제외한 빈 용기를 뜻하며, 손상이 없는 상태여야 한다.

4.1.2 시료의 수는 3개 이상이어야 한다.

4.2

4.2.1 낙하 자세의 설정 면 낙하, 모서리 낙하 및 각 낙하 각각의 낙하 조건에 대하여 4.2.2에서 설정한 회수만큼 반복 시험하며 낙하 시 수평도는 2° 이내로 한다.

(비고)

면 낙하는 정립, 역립, 횡립의 세 가지 경우를 포함한다.

모서리 낙하 및 각 낙하는 시료의 무게 중심에서의 중력 방향선이 충격을 주는 모서리 또는 각을 통과하도록 낙하 자세를 유지한다.

4.2.2 낙하 시험의 실시 각 대상 시료의 종류에 따라 각각의 낙하 자세에 대하여 다음과 같이 설정한 시험 회수에 따라 자유 낙한 시험을 반복 실시한다.

대상 자재	낙회 횟수
이중 조립캡	10회
거울, 명판 접착품	3회
립스틱 용기류 조립품	2회
기타	플라스틱 조립품

5. 판정 방법 및 기준

낙하 시험 후 시료를 육안으로 관찰하여 분리, 균열과 같은 변형 및 삐걱거림, 손상의 발생 유무를 확인한다.

(12) 라벨 접착력 시험 방법

1. 적용 범위

이 규격은 화장품 포장의 라벨, 스티커 등에 사용하는 종이 또는 수지를 지지체로 한 인쇄용 접착지에 대하여 규정한다.

2. 인용 규격

다음에 나타내는 규격은 이 규격에 인용됨으로써 이 규격의 규정 일부를 구성한다. 이러한 이용 규격은 그 최신판을 적용한다.

KS A 1106 접착테이프 및 접착 시트의 용어

KS A 1518 인쇄용 접착지

KS B 5521 인장 시험기

KS A 1107 접착 테이프 및 접착 시트의 시험방법

3. 시험 방법

3.1 시험편

시험편은 측정하는 방향으로 길이 약 100mm, 너비 40mm인 것을 측정 매수만큼 채취한다.

3.2 시험 장치 및 시험판

3.2.1 인인장 시험기는 KS B 5521에 규정된 인장 시험기 또는 이와 동등한 인장 시험기를 사용한다. 시험기의 용량은 측정값이 그 용량의 15~85% 범위 이내에 들어가는 것을 사용한다. 측정값의 표시 방법은 아날로그식, 디지털식, 차트 기록식 등 어느 것을 사용해도 좋다.

3.2.2 시험판은 폴리에틸렌판으로 치수는 두께 5mm 이상, 너비 약 100mm, 길이 약 125mm로 한다.

3.2.3 압착 장치는 KS A 1107의 10.2.4(압착 장치)의 것을 사용한다.

3.3 조작

3.3.1 전처리 및 시험편의 제작 시험편은 온도 (20±2) ℃, 상대습도 (65±2)%에서 2시간 이상 방치하고 접착면이 손 또는 기타의 것에 접촉되지 않도록 주의한다.

3.3.2 준비한 시험편이 늘어나지 않도록 주의하여 시험판의 너비 방향의 중앙에 오도록 놓고 시험편과 시험판의 사이에 공기가 들어가지 않도록 붙인다. 다음에 시험편의 위에서 압착 장치로 약 5mm/s의 압착 속도로 1왕복하여 시험판에 압착한다.

3.3.3 시험편이 붙어 있는 접착판을 인장시험기로 당길 수 있도록 장치한다.

3.3.4 매분 약 100mm의 속도로 시험판에서 완전히 떨어질 때까지 시험판에 대해 90° 벗김 접착력을 측정한다. 최댓값을 시료의 측정치로 한다.

4. 품질

4.1 측정치는 따로 규정이 없는 한 다음 기준 이상이어야 한다.

4.1.1 폴리에틸렌 테레프탈레이트 용기용 라벨 : 0.5 N 이상

4.1.2 폴리에틸렌, 폴리프로필렌 용기용 라벨 : 1.5N 이상

4.1.3 실제 시료 용기 부착 후 접착력 확인 시 상기 기준 이상이어야 한다.

(13) 접착력 시험 방법

1. 적용 범위

    이 규격은 화장품 용기에 표시된 인쇄 문자, 코팅막 및 라미네이팅의 밀착
    성을 측정하기 위한 시험 방법에 대하여 규정한다.

(비고)

    용기 겉표면에 인쇄된 문자, 코팅막 및 라미네이팅 된 필름이 점착성을 갖는
    점착테이프에 의해 박리되는지를 확인하는데 적용한다.

2. 인용 규격

    다음에 나타내는 규격은 이 규격에 인용됨으로써 이 규격의 규정 일부를 구
    성한다. 이러한 인용 규격은 그 최신판을 적용한다.

    KS A 1106 점착테이프 및 점착 시트의 용어

    KS A 1514 포장용 폴리프로필렌 점착테이프

    KS A 1107 점착테이프 및 점착 시트의 시험 방법

3. 기국 및 장치

    3.1 점착테이프 #610 셀로판 테이프 (3M사)와 동등한 물성을 지닌 제품

    3.2 압착 장치 압착 장치는 KS A 1107의 10.2.4(압착 장치)의 것을 사용한다.

4. 시험 방법

    4.1 시료는 표면에 수분, 기름 또는 먼지 따위가 부착되지 않은 것으로 한다.
        시료에 수분, 기름 또는 먼지 따위가 부착되어 있는 경우에는 알코올 등
        을 사용하여 거즈로 가볍게 닦아 준다.

    4.2 시료에 길이 약 5cm, 너비 약 2cm 의 점착테이프를 시료 표면과의 사이
        에 공기가 들어가지 않도록 붙인 다음 점착테이프 위를 압착 장치로 약
        5mm/s의 압착 속도로 1회 왕복하여 시료 표면에 압착시킨다.

4.3 압착 후 5분 이상 정치한 다음 점착테이프를 손으로 시료 표면에서 180°
   당겨 벗긴다.

5. 판정 방법 및 기준
   5.1 점착테이프가 붙었던 시료 표면의 상태를 관찰할 때 인쇄 문자 또는 코팅
      막의 박리 유무를 확인한다.
   5.2 라미네이팅의 경우는 라미테이팅 필름의 찢어짐 및 분리 유무를 확인한다.

(14) 크로스컷트 시험 방법

1. 적용 범위
   이 규격은 화장품 용기의 포장 재료인 유리, 금속 및 플라스틱의 유기 및 무
   기 코팅막 및 도금의 밀착성 실험 방법에 대해 규정한다.

2. 인용 규격
   다음에 나타내는 규격은 이 규격에 인용됨으로써 이 규격의 규정 일부를 구
   성한다. 이러한 인용 규격은 그 최신판을 적용한다.

   KS A 1106 점착테이프 및 점착 시트의 용어
   KS A 1514 포장용 폴리프로필렌 점착테이프
   KS A 1107 점착테이프 및 점착 시트의 시험 방법

3. 시험 방법
   3.1 점착테이프 #610 셀로판 테이프(3M사)와 동등한 물성을 지닌 제품
   3.2 압착 장치 압착 장치는 KS A 1107의 10.2.4(압착 장치)의 것을 사용한다.
   3.3 전처리 시료는 표면에 수분, 기름, 먼지 따위가 부착되지 않은 것으로 한
      다. 시료에 수분, 기름, 먼지, 따위가 부착되어 있는 경우에는 알코올 등
      을 사용하여 거즈로 가볍게 닦아 준다.

3.4 시료면에 칼로 가로, 세로 각각 1.5mm의 간격으로 격자 무늬 100개 이상을 시료의 코팅 및 도금이 되어 있는 내부의 유리, 금속 및 플라스틱 표면까지 닿도록 긋는다.

3.5 바둑판 무늬상에 길이 약 5cm, 너비 약 2cm의 점착테이프를 놓고 사이에 공기가 들어가지 않도록 붙인다. 다음에 점착테이프 위에서 압착 장치로 약 5mm/s의 압착 속도로 1왕복하여 시험판에 압착한다. 5분간 방치 후 급격히 당겨 벗긴다.

4. 품질

4.1 점착테이프가 붙었던 부분의 상태를 관찰하여 코팅막, 도금의 박리 유무를 확인한다.

3) pH 측정법

pH 측정에는 유리전극을 단 pH 메터를 쓴다. pH의 기준은 다음 표준 완충액을 쓰며 그 pH값은 ±0.02 이내의 정확도를 갖는다.

(1) 완충액

1. 표준완충액을 조제하는 데 쓰이는 물은 정제수를 증류하여 유액을 15분 이상 끓여서 이산화탄소를 날려 보내고 소다 석회관을 달고 식힌다. 표준 완충액은 경질 유리병 또는 폴리에칠렌병에 보관한다. 산성 표준액은 3개월 이내에 쓰며 알칼리성의 표준액은 소다 석회관을 달아서 보관하고 1개월 이내에 쓴다.

2. 수산염 완충액 테트라 수산칼륨(pH 측정용)을 고운 가루로 하여 데시케이터(실리카 겔) 속에서 건조한 다음 12.70g(0.05mol)을 정밀하게 달아 물을 넣어 녹여 정확하게 1 l 로 한다.

3. 프탈산염 완충액 프탈산수소칼륨(pH 측정용)를 고운 가루로 하여 110℃에

서 2시간 이상 건조한 다음 10.22g(0.05mol)을 정밀하게 달아 물을 넣어 녹여 정확하게 1 l 로 한다.

4. 인산염 완충액 인산이수소칼륨(pH 측정용) 및 무수인산일수소나트륨(pH 측정용)을 고운 가루로 하고 110℃에서 3시간 이상 건조한 다음 인산이수소칼륨 3.40g(0.025mol) 및 인산일수소나트륨 3.55g(0.025mol)을 정밀하게 달아 물을 넣어 녹여 정확하게 1 l 로 한다.

5. 붕산염 완충액 붕산나트륨(pH 측정용)을 데시케이터(물에 적신 브롬화나트륨) 속에서 방치하여 항량으로 한 다음 그 3.81g(0.01mol)을 정밀하게 달아 물을 넣어 녹여 정확하게 1 l 로 한다.

6. 탄산염 완충액 탄산수소나트륨(pH 측정용)를 데시케이터(실리카 겔) 속에서, 탄산나트륨를 300℃에서 각각 항량이 될 때까지 건조한 다음 탄산수소나트륨 2.10g(0.025mol) 및 탄산나트륨 2.65g(0.025mol)을 정밀하게 달아 물을 넣어 녹여 정확하게 1 l 로 한다.

7. 수산화칼슘 완충액 수산화칼슘(pH 측정용)를 고운 가루로 하고 5g을 플라스크에 넣고 물 1 l 를 넣어 잘 흔들어 섞는다. 23~27℃에서 충분히 포화시켜 이 온도에서 상징액을 여과하여 맑은 여액(약 0.02mol)을 쓴다. 이들 표준 완충액의 각 온도에서의 pH값은 다음 표에 표시한다. 이 표에 없는 온도의 pH값은 표의 값에서 내삽법으로 구한다.

표준 완충액의 pH값

온 도	수산염 완충액	프탈산염 완충액	인산염 완충액	붕산염 완충액	탄산염 완충액	수산화칼슘 완충액
0°	1.67	4.01	6.98	9.46	10.32	13.43
5°	1.67	4.01	6.95	9.39	10.25	13.21
10°	1.67	4.00	6.92	9.33	10.18	13.00
15°	1.67	4.00	6.90	9.27	10.12	12.81
20°	1.68	4.00	6.88	9.22	10.07	12.63
25°	1.68	4.01	6.86	9.18	10.02	12.45

30°	1.69	4.01	6.85	9.14	9.97	12.30
35°	1.69	4.02	6.84	9.10	9.93	12.14
40°	1.70	4.03	6.84	9.07		11.99
50°	1.71	4.06	6.83	9.01		11.70
60°	1.73	4.09	6.84	8.96		11.45

(2) pH 메터의 구조

pH 메터는 보통 유리전극, 기준전극 및 온도 보정용 감온부가 달려 있는 검출부 및 검출된 pH값을 나타내는 지시부로 되어 있다. 지시부는 일반적으로 제로점 조절 꼭지가 있고 또한 온도 보정용 감온부가 없는 것에는 온도 보정 꼭지가 있다. pH 메타는 다음 조작법에 따라 검출부를 인산염 완충액에 5분 이상 담가 두었다가 조절한 다음 같은 온도의 프탈산염 완충액 및 붕산염 완충액의 pH를 측정할 때 측정값과 표시값과의 차이가 ±0.05 이하이다.

(3) 조작법

유리전극은 미리 물 또는 염기성 완충액에 수시간 이상 담가 두고 pH 메터는 전원에 연결하고 10분 이상 두었다가 쓴다. 검출부를 물로 잘 씻어 묻어 있는 물은 여과지 같은 것으로 가볍게 닦아낸 다음 쓴다. 온도 보정 꼭지가 있는 것은 그 꼭지를 표준 완충액의 온도와 같게 하여 검출부의 검체의 pH값에 가까운 표준 완충액 중에 담가 2분 이상 지난 다음 pH 메터의 지시가 그 온도에 있어서의 표준 완충액의 pH값이 되도록 제로점 조절 꼭지를 조절한다. 다시 검출부를 물로 잘 씻어 부착된 물을 여과지와 같은 것으로 가볍게 닦아낸 다음 검액에 담가 2분 이상 지난 다음에 측정값을 읽는다.

1 주의 pH 11 이상에서 알칼리 금속이온을 함유하는 액은 알칼리 오차가 적은 전극을 쓰고 또한 필요하면 보정한다. 다만 그 측정 오차는 pH 0.1~0.5에 달할 수 있다. 검액의 온도는 표준 완충액의 온도와 같은 것이 좋다. 그 차가

1℃ 이상 있을 때는 온도 보정 꼭지 또는 온도 보정용 감온부로 보정한다. 보정을 했더라도 그 측정 오차가 pH 0.1 이상 될 때가 있다. 특히 염기성 액은 그 오차가 크므로 조심하여야 한다.

4) 미생물 한도 시험

(1) 총 호기성 생균 수 시험조

1. 검액 제조
   전처리법에 따라 검액을 제조한다.

2. 배지 도말 및 배양
   2.1 세균 수 시험
   2.1.1 한천평판도말법에 따라 검액은 최소 2개의 총 호기성 세균용 배양 평판배지에 0.1ml를 도말한다. 검출 한계를 낮추기 위하여 3개의 평판배지에 1ml를 나누어 분주한 뒤 도말할 수 있다.
   2.1.2 또는 한천평판희석법을 수행할 수 있다.
   2.1.3 배지는 30~35℃에서 적어도 48시간 배양한다.
   2.2 진균 수 시험
   2.2.1 상기 세균 수 시험법과 같이 한천평판도말법 또는 한천평판희석법을 수행한다.
   2.2.2 배지는 20~25℃에서 적어도 5일간 배양한다.

3. 계수
   3.1 희석수가 다양할 경우 최대 균 집락 수를 갖는 평판을 사용한다.
   3.2 평판당 300개 이하의 CFU를 최대치로 하여 총 세균 수를 측정한다.
   3.3 평판당 100개 이하의 CFU를 최대치로 하여 총 진균 수를 측정한다.

총 호기성 생균수 계수 방법 및 예시 (평판도말법)

(검체에 존재하는 세균 및 진균 수, CFU/g 또는 ml)

검액 0.1 ml 를 각 배지에 접종한 경우	검액 1 ml 를 3개 배지에 나누어 접종한 경우

n: 배지(평판)의 개수　　각 배지에 접종한 부피 (ml)

$$\{(X_1+X_2+\ldots+X_n) \div n\} \times d \div 0.1$$

X: 각 배지(평판)에서　　　d: 검액의 희석배수
검출된 집락 수

n: 1 ml 접종의 반복수

$$\{(S_1+S_2+\ldots+S_n) \div n\} \times d$$

S: 3개의 배지(평판)에서　　d: 검액의 희석배수
검출된 집락 수의 합

[예시 1] 10배 희석 검액 0.1 ml 씩 2반복

	각 배지에서 검출된 집락수	
	평판 1	평판 2
세균용 배지	66	58
진균용 배지	28	24
세균수 (CFU/g (ml))	$\{(66+58) \div 2\} \times 10 \div 0.1 = 6200$	
진균수 (CFU/g (ml))	$\{(28+24) \div 2\} \times 10 \div 0.1 = 2600$	
총 호기성 생균수 (CFU/g (ml))	$6200+2600=8800$	

[예시 2] 100배 희석 검액 1 ml 씩 2반복

	3개의 배지에서 검출된 집락수	
	반복수 1	반복수 2
세균용 배지	5+3+4=12	5+4+7=16
진균용 배지	4+2+2=8	2+5+3=10
세균수 (CFU/g (ml))	$\{(12+16) \div 2\} \times 100 = 1400$	
진균수 (CFU/g (ml))	$\{(8+10) \div 2\} \times 100 = 900$	
총 호기성 생균수 (CFU/g (ml))	$1400+900=2300$	

 # 총 호기성 생균수 계수 방법 및 예시 (평판희석법)

(검체에 존재하는 세균 및 진균 수, CFU/g 또는 ml)

검액 1 ml 를 각 배지에 접종한 경우

n: 배지(평판)의 개수

$$\{(X_1+X_2+\ldots+X_n) \div n\} \times d$$

X: 각 배지(평판)에서　　　d: 검액의 희석배수
검출된 집락 수

[예시 1] 10배 희석 검액 1 ml 씩 2반복

	각 배지에서 검출된 집락수	
	평판 1	평판 2
세균용 배지	66	58
진균용 배지	28	24
세균수 (CFU/g (ml))	$\{(66+58) \div 2\} \times 10 = 620$	
진균수 (CFU/g (ml))	$\{(28+24) \div 2\} \times 10 = 260$	
총 호기성 생균수 (CFU/g (ml))	$620+260=880$	

[예시 2] 100배 희석 검액 1 ml 씩 2반복

	각 배지에서 검출된 집락수	
	평판 1	평판 2
세균용 배지	8	11
진균용 배지	5	7
세균수 (CFU/g (ml))	$\{(8+11) \div 2\} \times 100 = 950$	
진균수 (CFU/g (ml))	$\{(5+7) \div 2\} \times 100 = 600$	
총 호기성 생균수 (CFU/g (ml))	$950+600=1550$	

(2) 특정 미생물 시험(녹농균, 대장균, 황색포도상구균)

1. 녹농균

1.1 검액 제조 및 증균 배양

1.1.1 검액 제조 제시된 전처리법에 따라 카제인대두소화 액체배지를 희석 배지로 사용하여 검액을 제조한다.

1.1.2 증균 배양 전처리된 검액은 30~35℃에서 24~48시간 배양한다.

1.2 선별 배양

1.2.1 획선도말 및 배양 배양한 검액을 가볍게 흔든 후, 백금이 등으로 취하여 세트리미드 한천배지 위에 도말하고 30~35℃에서 24~48시간 배양한다.

1.2.2 성상 확인 녹색 형광물질을 나타내는 집락이 검출되는 경우 다음 단계를 수행한다.

(검출되지 않은 경우 녹농균 음성 판정)

1.3 선별 배양

1.3.1 획선도말 및 배양 1.2의 선별 과정에서 의심 집락이 확인된 경우, 1.2.2의 증균 배양액을 녹농균 한천배지 P 및 F에 도말하여 30~35℃에서 24~72시간 배양한다.

1.3.2 성상 확인 플루오레세인 검출용 녹농균 한천배지 F의 집락을 자외선 하에서 관찰하여 황색으로 나타나거나 피오시아닌 검출용 녹농균 한천배지 P의 집락을 자외선 하에서 관찰하여 청색으로 나타나면 녹농균 양성으로 판정한다.

1.4 옥시다제 시험

1.4.1 옥시다제 시험 실시 및 양성 판정 1.3.2에서 판정된 녹농균 의심 집락은 옥시다제 시험을 실시한다. 5~10초 내 보라색이 나타날 경우 녹농균 양성으로 의심하고 동정시험으로 확인한다. (10초 후에도 색의 변화가 없는 경우 녹농균 음성)

Pseudomonas aeruginosa 특정미생물 시험의 개요

STEP 1. 검액 증균 배양	 (출처: MBcell)	육안으로 균의 증식이 확인되는 경우 ▶ STEP 2
STEP 2. 세트리미드 한천배지 배양	 (출처: MBcell)	녹색 형광물질의 집락이 확인되는 경우 ▶ STEP 3
STEP 3. 녹농균 한천배지 P, F 배양 및 자외선 하 관찰		플루오레세인 검출용 녹농균 한천배지 F 집락이 지외선 하 황색으로 확인되고, 피오시아닌 검출용 녹농균 한천배지 P의 집락이 자외선 하 청색으로 확인되는 경우 ▶ STEP 4
STEP 4. 옥시다제 시험 및 양성 판정	(양성반응 예시1) (양성반응 예시2) (출처: CDC)	5-10초 이내에 보라색이 나타날 경우 ▶ **녹농균 양성 의심,** **동정시험 수행**

2. 대장균

2.1 검액 제조 및 증균 배양

2.1.1 검액 제조 제시된 전처리법에 따라 유당 액체배지를 희석배지로 사용하여 검액을 제조한다.

2.1.2 증균 배양 전처리된 검액은 30~35℃에서 24~72시간 배양한다.

2.2 선별 배양 STEP 2. 선별 배양 (1)

2.2.1 획선도말 및 배양 배양한 검액을 가볍게 흔든 후, 백금이 등으로 취하여 맥콘키 한천배지 위에 도말하고 30~35℃에서 18~24시간 배양한다.

2.2.2 성상 확인 주위에 적색의 침강선 띠를 갖는 적갈색의 집락이 검출되는 경우 다음 단계를 수행한다. (검출되지 않은 경우 대장균 음성 판정)

2.3 선별 배양

2.3.1 획선도말 및 배양 : 에오신메칠렌블루 한천배지에서 2.2.2에 검출된 집락을 각각 도말하고 30~35℃에서 18~24시간 배양한다.

2.3.2 성상 확인 : 금속 광택을 나타내는 집락 또는 투과광선 하에서 흑청색을 나타내는 집락이 검출되는 경우 다음 단계를 수행한다.

2.4 가스 발생 확인

2.4.1 가스 발생 확인 및 대장균 양성 판정 2.3.2에서 확인된 집락을 백금이 등으로 취하여 발효 시험관이 든 유당 액체배지에 넣어 44.3~44.7℃의 항온수조 중에서 22~26시간 배양한다.

2.4.2 가스 발생이 나타나는 경우에는 대장균 양성으로 의심하고 동정시험으로 확인한다.

Escherichia coli 특정미생물 시험의 개요

STEP 1. 검액 증균 배양	 (출처: MBcell)	육안으로 균의 증식이 확인되는 경우 ▶ STEP 2
STEP 2. 맥콘키한천배지 선별 배양	 (출처: MBcell)	적색의 침강선 띠를 갖는 적갈색의 집락이 확인되는 경우 ▶ STEP 3
STEP 3. 에오신메칠렌블루 한천배지 선별 배양		금속광택을 나타내는 집락 또는 투과광선 하에서 흑청색을 나타내는 집락이 확인되는 경우 ▶ STEP 4
STEP 4. 가스발생 확인 및 양성 판정		가스가 발생한 경우 ▶ 대장균 양성 의심, 동정시험 수행

3. 황색포도 상구균

3.1 검액 제조 및 증균 배양

3.1.1 검액 제조 제시된 전처리법에 따라 카제인대두소화 액체배지를 희석배지로 사용하여 검액을 제조한다.

3.1.2 증균 배양 증균 배양 전처리된 검액은 30~35℃에서 24~48시간 배양한다. 배양 (1)

3.2 선별 배양

3.2.1 획선도말 및 배양 배양한 검액을 가볍게 흔든 후, 백금이 등으로 취하여 베어드파카 한천배지 위에 도말하고 30~35℃에서 24시간 배양

3.2.2 성상 확인 및 그람염색 집락이 검은색이고 집락 주위에 황색 투명대가 형성되며, 그람염색법에 따라 염색하여 검경한 결과 그람양성균인 것을 확인한 경우 다음 단계 2.3를 수행한다.

3.3 응고효소시험 실시 및 양성 판정 2.2.2의 의심 집락에 대하여 응고효소시험 실시 결과 양성인 경우 황색포도상구균 양성으로 의심하고 동정시험으로 확인한다.

Staphylococcus aureus 특정미생물 시험의 개요

STEP 1. 검액 증균 배양		육안으로 균의 증식이 확인되는 경우 ▶ STEP 2
STEP 2. 베어드파카 한천배지 선별 배양 및 그람염색		황색투명대를 가진 검정색의 집락이 검출되고 그람양성균이 확인되는 경우 ▶ STEP 3
STEP 3. 응고효소시험 및 양성 판정	양성반응 음성반응	응고효소시험 양성인 경우 ▶ **황색포도상구균 양성 의심, 동정시험 수행**

(출처: MBcell)

4.3 기능성화장품 물질 분석 항목

1) 미백 기능성화장품 유효성 평가 시험

(1) in vitro tyrosinase 활성 저해 시험

타이로시나제는 인체 내에서 멜라닌 생합성이 이루어지는 경로 중 가장 중요한 초기 속도 결정 단계를 관여하는 효소로서, 이 효소의 활성을 저해하는 것은 멜라닌 생성을 저해하는 결과를 나타낸다. 이 시험은 시험관 내에서 시험 시료, 정제된 타이로시나제 및 기질인 타이로신을 반응시켜 타이로시나제 활성 저해에 대한 시험 시료의 효과를 평가하는 방법이다.

   1. 시험 방법

     시료는 에탄올이나 그 외의 적당한 용매에 녹이고, 타이로시나제 활성 저해가 확인 가능한 농도 범위를 설정하여 희석하되 최소 5개의 농도가 되도록 처리하고 시험 시료의 농도는 구체적으로 명시한다. 시험관에 0.1M 인산염완충액(pH 6.5) 220 μL, 시료액 20 μL, 머쉬룸 타이로시나제액(1500U/mL~2000U/mL)(혹은 휴먼 타이로시나제) 20 μL를 순서대로 넣는다. 이 액에 1.5mM 타이로신액 40 μL를 넣고 37℃에서 10~15분 동안 반응시킨 다음 490nm에서 흡광도를 측정한다. 활성 저해율이 50%일 때의 시료 농도 (IC50)를 적절한 프로그램을 이용하여 산출한다. 시료액을 대신하여 시료를 녹인 용매를 사용하여 공시료액으로 하여 보정한다. 양성 대조군으로는 알부틴이나 에칠아스코빌에텔 등을 이용하여 그 결과를 비교한다. 실험 조건에 따라 시험 방법의 변경도 가능하다.

$$\text{타이로시나제 활성저해율(\%)} = 100 - \frac{b - b}{a - a} \times 100$$

(2) in vitro DOPA 산화반응 저해 시험

이 시험은 멜라닌 합성 과정의 속도 결정 단계에 관여하는 타이로시나제의 DOPA 산화반응에 대한 활성 저해를 측정하여 미백 성분의 효과를 평가하는 방법이다. 기질로서 L-DOPA L-3,4-dihydroxyphenylalanine)를 사용한다.

1. 시험 방법

시료는 에탄올 또는 적당한 용매에 녹여서, DOPA 산화반응에 대한 타이로시나제 활성의 저해를 확인 가능한 농도 범위를 정하여 희석하되 최소 5개의 농도가 되도록 처리하고 시험 시료의 농도는 구체적인 명시를 한다. 시험관에 0.1M 인산염 완충액(pH 7.0) 850 μL, 시료액 50 μL, 머쉬룸 타이로시나제액(1500U/mL~2000U/mL)(혹은 휴먼타이로시나제) 50 μL를 순서에 맞게 넣는다. 이 액에 0.06mM L-DOPA액을 50 μL 넣고 37℃에서 반응을 일으킨 다음 475nm에서 흡광도를 측정한다. 활성 저해율이 50%일 때의 시료의 농도(IC50)를 적절한 프로그램을 이용해 산출한다. 시료액 대신 시료를 녹인 다음 용매를 이용하여 공시료액으로 하여 보정을 한다. 양성 대조군으로는 알부틴이나 에칠아스코빌에텔 등을 사용하여 그 결과를 비교하며 실험 조건에 따라 시험 방법 변경은 가능하다.

$$DOPA산화반응\ 저해율(\%) = 100 - \frac{각시료액의\ 반응흡광도}{공시료액의\ 반응흡광도} \times 100$$

(3) 멜라닌 생성 저해 시험

이 시험은 미백 성분에 대한 세포의 멜라닌 생성 저해 효과를 평가하는 방법으로 세포를 배양하여 세포 내의 멜라닌양 또는 세포 내외의 존재하는 총 멜라닌양을 정량화하여 공시료액과 비교한다.

1. 시험 방법

  1.1 세포주 선택 및 세포배양 murine melanoma (B-16 F1), Human epidermal melanocyte (HEM) 또는 이와 유사한 세포를 배양 접시의 바닥에 접종하고 페니실린(100IU/mL) 및 스트렙토마이신(100 μ g/mL), 10% FBS (fetal bovine serum)를 함유하는 DMEM (Dulbecco's Modified Eagle's Medium) 배지 혹은 사용하는 세포에 적합한 배지를 선택하여 넣고 5% 이산화탄소를 포함하는 배양기 내에서 37℃를 유지하여 배양한다.

  1.2 검액의 조제 본 시험의 검액 농도 범위는 MTT assay 또는 crystal violet assay 등의 예비 실험을 수행하여 세포 독성이 나타나지 않는 농도로 설정하고, 효력을 확인하기 위한 3개 이상의 농도 범위를 결정한다. 시험 시료를 녹이거나 희석시킬 때에는 혈청이 함유되지 않은 DMEM 배지 또는 세포 독성이 나타나지 않는 에탄올 등의 적당한 용매를 사용한다.

■ 검액농도 설정 예비시험

1.2.1 MTT assay : 일정 농도의 시료를 넣어 세포를 배양한 다음 well에서 배지를 제거한다. PBS로 세척하고 MTT 용액(3-(4,5-dimethyl thiazol-2-yl)-2,5 diphenyl-2H- tetrazolium bromide)을 넣어, 4시간 동안 배양한다. 배양액을 제거한 다음 DMSO (dimethylsulfoxide) 또는 isopropanol 300 μ L씩을 첨가하고 10분간 흔들어 준 다음 ELISA reader로 570nm에서 흡광도를 측정한다.

1.2.2 Crystal violet assay : 일정 농도의 시료를 넣어 세포를 배양한 다음 well에서 배지를 조심스럽게 제거한다. PBS(phosphated buffer saline)로 세척하고 crystal violet 용액(0.2% crystal violet, 2mL 에탄올 및 98mL 정제수 첨가) 50 μ L를 96well에 넣는다. 실온에서 10분간 배양하고 세포가 떨어지지 않도록 주의하면서 정제수를 이용하여 세척한다. 1% SDS (sodium dodecyl sulfate) 100 μ L를 넣어 염색된 색소를 녹이고 570nm에서 흡광도를 측정한다.

  1.3 조작

  1.3.1 세포 내의 멜라닌양 측정 방법 6-well plate에 well당 1×10^5개로 접종

하고 세포 배양 조건에서 24시간 동안 배양한다. 배지를 제거하고 세포를 PBS로 세척한 후 검액 및 새로운 배지를 넣어 배양한다. 배지는 가급적이면 phenol red가 포함되지 않은 것을 사용하여 흡광도 측정에 영향을 미치지 않도록 한다. 배지에 a-MSH 또는 tyrosine을 처리하여 멜라닌 생성 과정을 촉진시킬 수 있다. 배지를 제거하고 세포를 PBS로 세척한다. 회수된 세포는 hematocytometer를 이용하여 세포 수를 측정한 후 원심분리하여 상등액을 제거하고 pellet을 얻는다. 이 pellet에 1N 수산화나트륨 용액 100μL 또는 적량의 cell lysis buffer를 넣고 60℃ 항온조에서 용해한 후 원심분리한다. 상층액을 이용하여 microplate reader로 490nm에서 흡광도를 측정하고, 합성 멜라닌을 이용한 검량선으로부터 멜라닌의 양을 구한다. 멜라닌양은 세포 일정수당 멜라닌양 또는 일정 단백질당 멜라닌양으로 환산하고, 시료를 녹인 용매를 처리한 공시료액의 결괏값과 비교한다.

1.3.2 세포외의 멜라닌양 측정 방법 6-well plate에 well당 1×10^5개로 접종 후 세포 배양 조건하에서 24시간 배양을 실시한다. 배지를 제거한 세포를 PBS로 세척 후 검액 및 새로운 배지를 넣고 배양한다. 배지는 가급적이면 phenol red가 포함되지 않은 것을 이용하여 흡광도 측정에 영향을 미치지 않도록 한다. 세포 배지에 a-MSH 또는 tyrosine을 처리하여 멜라닌 생성 과정을 촉진 가능하게 할 수 있다. 세포의 배지는 다른 용기로 옮기고, 남은 세포는 PBS로 세척 후 회수하여 hematocytometer를 이용하여 세포 수를 측정하거나, cell lysis buffer를 사용하여 단백질량을 구한다. 배지는 490nm에서 흡광도를 측정하고, 합성 멜라닌을 이용한 검량선으로부터 멜라닌양을 구한다. 멜라닌양은 세포 일정수 당 멜라닌양 또는 일정 단백질당 멜라닌양으로 환산하고, 시료를 녹인 용매를 처리한 공시료액의 결과와 비교한다.

2) 주름 개선 기능성화장품 유효성 평가시험

(1) 세포 내 콜라겐 생성시험

1. 효소 면역 측정법(ELISA법, Enzyme-Linked Immunosorbent Assay)을 통한 콜라겐양 측정법

   이 시험 방법은 섬유아세포(fibroblast) 배양 시 시료의 세포내 콜라겐 생성 증가 정도를 효소 면역 측정법(ELISA법, Enzyme-Linked Immunosorbent Assay)으로 측정하는 것이다.

   1.1 세포주 선택 및 세포 배양

   사람 섬유아세포(Human dermal fibroblast) 또는 이와 유사한 세포를 배양 접시의 바닥에 접종한 후 페니실린(100IU/mL), 스트렙토마이신 (100μg/mL), 10% 소태아혈청(FBS, fetal bovine serum)을 함유하는 DMEM(Dulbecco's Modified Eagle's Medium) 배지 혹은 동등 이상의 성장력을 갖는 배지를 넣고 37℃를 유지하여 5% 이산화탄소를 포함하는 배양기 내에서 배양한다.

   1.2 검액의 조제

   본 시험의 검액 농도는 세포 독성도(세포증식반응) 측정법(MTT assay) 등을 이용한 예비 실험2.1을 통하여 세포 독성이 나타나지 않는 농도를 선택한다. 효력을 나타내는 농도를 3개 이상을 선정하여 효력의 농도 의존성을 확인할 수 있어야 한다. 시험 물질을 녹이거나 희석시킬 때는 혈청이 함유되지 않은 DMEM 배지를 사용한다. 다만 시험 물질이 DMEM 배지에 녹지 않는 경우에는 에탄올 등 적당한 용매를 사용하여 녹인다. 실험 결과의 신뢰도 향상을 위하여 형질전환증식인자-β(TGF-β) 등 양성 대조 물질을 사용한다.

   1.2.1 검액 농도 설정 예비시험 세포 독성도(세포증식반응) 측정법(MTT assay) : 세포를 96-웰 플레이트(96-well plate)에 웰(well)당 1×10^4개로 분주한 후 세포 배양 조건에서 24시간 배양한다. 배지를 버리고 인산완충생

리식염수(PBS, phosphate buffered saline)로 세척한 다음 소태아혈청(FBS)을 포함하지 않는 새로운 배지로 갈아 주고 일정 농도의 시험물질을 처리하여 세포를 24시간 배양한다. 세포 독성도(세포증식반응)(MTT) 용액(0.5% 3-(4,5-dimethyl tiazol-2-yl)-2,5 diphenyl-2H-tetrazolium bromide액)을 각 웰(well)에 넣고, 2시간 동안 배양한다. 배양액을 제거한 다음 디메틸설폭사이드(DMSO) 용액 150μL씩을 넣고 충분히 흔들어 준 다음 마이크로플레이트 판독기(microplate reader)로 540nm에서 흡광도를 측정한다.

1.3 조작

섬유아세포를 48-웰 플레이트(well plate)에 웰(well)당 5×10^4개로 분주한 다음 세포 배양 조건에서 24시간 배양한다. 배지를 버리고 10% 인산완충 생리식염수(PBS, phosphate buffered saline)로 세척한 다음 검액 및 새로운 배지를 넣고 24시간 배양한다. 배양액을 취하여 콜라겐양을 측정한다. 측정된 콜라겐양은 로우리법(Lowry assay)주3) 등으로 구한 총 콜라겐양으로 보정한다. 정확도와 정밀도 향상을 위하여 세부 조작 조건의 변경은 가능하다.

1.3.1 콜라겐양 측정

Antibody-PoD conjugate solution $100\mu\ell$를 well에 넣은 다음 1/5로 희석한 배양액 및 표준액 20μL를 넣고 37℃에서 3시간 배양한다. well에서 배양액을 제거한 다음 인산완충 생리식염수(PBS, phosphate buffered saline) 400μL로 4회 씻는다. 발색 시약 100μL를 넣고 상온에서 15분간 배양하고 1N 황산 100μL을 넣은 다음 450nm에서 효소면역 측정기(ELISA reader)로 측정한다.

a) 표준액 조제 : 콜라겐 표준품에 물을 넣어 녹여 각각 0, 10, 20, 40, 80, 160, 320, 640ng/mL가 되도록 희석한다.

b) 시약 : Procollagen type I peptide EIA kit (Takara Biomedical Co.) 또는 이와 동등한 키트를 사용한다.

1.3.2 로우리법(Lowry assay)

소혈청알부민(Bovine serum albumin) 0, 20, 30, 40, 50, 60, 70, 80, 90, $100\mu g$씩을 각각의 시험관에 넣고, D시액 2mL씩

을 추가한다. 상온에서 10분간 방치한 다음 폴린페놀(folin-phenol) 시액 0.2mL씩을 각각 넣고 혼합한 다음 상온에서 30분간 방치하여 각각의 표준액으로 한다. 배양액을 가지고 표준액과 동일하게 조작하여 검액으로 한다. 검액 및 표준액을 가지고 600nm에서 흡광도를 측정하여 표준액으로부터 얻은 검량선으로부터 검액의 단백질량을 측정한다.

- A시액 : 2% 무수탄산나트륨 · 0.1 N 수산화나트륨 용액
- B시액 : 1% 주석산칼륨나트륨 용액
- C시액 : 0. % 황산동 용액
- D시액 : A시액, B시액, C시액 혼합액(48:1:1)
- 폴린페놀시액 : 2 N 폴린페놀, 물 혼합액(1:1)

2. 실시간 중합 효소 연쇄반응(RT-qPCR, Real-time polymerase chain reaction)을 통한 콜라겐 mRNA 발현 측정법

이 시험 방법은 섬유아세포(fibroblast) 배양 시 시료의 세포 내 콜라겐 mRNA 발현 정도를 실시간 중합 효소 연쇄반응(RT-qPCR, Real-time polymerase chain reaction) 방법으로 측정하는 것이다.

2.1 세포주 선택 및 세포 배양

위 '효소 면역 측정법'과 동일

2.2 검액의 조제

위 '효소 면역 측정법'과 동일

2.3 조작

섬유아세포를 6-웰 플레이트(6-well plate)에 웰(well)당 2×10^5개로 분주한 다음 세포 배양 조건에서 24시간 배양한다. 배지를 버리고 인산완충생리식염수(PBS, phosphate buffered saline)로 세척한 다음 검액 및 양성 대조군을 소태아 혈청(FBS, fetal bovine serum)을 포함하지 않는 새로운 배지에 넣고 24시간 배양한다. 세포를 취하여 RNA를 추출한 후 정량

하고 실시간 중합 효소 연쇄반응(RT-qPCR, Real-time polymerase chain reaction)을 통한 콜라겐 mRNA 발현을 측정한다. RNA 정량은 분광 광도계를 이용하여 정량한다. 정확도와 정밀도 향상을 위하여 세부 조작 조건의 변경은 가능하다.

2.3.1 콜라겐 mRNA 발현 측정

배양된 세포를 회수하여 트리졸 1mL로 용해한 후 클로로포름 200 μL를 첨가하여 15분간 원심분리한 후 상층액을 따로 취한다. 상층액에 이소프로판올 200 μL를 넣어 주어 10분간 원심분리하고 상층액을 제거한 후 80% 에탄올을 첨가하여 5분간 원심분리한다. 상층액을 제거한 뒤 실온에서 건조시킨 후 디에틸 피로카보네이트-증류수(DEPC-DW, diethyl pyrocarbonate-distilled water)로 펠릿(pellet)을 현탁시킨 후 분광 광도계를 이용하여 RNA를 정량한다. 정량된 RNA와 올리고 디티(oligo dT), 알티 프리믹스(RT PreMix) 및 디에틸피로카보네이트-증류수(DEPC-DW, diethyl pyrocarbonate-distilled water)를 이용하여 상보적 DNA(cDNA)를 42℃에서 60분, 94℃에서 5분, 4℃에서 ∞ 조건으로 합성한다. 합성된 상보적 DNA(cDNA)는 실시간 중합 효소 연쇄반응 마스터 믹스(Real time PCR Master Mix) 및 콜라겐1 택맨 프로브(Collagen1 TaqMan probe)와 디에틸피로카보네이트-증류수(DEPC-DW, diethyl pyrocarbonate-distilled water)를 넣어 혼합하여 20 μL가 되도록 한다. 95℃ 3분, 95℃ 15초, 60℃ 30초 39 사이클 조건에서 실시간 중합 효소 연쇄반응(RT-qPCR, Real-time polymerase chain reaction) 장비를 사용하여 측정한다. 중합 효소 연쇄반응(PCR) 장비 및 사용 시약에 따른 세부 조건 변경은 가능하다.

3. 분석 방법

시험 결과는 상대정량 분석(ΔCt값)을 통해 콜라겐 mRNA 발현을 분석한다.

(2) 세포 내 콜라게나제 활성 억제 시험(colagenase inhibiton assay)

1. 효소 면역 측정법(ELISA법, Enzyme-Linked Immunosorbent Assay)을 통한 콜라게나제양 측정법

   이 시험 방법은 섬유아세포(fibroblast) 배양 시 시료가 세포 내 콜라게나제 생성 억제 정도를 효소 면역 측정법(ELISA법, Enzyme-Linked Immunosorbent Assay)으로 측정하는 것이다.

   1.2 세포주 선택 및 세포 배양 세포 내 콜라겐 생성 시험에 따른다.

   1.3 검액의 조제 본 시험의 검액 농도는 세포독성도(세포증식반응) 측정법(MTT assay) 등을 이용한 예비실험을 통하여 세포 독성을 나타내지 않는 농도를 선택한다. 다만, 효력을 나타내는 농도 3개 이상을 선정하여 효력의 농도 의존성을 확인할 수 있어야 한다. 시험 물질을 녹이거나 희석시킬 때는 혈청이 함유되지 않은 DMEM 배지를 사용한다. 다만 시험 물질이 DMEM 배지에 녹지 않는 경우 에탄올, 디메틸설폭사이드(DMSO) 등 적당한 용매를 사용하여 녹인다. 실험 결과의 신뢰도 향상을 위하여 레티노산 등을 양성 대조 물질로 사용한다.

   1.3.1 검액 농도 설정 예비시험 세포 독성도(세포증식반응) 측정법(MTT assay) : 세포를 96-웰 플레이트 (96-well plate)에 웰(well)당 1×10^4개로 분주한 후 세포 배양 조건에서 24시간 배양한다. 배지를 버리고 인산 완충 생리식염수(PBS, phosphate buffered saline)로 세척한 다음 10% 소태아혈청(FBS)을 포함하지 않는 새로운 배지로 갈아 주고 일정 농도의 시험 물질을 처리하여 세포를 24시간 배양한다. 세포 독성도(세포증식반응)(MTT) 용액 (0.5% 3-(4,5-dimethyl tiazol-2-yl)-2,5 diphenyl-2H-tetrazolium bromide액)을 각 웰(well)에 넣고, 2시간 동안 배양한다. 배양액을 제거한 다음 디메틸설폭사이드(DMSO) 용액 $150\,\mu\text{L}$씩을 넣고 충분히 흔들어 준 다음 마이크로플레이트 판독기(microplate reader)로 540nm에서 흡광도를 측정한다.

   1.4 조작 섬유아세포를 6mm 배양접시에 4×10^5개로 분주한 다음 세포 배양 조건에서 24시간 배양한다. 배지를 버리고 인산 완충 생리식염수(PBS, phosphate buffered saline)로 세척한 다음 인산 완충 생리식염수(PBS, phosphate buffered saline) 2mL를 넣어 주어 자외선(UVB) 10mJ을 조사한 다음 인산 완충 생리식염수(PBS, phosphate buffered saline) 제거 후 소태아혈청(FBS, fetal bovine serum)이 포함되지 않은 새로운 배지에 검액 및 양성 대조 물질을 넣고 24시간 배양한다. 24시간 후 배양액을 취하여 기질금속 단백질 분해효소(MMP-1) 양을 측정(1.4.1 콜라게나제양 측정)하며 측정된 기질금속 단백질 분해효소(MMP-1) 양은 로우리법 등으로 구한 총 단백질량으로 보정한다.

1.4.1 콜라게나제양 측정 정량용완충액2 100㎕를 웰(well)에 넣은 다음 1/5로 희석한 배양액 및 표준액 각 100㎕를 넣고 상온에서 2시간 배양한다. 웰(well)에서 배양액을 제거한 다음 세척용 완충액 400㎕로 3회 씻는다. 항혈청(antiserum) 100㎕를 넣고 상온에서 2시간 반응시킨 다음 세척용 완충액 400㎕로 3회 씻는다. 퍼옥시데이즈 컨쥬 게이션 용액(Peroxidase conjugate solution) 100㎕를 넣고 상온에서 2시간 반응 시킨 다음 인산 완충 생리식염수(PBS, phosphate buffered saline) 400㎕로 3회 씻는다. 티엠비 기질(TMB substrate) 100㎕를 넣고 상온에서 30분간 반응시킨다. 1M 황산 100㎕를 넣고 450nm에서 효소 면역 측정기(ELISA reader)로 측정한다.

a) 표준액 조제 : Human pro MMP-1에 정량용 완충액을 넣어 녹여 각각 0, 3.13, 6.25, 12.5, 25, 50ng/mL가 되도록 희석한다.

b) 시약 : 기질금속 단백질 분해효소(Matrix metalloproteinase-1(MMP-1)) human biotrak ELISA system(Amersham life science) 또는 이와 동등한 키트 사용

2. 실시간 중합 효소 연쇄반응(RT-qPCR, Real-time polymerase chain reaction)을 통한 콜라게나제 mRNA 발현 측정법
   이 시험 방법은 섬유아세포(fibroblast) 배양 시 시료가 세포 내 콜라게나제 생성 억제 정도를 실시간 중합 효소 연쇄반응(RT-qPCR, Real-time polymerase

chain reaction) 방법으로 측정하는 것이다.

2.1 세포주 선택 및 세포 배양

위 '효소 면역 측정법'과 동일

2.2 검액의 조제

위 '효소 면역 측정법'과 동일

2.3 조작

섬유아세포를 6mm 배양접시에 4×105개로 분주한 다음 세포 배양 조건에서 24시간 배양한다. 배지를 버리고 인산 완충 생리식염수(PBS, phosphate buffered saline)로 세척한 다음 인산 완충 생리식염수(PBS, phosphate buffered saline) 2mL를 넣어 주어 자외선(UVB) 10mJ을 조사한 다음 인산 완충 생리식염수(PBS, phosphate buffered saline) 제거 후 소태아혈청(FBS, fetal bovine serum)이 포함되지 않은 새로운 배지에 검액 및 양성 대조 물질을 넣고 24시간 배양한다. 세포를 취하여 RNA를 추출한 후 정량하고 실시간 중합 효소 연쇄반응(RT-qPCR, Real-time polymerase chain reaction)을 통해 기질금속 단백질 분해효소(MMP-1) mRNA 발현을 측정한다.주1) RNA 정량은 분광 광도계를 이용하여 정량한다. 정확도와 정밀도 향상을 위하여 세부 조작 조건의 변경은 가능하다.

2.3.1 콜라게나제 mRNA 발현 측정 배양된 세포를 회수하여 트리졸 1mL로 용해한 후 클로로포름 $200 \mu L$를 첨가하여 15분간 원심분리한 후 상층액을 따로 취한다. 상층액에 이소프로판올 $200 \mu L$를 넣어 주어 10분간 원심분리하고 상층액을 제거한 후 80% 에탄올을 첨가하여 5분간 원심분리한다. 상층액을 제거한 뒤 실온에서 건조시킨 후 디에틸피로카보네이트-증류수(DEPC-DW, diethyl pyrocarbonate-distilled water)로 펠릿(pellet)을 현탁시킨 후 분광 광도계를 이용하여 RNA를 정량한다. 정량된 RNA와 올리고 디티(oligo dT), 알티 프리믹스(RT Premix) 및 디에틸 피로카보네이트-증류수(DEPC-DW, diethyl pyrocarbonate-distilled water)를 이용하여 상보적 DNA(cDNA)를 42℃ 에서 60분, 94℃ 에서 5분, 4℃ 에서 ∞ 조건으로 합

성한다. 합성된 상보적 DNA(cDNA)는 실시간 중합 효소 연쇄반응 마스터 믹스(Real time PCR Master Mix) 및 엠엠피-1 택맨 프로브(MMP-1 TaqMan probe)와 디에틸피로카보네이트-증류수(DEPC-DW, diethylpyrocarbonate-distilled water)를 넣어 혼합하여 20 μL가 되도록 한다. 95℃ 3분, 95℃ 15초, 60℃ 30초 39 사이클 조건에서 실시간 중합 효소 연쇄반응 (RT-qPCR, Real-time polymerase chain reaction) 장비를 사용하여 측정한다. 연쇄 중합 반응 (PCR) 장비 및 사용 시약에 따른 세부 조건 변경은 가능하다.

3. 분석 방법
시험 결과는 상대 정량 분석(⊿Ct값)을 통해 기질금속 단백질 분해효소(MMP-1) mRNA 발현을 분석한다.

3) 기능성화장품 주성분 확인 시험

(1) 적외부 흡수 스펙트럼 측정법

적외부 흡수 스펙트럼 측정법은 적외선이 검체를 통과할 때 흡수되는 정도를 각 파수(파장)에 대하여 측정하는 방법이다. 적외부 흡수 스펙트럼은 횡축에 파수(파장)를, 종축에는 보통 투과율이나 흡광도를 나타내는 그래프로 나타낸다. 적외부 흡수 스펙트럼은 그 물질의 화학 구조에 따라 달라지므로 여러 가지 파수(파장)에서 흡수를 측정하여 물질을 확인 또는 정량할 수 있다.

1. 장치 및 조정법
복광속식(Double beam) 적외 분광광도계를 쓴다.
미리 분광광도계를 조정하여 측정한다. 특히 투과율의 직선성은 20~80% 사이에서 편차가 1% 이내, 투과율의 재현성은 두 번 반복 측정해서 ±0.5%,

파수의 재현성은 파수 3000㎝-1 부근에서 ±5㎝-1, 1000㎝-1 부근에서 ±1 ㎝-1 이내로 한다. 파수의 눈금은 보통 폴리스티렌막의 3060㎝-1, 1601㎝-1, 1029㎝-1, 907㎝-1 등의 흡수대를 써서 보정한다.

2. 검체의 조제

검체의 중요 흡수대의 투과율이 20~80%의 범위 내에 들어오도록 다음 중 한 방법을 써서 조제한다. 디스크는 염화나트륨, 브롬화칼륨 등을 쓴다.

2.1 브롬화칼륨 정제법 고체검체 1~2㎎을 마뇌 약절구에 넣고 잘 갈아 가루로 하고 여기에 적외부용 브롬화칼륨 100~200㎎을 넣어 습기를 빨아들이지 않도록 조심하면서 빨리 잘 갈아 혼합한 다음 정제 성형기에 넣고 5㎜Hg 이하로 감압하면서 정제의 단위면적(㎠)당 5,000~10,000㎏의 압력을 5~8분간 가하여 정제를 만들어 측정한다.

2.2 용액법 원료 각조에서 규정하는 방법으로 조제한 검액을 액체용 고정셀에 넣어 측정한다. 보통 검체의 조제에 사용한 용매를 대조로 하여 측정한다. 고정 셀의 두께는 보통 0.1㎜ 또는 0.5㎜로 한다.

2.3 페이스트법 고체 검체를 마뇌 약절구에 넣어 잘 갈아 가루로 하고 유통파라핀 등을 넣어 잘 갈아 섞은 다음 공기가 들어가지 않게 조심하면서 2장의 디스크 사이에 끼워 측정한다.

2.4 액막법 액체검체 1~2방울을 2장의 디스크 사이에 끼워 측정한다. 액층을 두껍게 할 필요가 있을 때는 알루미늄박 등을 2장의 디스크 사이에 끼워 그 속에 액체 검체가 머물러 있도록 한다.

2.5 박막법 검체를 박막 그대로 또는 원료 각조의 규정된 방법에 따라 박막으로 만든 다음 측정한다.

2.6 기체 검체 측정법 검체를 배기시킨 5 또는 10㎝ 길이의 광로를 갖는 기체셀에 원료 각조에서 규정하는 압력으로 도입하여 측정한다. 필요하면 1m 이상의 광로를 갖는 장광로(長光路) 셀을 쓸 경우도 있다.

(1) 흡광도 측정법

흡광도 측정법은 물질이 일정한 좁은 파장 범위의 빛을 흡수하는 정도를 측정하는 방법이다. 물질 용액의 흡수 스펙트라는 그 물질의 화학 구조에 따라 정해진다. 따라서 여러 가지 파장에 있어서 흡수를 측정하여 물질의 확인시험, 순도시험 또는 정량시험을 한다.

단색광(單色光)이 어떤 물질 용액을 통과할 때 투과광의 강도 I와 입사광의 강도 I0와의 비를 투과도 T라 하고 투과도의 역수의 상용대수를 흡광도 A라 한다.

$$T = \frac{I}{I_0} \qquad A = \log\frac{I_0}{I} = -\log T$$

흡광도 A는 용액의 농도 c 및 층장 l에 비례한다.

$$A = Kcl$$

l를 1㎝, c를 1% 용액으로 환산했을 때의 흡광도 값을 비흡광도라 $E_{1㎝}^{1\%}$하고 l를 1㎝, c를 1mol 용액으로 환산했을 때의 흡광도를 분자흡광계수 E라 한다.

흡수의 극대파장에 있어서 분자흡광계수는 E_{max}으로 나타낸다. $E_{1㎝}^{1\%}$ 또는 E를 구할 경우는 다음 식에 따른다.

$$E_{1㎝}^{1\%} = \frac{a}{c(\%) \times l} \qquad E = \frac{a}{c(mol) \times l}$$

l : 층장의 길이(㎝)

a : 측정하여 얻은 흡광도

c(%) : 검액의 농도(w/v%)

c(mol) : 검액의 농도(mol)

1. 장치 및 조작법 측정 장치로는 광전분광광도계를 쓴다. 셀(Cell)은 자외부 흡수 측정에는 석영제를 쓰며 가시부 흡수 측정에는 유리제를 쓴다. 분광광도계의 파장은 원료 각조에서 규정한 측정 파장에 맞추어 대조액을 광로에 넣고 조절하여 흡광도를 제로(zero)에 맞춘 다음 측정하고자 하는 용액을 광로에 넣어 측정할 때 나타내는 흡광도를 읽는다. 흡광도 측정은 규정 용

매를 써서 용액을 가지고 측정한다. 용액의 농도는 측정하여 얻은 흡광도가 0.2~0.7의 범위에 든 것이 적당하며 용액의 흡광도가 높은 값을 나타낼 때는 적당한 농도까지 용매로 희석시킨 다음 측정한다. 자외부 흡수 측정에는 사용하는 용매의 흡수에 대하여 특히 고려하고 보통 시약항에 나와 있는 시약을 그대로 쓰지 않고 사용 목적에 적합한 방법으로 정제하여 쓴다.

2. 파장 및 흡광도의 보정 파장은 보통 석영수은아크램프 및 유리수은아크램프로 239.95㎚, 253.65㎚, 302.25㎚, 313.16㎚, 334.15㎚, 365.48㎚, 404.66㎚, 435.83㎚, 546.10㎚ 및 수소방전관의 486.13㎚, 656.28㎚의 파장을 써서 검정한다.

흡광도 눈금은 중크롬산칼륨(표준시약)를 0.01N 황산에 녹여 0.006w/v%로 한 액을 써서 검정한다. 이 액의 $E_{1cm}^{1\%}$는 파장 235㎚(극소), 257㎚(극대), 313㎚(극소) 및 350㎚(극대)에 있어서 각각 125.2, 145.6, 48.9 및 107.0이다.

(3) 정성반응법

정성반응은 원료 각조의 확인 시험에 적용하는 것으로 따로 규정이 없는 한 혼합 물질에 대해서는 쓰지 않는다.

1. 과산화물
   과산화물의 용액에 같은 용량의 초산에칠 및 중크롬산칼륨시액 1~2방울을 넣고 여기에 묽은 황산을 넣어 산성으로 할 때 물층은 청색을 나타내며 곧 흔들어 섞어 방치할 때 청색은 초산에칠층으로 옮겨 간다.

2. 구연산염
   2.1 구연산염의 용액 1~2방울에 피리딘·무수초산혼합액(3:1) 20㎖를 넣어 2~3분간 방치할 때 적갈색을 나타낸다.

2.2 구연산염의 황산산성 용액에 그 $\frac{1}{3}$ 용량의 과망간산칼륨 시액을 넣어 시액의 색이 없어질 때까지 가열한 다음 브롬시액을 적가할 때 백색의 침전이 생긴다.

2.3 구연산염의 중성 용액에 과량의 염화칼슘 시액을 넣어 끓일 때 백색의 결정성 침전이 생긴다. 침전을 분리하여 그 일부에 수산화나트륨 시액을 추가하여도 녹지 않는다. 또한, 다른 일부에 묽은 염산을 추가할 때 침전은 녹는다.

3. 나트륨염

3.1 나트륨염을 염산로 적시고 불꽃 반응을 볼 때 황색을 나타낸다.

3.2 나트륨염의 중성 또는 약알칼리성의 진한 용액에 피로안티몬산칼륨 시액을 넣을 때 백색의 결정성 침전이 생긴다. 침전의 생성을 촉진하기 위하여 유리 막대로 시험관의 기벽을 긁어 준다.

4. 납염

4.1 납염의 용액에 묽은 황산을 넣을 때 백색의 침전이 생긴다. 침전을 분리하여 그 일부에 묽은 질산을 넣어도 녹지 않는다. 또한, 다른 일부에 더운 수산화나트륨 시액를 넣어 가온하거나 또는 초산암모늄 시액을 넣을 때 녹는다.

4.2 납염의 용액에 수산화나트륨 시액을 넣을 때 백색의 침전이 생기며 과량의 수산화나트륨 시액을 추가할 때 침전이 녹는다. 여기에 아황산나트륨 시액을 추가할 때 흑색의 침전이 생긴다.

4.3 납염의 묽은 초산산성 용액에 중크롬산나트륨 시액을 넣을 때 황색의 침전이 생기며 암모니아 시액을 더 넣어도 침전은 녹지 않으나 수산화나트륨 시액을 추가할 때 침전은 녹는다.

5. 마그네슘염

5.1 마그네슘염의 용액에 탄산암모늄 시액을 넣을 때 백색의 침전이 생기고 염화암모늄 시액을 추가할 때 침전은 녹는다. 여기에 인산일수소나트륨 시액을 추가할 때 백색의 결정성 침전이 생긴다.

5.2 마그네슘염의 용액에 수산화나트륨 시액을 넣을 때 백색의 겔상 침전이 생기며 과량의 시액을 넣어도 침전은 녹지 않으나 요오드 시액을 추가할 때 침전은 어두운 갈색으로 된다.

6. 망간염

6.1 망간염의 용액에 암모니아 시액을 넣으면 흰색의 침전이 생긴다. 그 일부에 질산은 시액을 추가하면 침전은 검은색으로 변한다. 또 다른 일부를 방치하면 침전의 상부가 갈색으로 된다.

6.2 망간염의 묽은 질산산성 용액에 비스머스산나트륨의 가루 소량을 넣을 때 액은 적자색을 나타낸다.

7. 바륨염

7.1 바륨염을 염산으로 적시고 불꽃 반응을 볼 때 지속하는 황록색을 나타낸다.

7.2 바륨염의 용액에 묽은 황산을 넣을 때 백색 겔상 침전이 생기고 묽은 질산을 추가하여도 침전은 녹지 않는다.

8. 방향족일급아민의 산성 용액에 얼음으로 식히면서 아질산나트륨 시액 3방울을 넣어 흔들어 섞고 2분간 방치하고 황산암모늄 용액(1→40) 1ml를 넣어 잘 흔들어 섞고 1분간 방치한 다음 수산 N-(1-나프칠)-N'-디에칠에칠렌디아민 용액(1→1000) 1ml를 넣을 때 액은 적자색을 나타낸다.

9. 불화물

9.1 불화물의 수용액에 염화칼슘 시액을 넣을 때 백색의 침전이 생기고 초산을 추가해도 침전은 거의 녹지 않는다.

9.2 이 원료 0.1g을 백금 도가니에 넣고 황산 1㎖를 넣어 깨끗이 닦은 유리조각으로 덮는다. 수욕상에서 15분간 가열한 다음 유리 조각을 물로 씻어 물기를 잘 닦아 내고 관찰할 때 부식된 유리면을 볼 수 있다.

9.3 불화물의 중성 또는 약산성 용액에 알리자린콤플렉손 시액·pH 4.3 초산·초산칼륨염 완충액·질산제일셀륨 시액의 혼합액(1:1:1) 1.5㎖를 넣을 때 액은 청자색을 나타낸다.

10. 붕산염

10.1 붕산염에 황산 및 메탄올을 섞어서 점화할 때 녹색의 불꽃을 내면서 탄다.

10.2 붕산염의 염산산성 용액으로 적신 쿠르쿠마시험지를 가온하여 건조할 때 적색을 나타내고 여기에 암모니아 시액을 넣을 때 청색으로 변한다.

11. 브롬산염

11.1 브롬산염의 질산산성 용액에 질산은시액 2~3 방울을 넣을 때 백색의 결정성 침전이 생기고 가열할 때 침전은 녹는다. 여기에 아질산나트륨 시액 1방울을 넣을 때 엷은 황색의 침전이 생긴다.

11.2 브롬산염의 질산산성 용액에 아질산나트륨 시액 5~6방울을 넣을 때 액은 황색~적갈색을 나타내며, 여기에 클로로포름 1㎖를 넣어 흔들어 섞을 때 클로로포름층은 황색~적갈색을 나타낸다.

12. 브롬화물

12.1 브롬화물의 용액에 아질산나트륨 시액을 넣을 때 엷은 황색의 침전이 생긴다. 침전을 분리하여 그 일부에 묽은 질산을 추가하여도 녹지 않는다. 또한, 다른 일부에 강암모니아수를 넣어 흔들어 섞은 다음 분리한 액에 묽은 질산을 넣어 산성으로 할 때 백색으로 혼탁된다.

12.2 브롬화물의 용액에 염소 시액을 넣을 때 브롬을 유리하여 황갈색을 나타내고 이것을 둘로 나누어 그 일부에 클로로포름을 넣어 흔들어 섞을 때

클로로포름층은 황갈색~적갈색을 나타낸다. 또한, 다른 일부에 페놀을 넣을 때 백색의 침전이 생긴다.

13. 비스머스염

13.1 비스머스염에 될 수 있는 대로 소량의 염산을 넣어 녹이고 물을 넣어 희석할 때 백탁이 생긴다. 여기에 황산나트륨 시액 1~2방울을 추가할 때 어두운 갈색의 침전이 생긴다.

13.2 비스머스염의 염산산성 용액에 치오요소 시액을 넣을 때 액은 황색을 나타낸다.

13.3 비스머스염의 묽은 질산 또는 묽은 황산 용액에 요오드화칼륨 시액을 적가할 때 흑색의 침전이 생기고 요오드화칼륨 시액을 추가할 때 침전은 녹고 등색을 나타낸다.

14. 살리실산염

14.1 살리실산염을 과량의 소다석회와 섞어서 가열할 때 페놀의 냄새가 난다.

14.2 살리실산염의 중성 용액에 묽은 염화제이철 시액 5~6방울을 넣을 때 액은 적색을 나타내며, 묽은 염산을 첨가할 때 액의 색은 처음에는 자색으로 변한 다음 없어진다.

14.3 살리실산염의 진한 용액에 묽은 염산을 넣을 때 백색의 결정성 침전이 생긴다. 침전을 분리하고 냉수로 씻은 다음 건조한 것의 융점은 약 159℃이다.

15. 수산염

15.1 수산염의 황산산성 용액에 더울 때 과망간산칼륨 시액을 첨가할 때 시액의 색은 없어진다.

15.2 수산염의 용액에 염화칼슘 시액을 넣을 때 백색의 침전이 생긴다. 침전을 분리하여 여기에 묽은 초산을 넣어도 녹지 않으나 묽은 염산을 추가할 때 침전은 녹는다.

16. 아연염

16.1 아연염의 중성 또는 알칼리성 용액에 아황산암모늄 시액 또는 아황산나 트륨 시액을 넣을 때 백색의 침전이 생긴다. 침전을 분리하여 묽은 초산 을 넣어도 녹지 않지만 묽은 염산을 추가할 때 녹는다.

16.2 아연염의 용액에 페로시안화칼륨 시액을 넣을 때 백색의 침전이 생기며 묽은 염산을 추가하여도 침전은 녹지 않는다.

16.3 아연염의 용액에 인산을 넣어 산성으로 하고 황산동 용액(1→1000) 1방울 및 치오시안산수은암모늄 시액 $2ml$를 넣을 때 엷은 자색의 침전이 생긴다.

17. 아황산염 또는 아황산수소염

17.1 아황산 또는 아황산수소염의 초산산성 용액에 요오드 시액을 첨가할 때 시액의 색은 없어진다.

17.2 아황산 또는 아황산수소염의 용액에 같은 용량의 묽은 염산을 넣을 때 이 산화황의 냄새가 나며 액은 혼탁하지 않는다(치오황산과의 구별). 여기 에 황화나트륨 시액 1방울을 추가할 때 액은 곧 백탁하고 백탁은 점점 엷 은 황색의 침전으로 변한다.

18. 안식향산염

18.1 안식향산염의 진한 용액에 묽은 염산을 넣을 때 백색의 결정성 침전이 생긴 다. 침전을 분리하여 냉수로 잘 씻고 건조한 것의 융점은 120~122℃이다.

18.2 안식향산염의 중성 용액에 염화제이철 시액을 넣을 때 적갈색의 침전이 생기며, 묽은 염산을 추가할 때 백색의 침전으로 변한다.

19. 알루미늄염

19.1 알루미늄염의 용액에 염화암모늄 시액 및 암모니아 시액을 넣을 때 백색 의 겔상 침전이 생기고, 이 침전은 과량의 암모니아 시액에 녹지 않는다.

19.2 알루미늄염의 용액에 수산화나트륨 시액을 넣을 때 백색의 겔상 침전이 생기며 과량의 수산화나트륨 시액을 추가할 때 침전은 녹는다.

19.3 알루미늄염의 용액에 황화나트륨 시액을 넣을 때 백색의 겔상 침전이 생기며 과량의 황화나트륨 시액을 추가할 때 침전은 녹는다.

19.4 알루미늄염의 용액에 백색의 겔상 침전이 생길 때까지 암모니아 시액을 넣고 알리자린에스 시액 5방울을 추가할 때 침전은 적색으로 변한다.

20. 암모늄염

암모늄염에 과량의 수산화나트륨 시액을 넣어 가온할 때 암모니아 냄새가 나며 이 가스는 물에 적신 적색 리트머스시험지를 청색으로 변화시킨다.

21. 염소산염

염소산염의 용액에 질산은 시액을 넣어도 침전이 생기지 않으나 아질산나트륨 시액 2방울 및 묽은 질산을 추가할 때 천천히 백색의 침전이 생기며, 암모니아 시액을 추가할 때 침전은 녹는다.

22. 염화물

22.1 염화물의 용액에 황산 및 과망간산칼륨을 넣어 가열할 때 염소의 냄새가 나며 이 가스는 물에 적신 요오드화칼륨 · 전분지를 변화시킨다.

22.2 염화물의 용액에 질산은 시액을 넣을 때 백색의 침전이 생긴다. 침전을 분리하여 그 일부에 묽은 질산을 넣어도 녹지 않으며 다른 일부에 과량의 수산화암모늄 시액을 넣을 때 녹는다.

23. 인산염(정인산염)

23.1 인산염의 중성 용액에 질산은 시액을 넣을 때 황색의 침전이 생기며 묽은 질산 또는 암모니아 시액을 추가할 때 침전은 녹는다.

23.2 인산염의 중성 또는 묽은 질산산성 용액에 몰리브덴산암모늄 시액을 넣

어 가온할 때 황색의 침전이 생기며 수산화나트륨 시액 또는 암모니아 시액을 추가할 때 침전은 녹는다.

24. 젖산염

젖산염의 황산산성 용액에 과망간산칼륨 시액을 넣어 가열할 때 아세트알데히드의 냄새가 난다.

25. 주석산염

25.1 주석산염의 중성 용액(1→20)에 질산은 시액을 넣을 때 백색의 침전이 생긴다. 침전을 분리하고 그 일부에 질산을 넣을 때 녹는다. 또한, 다른 일부에 암모니아 시액을 넣어 가온할 때 녹으면서 천천히 기벽에 은경이 생긴다.

25.2 주석산염의 용액에 초산 2방울, 황산제일철 시액 1방울 및 과산화수소 시액 2~3방울을 넣고 여기에 과량의 수산화나트륨 시액을 넣을 때 액은 적자색~자색을 나타낸다.

25.3 주석산염의 용액 2~3방울에 미리 황산 $5ml$에 레조시놀 용액(1→50) 2~3방울 및 브롬화칼륨 용액(1→10) 2~3방울을 넣은 액 4~5방울을 넣어 130~140℃로 가열할 때 액은 청자색을 나타낸다. 이것을 식히고 물에 부을 때 액은 적색으로 된다.

26. 질산염

26.1 질산염의 용액에 같은 용량의 황산을 섞고 식힌 다음 황산제일철 시액을 가만히 넣을 때 접계면에 어두운 갈색의 띠가 생긴다.

26.2 질산염의 진한 용액에 같은 용량의 황산을 넣고 구리 조각을 넣어 가열할 때 황갈색의 가스가 난다.

26.3 질산염의 용액에 디페닐아민 시액을 넣을 때 액은 청색을 나타낸다.

26.3 질산염의 황산산성 용액에 과망간산칼륨 시액을 넣어도 시액의 홍색은 없어지지 않는다(아질산염과의 구별).

27. 철(II)염

27.1 철(II)염의 약산성 용액에 페리시안화칼륨 시액을 넣을 때 청색의 침전이 생기며 묽은 염산을 추가하여도 침전은 녹지 않는다.

27.2 철(II)염의 용액에 수산화나트륨 시액을 넣을 때 회록색의 겔상 침전이 생기며 아황산나트륨 시액을 추가할 때 흑색의 침전이 생기고 여기에 묽은 염산을 넣을 때 녹는다.

28. 철(III)염

28.1 철(III)염의 약산성 용액에 페로시안화칼륨 시액을 넣을 때 청색의 침전이 생기며 묽은 염산을 추가하여도 침전은 녹지 않는다.

28.2 철(III)염의 용액에 수산화나트륨 시액을 넣을 때 적갈색 겔상 침전이 생기며 황화나트륨 시액을 추가할 때 침전은 흑색으로 변한다. 침전을 분리하여 묽은 염산을 넣을 때 침전은 녹고 액은 백탁한다.

28.3 철(III)염의 약산성 용액에 설포살리실산 시액을 넣을 때 액은 자색을 나타낸다.

29. 초산염

29.1 초산염에 희석시킨 황산(1→2)를 넣어 가온할 때 초산 냄새가 난다.

29.2 초산염에 황산 및 소량의 에탄올을 넣어 가열할 때 초산에칠의 냄새가 난다.

29.3 초산염의 중성 용액에 염화제이철 시액을 넣을 때 액은 적갈색을 나타내며 끓이면 적갈색의 침전이 생긴다. 여기에 염산을 넣을 때 침전은 녹으며 액은 황색으로 변한다.

29.4 초산염에 산화칼슘을 섞어서 가열할 때 아세톤 냄새를 내며 발생하는 가스는 o-니트로벤즈알데히드의 에탄올 용액(1→50)에 담가 건조하여 수산화나트륨 시액으로 적신 여과지를 청변시킨다.

30. 치오황산염

30.1 치오황산염의 초산산성 용액에 요오드 시액을 첨가할 때 이 시액의 색은 없어진다.

30.2 치오황산염의 용액에 같은 용량의 묽은 염산을 넣을 때 이산화황의 냄새가 나며 액은 백탁하고 이 백탁은 방치할 때 황색의 침전으로 변한다.

30.3 치오황산염의 용액에 과량의 질산은 시액을 넣을 때 백색의 침전이 생기며 방치할 때 침전은 흑색으로 변한다.

31. 칼륨염

31.1 칼륨염을 염산에 적시고 불꽃 반응을 보면 엷은 자색을 나타낸다. 불꽃이 황색이면 코발트 유리를 통하여 관찰할 때 적자색으로 보인다.

31.2 칼륨염의 중성 용액(1→20)에 주석산수소나트륨 시액을 넣을 때 백색의 결정성 침전이 생긴다. 침전의 생성을 빠르게 하려면 유리 막대로 시험관의 안벽을 긁어 준다. 이 침전을 분리하여 암모니아 시액, 수산화나트륨 시액 또는 탄산나트륨 시액을 넣을 때 다 녹는다.

31.3 칼륨염의 초산산성 용액(1→20)에 아질산코발트나트륨 시액을 넣을 때 황색의 침전이 생긴다.

31.4 칼륨염에 과량의 수산화나트륨 시액을 넣어 가온하여도 암모니아 냄새가 나지 않는다(암모늄염과의 구별).

32. 칼슘염

32.1 칼슘염을 염산에 적시고 불꽃 반응을 보면 적색을 나타낸다.

32.2 칼슘염의 용액에 탄산암모늄 시액을 넣을 때 백색의 침전이 생긴다.

32.3 칼슘염의 용액에 수산암모늄 시액을 넣을 때 백색의 침전이 생긴다. 침전을 분리하여 그 일부에 묽은 초산을 넣어도 녹지 않는다. 또한, 다른 일부에 묽은 염산을 넣을 때 녹는다.

33.3 칼슘염의 중성 용액에 크롬산칼륨 시액 10방울을 넣어 가열하여도 침전이 생기지 않는다(스트론튬염과의 구별).

34. 탄산수소염

34.1 탄산수소염에 묽은 염산을 넣을 때 거품을 내면서 가스가 나온다. 이 가스를 수산화칼슘 시액 중에 통할 때 곧 백색 침전이 생긴다(탄산염과 공통).

34.2 탄산수소염 용액에 황산마그네슘 시액을 넣을 때 침전이 생기지 않으나 끓일 때 백색의 침전이 생긴다.

34.3 탄산수소염의 냉용액에 페놀프탈레인 시액 1방울을 넣을 때 액은 적색을 나타내지 않으며 나타내더라도 극히 엷다(탄산염과의 구별).

35. 탄산염

35.1 탄산염에 묽은 염산을 넣을 때 거품을 내면서 가스가 나온다. 이 가스를 수산화칼슘 시액 중에 통할 때 곧 백색의 침전이 생긴다(탄산수소염과 공통).

35.2 탄산염용액에 황산마그네슘 시액을 넣을 때 백색의 침전이 생기고 묽은 초산을 추가할 때 침전은 녹는다.

35.3 탄산염의 냉용액에 페놀프탈레인 시액 1방울을 넣을 때 액은 홍색을 나타낸다(탄산수소염과 구별).

36. 황산염

36.1 황산염의 용액에 염화바륨 시액을 넣을 때 백색의 침전이 생기며 묽은 질산을 추가하여도 침전은 녹지 않는다.

36.2 황산염의 중성 용액에 초산납 시액을 넣을 때 백색의 침전이 생기며 초산암모늄 시액을 추가할 때 녹는다.

36.3 황산염의 용액에 같은 용량의 묽은 염산을 넣어도 백탁이 생기지 않는다(치오황산염과의 구별). 또한, 이산화황의 냄새가 나지 않는다(아황산염과의 구별).

참고문헌

국가법령정보센터

국가법령정보센터 개인정보보호법

국가법령정보센터 화장품법

국가법령정보센터 화장품법 시행규칙(총리령)

국가법령정보센터 화장품법 시행령(대통령령)

김동욱 저, 소재를 중심으로 한 화장품학, 자유아카데미, 2020

김주덕 외, 30일 완성 총정리 맞춤형화장품 조제관리사, 광문각, 2020

김주덕 저(옮긴이), 신 화장품학-제2판, 동화기술, 2018

대한화장품협회

미래창조과학부KA, 한국연구재단, 진향교 저. 연구개발특구단지 연구실안전특화센터 육성, 2015

비즈폼 서식사전, 실험실관리대장[實驗室者契約書 , Laboratory's management ledger]

식품의약품안전처

식품의약품안전처, [별표 1] 독성시험법 (기능성화장품 심사에 관한 규정)

식품의약품안전처, [별표 2] 기준 및 시험방법 작성요령(기능성화장품 심사에 관한 규정)

식품의약품안전처, [별표 2] 피부의 미백에 도움을 주는 기능성화장품 각조(제2조제2호 관련)

식품의약품안전처, [별표 3]인체 세포 · 조직 배양액 안전기준

식품의약품안전처, [별표 3] 자외선 차단효과 측정방법 및 기준(기능성화장품 심사에 관한 규정)

식품의약품안전처, [별표 3] 피부의 주름개선에 도움을 주는 기능성화장품 각조(제2조제3호 관련)

식품의약품안전처, [별표 4] 자료제출이 생략되는 기능성화장품의 종류(제6조제3항 관련)(기능성 화장품
        심사에 관한 규정)

식품의약품안전처, 기능성화장품 기준 및 시험방법[제2020-132호], [시행 2020. 12. 30.]

식품의약품안전처, 기능성화장품 심사에 관한 규정[제2021-55호], [시행 2021. 6. 30.]

식품의약품안전처, 소속기관 실험실 안전관리 규정(제116호), 2019

식품의약품안전처, 피부의 주름개선에 도움을 주는 기능성화장품 유효성평가 가이드라인, 2020

식품의약품안전처, 화장품 미생물한도 시험법 가이드라인(안내서-860-01), 2018

식품의약품안전처, 화장품 시험법 가이드라인, 2018

식품의약품안전처, 화장품 안전기준 등에 관한 규정[제2020-12호]. [시행 2020. 2. 25.]

식품의약품안전처, 화장품 안전기준 등에 관한 규정 해설서, 2018

식품의약품안전처, 화장품 안정성시험 가이드라인, 2011

식품의약품안전처 [별표 1] 품질관리기준(제7조 관련)(화장품법 시행규칙)

식품의약품안전처 [별표 2] 책임판매 후 안전관리기준(제7조 관련)(화장품법 시행규칙)

식품의약품안전처 [별표 3] 화장품 유형과 사용 시의 주의사항(제19조제3항 관련)(화장품법 시행규칙)

식품의약품안전처 [별표 9] 수수료(제32조 관련)(화장품법 시행규칙)

식품의약품안전처 「기능성화장품+기준+및+시험방법」+개정고시+전문

식품의약품안전처 기능성화장품의 유효성평가를 위한 가이드라인(Ⅲ)

식품의약품안전처 저, 화장품 품질관리 및 제조판매 후 안전관리기준 해설서, 진한엠엔비, 2014

식품의약품안전처 화장품 시험검사기관 지정현황

식품의약품안전처 화장품 안전기준등에 관한 규정 해설서

식품의약품안전처 화장품 안전성 정보관리 규정

식품의약품안전처 화장품안정성시험가이드라인

식품의약품안전처 화장품 의약외품 표시광고 등 질의응답집

식품의약품안전처 화장품표시광고의 이해

식품의약품안전처 화장품 품질관리를 위한 시험법

식품의약품안전청, 화장품 심사과, 화장품 기준 및 시험방법 해설서, 2010

식품의약품안전평가원, 기능성화장품의 유효성평가를 위한 가이드라인1[제2015-14호], 2015

안정림 (2001) 화장품법 제정에 따른 변화 및 향후 전망, 보건산업기술동향 pp169-pp173

윤경섭 저, 화장품학, 구민사, 2021

이근광, 송연숙 저. 화장품 성분과학, 현문사, 2011

정홍자 외, 맞춤형화장품 조제관리사 2주 안에 합격하자, ㈜ 시대고시기획, 2020

중소기업청, 중소기업기술정보진흥원. 고재욱 저, 실험실 안전관리 시스템(S/W) 개발, 2007

하병조 저, 기능성 화장품학, 신광출판사, 2016

화장품 미생물 한도 시험법 개선 연구. [제2017-114호]. 2017

[네이버 지식백과] ISO [Inter- national Organization For Standardization] (중소벤처기업부 전문용어, 2010. 11., 중소벤처기업부)

http://www.ikmr.co.kr/sub/iso1_1.asp

화장품 품질관리

2021년 9월 1일 1판 1쇄 인 쇄
2021년 9월 6일 1판 1쇄 발 행

지 은 이 : 최화정, 박미란, 정다빈
펴 낸 이 : 박 정 태
펴 낸 곳 : **광 문 각**

10881
경기도 파주시 파주출판문화도시 광인사길 161
광문각 B/D 4층
등   록 : 1991. 5. 31 제12 - 484호
전   화(代) : 031-955-8787
팩   스 : 031-955-3730
E - mail : kwangmk7@hanmail.net
홈페이지 : www.kwangmoonkag.co.kr

ISBN : 978-89-7093-559-1   93590

값 : 22,000원

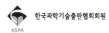
한국과학기술출판협회회원